浙江省级重点学科应用数学教学改革与科学研究丛书

矩 阵 论

邱继征 编著

浙江省级重点学科应用数学建设基金资助

科 学 出 版 社

北 京

内 容 简 介

本书介绍矩阵空间、λ矩阵与 Jordan 标准形、矩阵分析、矩阵微分方程、矩阵扰动分析和广义逆等矩阵论的基本内容，并讲述这些内容的基本理论和计算方法.

本书深入浅出，不要求读者具有高深的数学基础，可作为理工类本科生、研究生的矩阵论教材，也可作为相关领域科技工作者的参考书.

图书在版编目(CIP)数据

矩阵论/邱继征编著. —北京：科学出版社, 2016

(浙江省级重点学科应用数学教学改革与科学研究丛书)

ISBN 978-7-03-049222-7

Ⅰ. ①矩… Ⅱ. ①邱… Ⅲ ①矩阵论 Ⅳ. ①O151.21

中国版本图书馆 CIP 数据核字 (2016) 第 147103 号

责任编辑：石 悦 李 萍／责任校对：郭瑞芝
责任印制：张 伟／封面设计：华路天然工作室

科学出版社出版
北京东黄城根北街 16 号
邮政编码：100717
http://www.sciencep.com
北京建宏印刷有限公司 印刷
科学出版社发行 各地新华书店经销
*
2016 年 6 月第 一 版 开本：720×1000 B5
2019 年 1 月第四次印刷 印张：16 7/8
字数：330 000

定价：49.00 元

(如有印装质量问题，我社负责调换)

总　序

近年来, 关于数学的各种新观点不断出现.

有一种观点认为, 随着数学的发展, 数学已经从自然科学中分离出来, 成为独立的科学门类——数学科学.

持这种观点的学者的依据是：①从现代数学的发展情况可以看出, 数学的许多内容和方法的产生, 不再是基于研究自然界中存在的物质运动规律的需要, 而是基于数学自身的需要. 例如, $6=3+3$, $8=3+5$, $10=5+5=3+7$, 等等, 即每一个大于等于6的偶数都可以表示为两个奇素数的和, 这就是哥德巴赫猜想, 至今没有证明. 但是, 这样一个在数学中显得十分重要的著名的猜想, 其结果的对与否, 不会对数学之外的任何学科产生影响, 证明它不是自然科学的需要, 而仅仅是数学科学的需要. ②数学不仅具有应用功能, 而且具有其他学科不能比拟的教育功能. 数学的应用功能表现在：没有数学, 现代科技无从谈起；任何一种学科, 只有应用了数学, 才能成为科学学科. 数学的教育功能表现在：在中国, 语文、数学、英语被认为是初等教育中最重要的三门课程；在世界范围内, 有不学中文的学生, 有不学英语的学生, 但没有不学数学的学生.

我们同意这种观点, 希望在数学教学改革和科学研究中体现这种观点.

数学教学改革, 首先需要的是教材的改革, 而教材的改革, 涉及的只有两个方面：一是内容; 二是方法.

如何在一本数学教材中以数学科学的观点选取内容、介绍方法?

我们的认识是：无论是选取内容方面，还是介绍方法方面，都要关注数学的应用功能和教育功能的展现.

在内容的选取方面, 既不是不管数学的教育功能, 狭隘地全部以目前生产生活的实际应用为目的, 打乱系统, 什么"有用"就选什么, 什么"没用"就跳过什么; 也不是完全从数学的需要出发, 一点也不考虑所选取的内容和实际应用的联系. 本套丛书采取有实际应用背景的内容优先选取的原则. 我们的考虑是：没有迹象表明, 没有实际应用背景的内容在体现数学的教育功能时强于有实际应用背景的内容, 既然如此, 后者更有利于同时展现数学的应用功能和教育功能.

在方法的介绍方面, 既不完全采用公理化体系的做法, 让读者在接受严格数学训练的基础上自然地受到数学科学的熏陶; 也不完全摒弃数学特有的推理过程, 以急功近利的方式只讲结果, 只讲计算公式. 我们知道, 公理化体系的做法是将数学的训练目的不直接说出来, 而是藏起来, 藏在严密的过程背后, 让学生不知不觉得到严格的数学训练. 这种体系在介绍内容时, 不交代前因后果, 一上来就是莫名其妙的定义、公理, 然后一步步以极其严密的方式展开讨论. 这种做法在知识门类相对少的过去是有效的, 但在知识爆炸、课程门类不断增加、学生同时要有做学问和实际应用两手准备的现在, 没有时间这样做. 训练要有, 但训练目的不是藏起来, 而是尽可能直接讲出来. 例如, 数学书籍中一定会用到归纳法、演绎法、反证法, 这些方法不是数学特有的, 但可以被数学最为有效地传授给学生, 这一事实恰好可以说明数学的教育功能的强大. 但是, 如果我们去问一下数学系的毕业生什么是演绎法, 恐怕很少有人能说周全, 究其原因, 是我们的教材没有明确地告诉学生演绎法的基本内容和过程. 本套丛书将致力于改变这种状况.

本套丛书注意到: 根据课程和授课对象的不同, 数学的应用功能和教育功能的展现需分层次, 两种功能的展现要有机配合. 例如, 有的数学分支本来就属于应用数学, 对这样的课程, 在选取内容和介绍方法时必须首先保证应用方面的需要, 其次才考虑教育功能的融入; 有的授课对象是文科学生, 对这些学生, 在编写教材时就要充分注意他们的基础、兴趣、思维方式和希望通过数学的学习要达到的目的, 因此要首先考虑数学的教育功能, 其次才考虑应用功能的融入.

现代化的标志是数字化, 也就是要在所有的领域尽最大可能地使用计算机技术, 因此, 在数学教学中, 对数字化的配合和适应是必需的. 为了展现数学的应用功能, 在数学教学的每个环节, 都应该关注计算机技术, 包括有意考虑内容的计算机实现, 如算法问题, 内容与几个成功的数学软件的结合问题. 我们知道, 介绍如何应用数学软件的最好环境, 当为相应的数学课程. 因此, 本套丛书中的教材, 特别注意介绍与主要内容配套的软件的应用, 例如, 介绍相应的MATLAB 软件包的使用.

科学研究成果整理成学术著作, 可以总结和条理化研究问题, 这对于传播研究成果、深化研究工作是有利的, 这些著作还可以作为研究生教材使用.

本套丛书中学术著作的撰写遵循了如下的原则:

首先, 作为介绍学术成果的学术著作要有新内容、新观点, 学术系统应是明显的, 不是杂乱的、拼凑的, 特别是著作中作者的成果应有重要的分量.

其次, 本套丛书中的学术著作特别注意内容的系统性、完备性.

再次, 也是最重要的, 本套丛书中的学术著作, 和教材一样注意展现数学的应用功能和教育功能, 在必要时, 还考虑内容的计算机实现, 如算法问题, 内容与几个成功的数学软件的结合问题.

最后, 在写作细节上, 本套丛书要求作者以严格的科学态度对待自己的著作, 概念和符号应明确, 推导和介绍要细致, 避免突然出现翻遍全书都找不到介绍的概念和符号, 避免用显然、易知等词语掩盖困难的证明过程.

教学改革涉及的问题很多, 有些问题需要一步步解决, 有的还需要根据形势的变化调整解决方案. 我们仅做了初步的尝试, 加之水平有限, 本套丛书中的问题一定很多, 迫切希望读者批评指正.

邱继征

2013 年 3 月 8 日

前　　言

矩阵是利用数学解决实际问题的有效工具. 当今，科技发展突飞猛进，所有科技领域都在迈向现代化，而现代化的标志是数字化，数字化意味着所涉及的问题都要通过数学模型变为数据，利用计算机进行分析运算，然后返回结果，变为方案或动作，以至得到产品. 但计算机只能处理离散问题，不能处理连续问题，所以无论什么数学模型与数据，都需进行离散化才能交给计算机，或者再直接一点说，都需把问题转化为数字矩阵或处理矩阵的方法才可被计算机使用，矩阵的重要性可见一斑. 现在，全世界最著名的计算软件之一的 Matlab 软件，其名称写全便是 MATrix LABoratory，即矩阵实验室，直言其所有的内容都是在处理矩阵，也可看出矩阵在计算领域的地位.

除了数学文化对人类文化的贡献和数学在创新理念方面的影响这些更深层次的作用，数学具有方法训练和实际应用两个直接的功能. 所以，正如不可将所有大学变为技校而全部传授技术一样，大学的数学课程也必须同时兼顾数学的两个直接的功能，而不能一切为了应用，以应用为标准，什么有用就教什么，什么“没用”就跳过什么，不然，必将使培养的学生丧失创新的意向、知识与能力. 一百多年前，美国一个物理学家说：不要老说应用，不然会退化成中国人，中国在千百年前就发明了火药，但他们不去研究火药为什么会爆炸，而是只关注应用，以致丧失了在物理甚至化学方面有建树的可能性，以致我们现在不得不称他们为野蛮人. 这话现在听来，都令人血涌.

鉴于这些想法，本书同时关注矩阵论的应用和讲述内容的过程中数学方法的传授，遵循的原则是：矩阵论的基本内容要讲，推理方法要展现，推理过程和逻辑关系要交代，计算和应用步骤要明确介绍，细节需关注，不可不好讲了就说显然、易知，对于自己不懂和牵涉太多的知识，哪怕指出出处让有兴趣的读者追寻，也不可藏和躲.

此外，可能有大量工科学生使用本书，因此需在编写时考虑工科学生学习矩阵论的目的和特点.

出于这些原因，编写本书的具体方式如下：

(1) 选材方面，选取应用性较强的内容，没有选取深难的内容，如矩阵的因子分解. 我们虽然强调同时关注训练和实际应用，但没有迹象表明，对于非前沿数学分支，应用性强的内容在方法训练方面的作用一定弱于应用性弱的内容，故做如是选取.

(2) 除了绪论中的内容，所有部分都尽可能呈现逻辑关系与详细的论证，以及结果的应用步骤，前者为培养和训练思维能力，后者为提供切实可行的应用方法.

(3) 对于推理和论证过程中出现的处理手段，给出一定数量的解释，尽量挖掘来龙去脉，以帮助提高学生的联想能力.

感谢浙江省重点学科应用数学和浙江工业大学提供资助，感谢科学出版社编辑石悦、胡海霞的大力帮助. 本书内容曾为浙江工业大学理学院、机械学院 12 届学生讲授，研究生石智慧、宋丛威、梁静、冯成祥、胡新琰、殷燕妮、汪雪芬、柴金良、康瑞芳提出过宝贵的意见，柴金良还在编辑书稿的过程中出现技术问题时提供了关键的帮助，浙江工业大学数学系朱海燕教授在任课过程中发现本书草稿中的重大错误并提出多处改进意见，在此一并感谢. 由于作者水平有限，难免有疏漏之处，迫切希望读者批评指正.

编　者

2016 年 3 月 3 日

目　　录

第 1 章　绪　　论

本章介绍本书涉及的部分概念与知识. 主要内容包括: 几个著名的不等式、线性空间、赋范线性空间、内积空间、有限维赋范线性空间和矩阵的基本知识.

1.1　几个著名的不等式

不等式的重要性表现在数学的各个方面, 因此, 有专门研究不等式的数学工作者. 一些著名的不等式可以应用于不同的重要场合, 完全可以与著名的恒等式媲美.

下面介绍的几个不等式, 堪称数学中最重要的不等式, 其中一些是范数的三角不等式的直接来源, 另一些直接导致诸如 Bessel 不等式等重要不等式的产生.

记实数集为 $\mathbf{R}=(-\infty,\infty)$, 复数集为 $\mathbf{C}=\{c=x+\mathrm{i}y: x,y\in\mathbf{R}\}$, 其中 $\mathrm{i}=\sqrt{-1}$, 整数集为 $\mathbf{Z}=\{\cdots,-2,-1,0,1,2,\cdots\}$, 正整数集为 $\mathbf{Z}_+=\{1,2,\cdots\}$.

1. 绝对值的三角不等式

设 $a,b\in\mathbf{C}$, 则

$$|a+b|\leqslant|a|+|b|. \tag{1.1}$$

证明　设 $a=a_1+\mathrm{i}a_2, b=b_1+\mathrm{i}b_2$, 则 $a+b=a_1+b_1+\mathrm{i}(a_2+b_2)$,

$$\begin{aligned}|a+b|^2&=(\sqrt{|a_1+b_1|^2+|a_2+b_2|^2})^2\\&=|a_1+b_1|^2+|a_2+b_2|^2\\&\leqslant|a_1|^2+|b_1|^2+|a_2|^2+|b_2|^2+2|a_1b_1|+2|a_2b_2|.\end{aligned}$$

而

$$\begin{aligned}(|a|+|b|)^2&=(\sqrt{|a_1|^2+|a_2|^2}+\sqrt{|b_1|^2+|b_2|^2})^2\\&=|a_1|^2+|b_1|^2+|a_2|^2+|b_2|^2+2\sqrt{|a_1|^2+|a_2|^2}\sqrt{|b_1|^2+|b_2|^2}.\end{aligned}$$

两者比较, 只要证明

$$|a_1b_1|+|a_2b_2|\leqslant\sqrt{|a_1|^2+|a_2|^2}\sqrt{|b_1|^2+|b_2|^2},$$

即

$$(|a_1b_1|+|a_2b_2|)^2\leqslant(|a_1|^2+|a_2|^2)(|b_1|^2+|b_2|^2) \tag{1.2}$$

即可.

事实上，由于

$$0 \leqslant (|a_1b_2| - |a_2b_1|)^2,$$
$$2|a_1b_1a_2b_2| \leqslant |a_1b_2|^2 + |a_2b_1|^2,$$

故

$$\begin{aligned}(|a_1b_1| + |a_2b_2|)^2 &= |a_1b_1|^2 + |a_2b_2|^2 + 2|a_1b_1a_2b_2| \\ &\leqslant (|a_1|^2 + |a_2|^2)(|b_1|^2 + |b_2|^2) \\ &= |a_1b_1|^2 + |a_1b_2|^2 + |a_2b_1|^2 + |a_2b_2|^2,\end{aligned}$$

从而 (1.2) 成立，故 (1.1) 成立. 证毕.

从一个不等式出发，可以得到无数个不等式，例如，由 (1.1) 可得 $|a+b| \leqslant k(|a|+|b|)$，其中 $k \geqslant 1$. 但发现有应用价值的重要不等式却是不容易的.

由绝对值的三角不等式，可得如下常用不等式：

$$||a| - |b|| \leqslant |a - b|, \tag{1.3}$$
$$|a_1 + a_2 + \cdots + a_n| \leqslant |a_1| + |a_2| + \cdots + |a_n|, \tag{1.4}$$
$$\frac{|a+b|}{1+|a+b|} \leqslant \frac{|a|}{1+|a|} + \frac{|b|}{1+|b|}, \tag{1.5}$$

其中涉及的元素为复数.

一般来说，不等式的证明比发现容易，除了部分需要高超的技巧外，微积分法和反推法是常用证明方法. 例如，(1.5)“去分母”，即此不等式两边同时乘以 $(1+|a+b|)(1+|a|)(1+|b|)$ 得

$$\begin{aligned}&|a+b|(1+|a|)(1+|b|) \\ \leqslant\ &|a|(1+|a+b|)(1+|b|) + |b|(1+|a+b|)(1+|a|), \\ &|a+b| + |a||a+b| + |b||a+b| + |ab||a+b| \\ \leqslant\ &|a| + |b| + 2(|a||a+b| + |b||a+b| + |ab||a+b|), \\ &|a+b| \leqslant |a| + |b| + |a||a+b| + |b||a+b| + |ab||a+b|,\end{aligned}$$

而后者可由

$$|a+b| \leqslant |a| + |b| \leqslant |a| + |b| + |a||a+b| + |b||a+b| + |ab||a+b|$$

得到.

将上述过程反序，就得到了 (1.5) 的证明.

2. Young 不等式

设 $p>1, a\geqslant 0, b\geqslant 0$, q 与 p 互为对偶的正数 (也称共轭数)，即 $p>0, q>0$ 满足

$$\frac{1}{p}+\frac{1}{q}=1, \tag{1.6}$$

则

$$ab\leqslant \frac{a^p}{p}+\frac{b^q}{q}. \tag{1.7}$$

Young 不等式可以用微积分的方法证明.

由 (1.6) 得

$$\begin{aligned}&pq=p+q, \quad pq-p-q+1=1, \quad (p-1)(q-1)=1,\\&p-1=\frac{1}{q-1}, \quad q-1=\frac{1}{p-1}.\end{aligned}$$

故当 $x\geqslant 0, y\geqslant 0$ 时，若 $y=x^{p-1}$，则 $x=y^{q-1}$. 因此在 xOy 平面的第一象限内，函数 $y=x^{p-1}$ 与 $x=y^{q-1}$ 的图形为同一条曲线.

不妨设 $a\geqslant b$. 对函数 $y=x^{p-1}, x\in[0,a]$，积分

$$\int_0^a x^{p-1}\mathrm{d}x=\frac{a^p}{p}$$

为以 $y=x^{p-1}$ 为曲边，以 $x=a, y=0$ 为直边的曲边三角形面积.

对函数 $x=y^{q-1}, y\in[0,b]$，积分

$$\int_0^b y^{q-1}\mathrm{d}y=\frac{b^q}{q}$$

为以 $x=y^{q-1}$ 为曲边，以 $y=b, x=0$ 为直边的曲边三角形面积.

若 $a=b$，则两个曲边三角形恰好拼成以 $x=0, x=a, y=0, y=b=a$ 为边的正方形，不然，若 $a\neq b$，两个曲边三角形拼成的图形除了包含矩形 $x=0, x=a, y=0, y=b$ 外，还多一以 $y=x^{p-1}$ 为曲边，以 $x=a, y=b$ 为直边的曲边三角形，因此，前述两个曲边三角形面积之和，必然大于等于矩形面积 ab.

Young 不等式有许多应用与推广.

3. 级数形式的 Hölder 不等式

Hölder 不等式有两种，一种为级数形式，另一种为积分形式.

先给出级数形式的 Hölder 不等式.

设 $p>1$，q 与 p 互为对偶数，即 (1.6) 成立，$a_k, b_k\in\mathbf{C}$，$k=1,2,\cdots$，则

$$\sum_{k=1}^{\infty}|a_kb_k|\leqslant\left(\sum_{k=1}^{\infty}|a_k|^p\right)^{\frac{1}{p}}\left(\sum_{k=1}^{\infty}|b_k|^q\right)^{\frac{1}{q}}. \tag{1.8}$$

此不等式的证明需要一些技巧.

证明　记

$$x_k=\frac{|a_k|}{\left(\sum\limits_{i=1}^{\infty}|a_i|^p\right)^{\frac{1}{p}}},\quad y_k=\frac{|b_k|}{\left(\sum\limits_{i=1}^{\infty}|b_i|^q\right)^{\frac{1}{q}}},$$

则

$$\sum_{k=1}^{\infty}x_k^p=\sum_{k=1}^{\infty}\left(\frac{|a_k|}{\left(\sum\limits_{i=1}^{\infty}|a_i|^p\right)^{\frac{1}{p}}}\right)^p=\sum_{k=1}^{\infty}\frac{|a_k|^p}{\sum\limits_{i=1}^{\infty}|a_i|^p}=\frac{\sum\limits_{k=1}^{\infty}|a_k|^p}{\sum\limits_{i=1}^{\infty}|a_i|^p}=1,$$

同理得

$$\sum_{k=1}^{\infty}y_k^q=1.$$

由 Young 不等式得

$$x_ky_k\leqslant\frac{x_k^p}{p}+\frac{y_k^q}{q},\quad k=1,2,\cdots,$$

$$\sum_{k=1}^{\infty}x_ky_k\leqslant\sum_{k=1}^{\infty}\frac{x_k^p}{p}+\sum_{k=1}^{\infty}\frac{y_k^q}{q}=\frac{1}{p}+\frac{1}{q}=1.$$

即有

$$\sum_{k=1}^{\infty}\frac{|a_k|}{\left(\sum\limits_{i=1}^{\infty}|a_i|^p\right)^{\frac{1}{p}}}\frac{|b_k|}{\left(\sum\limits_{i=1}^{\infty}|b_i|^q\right)^{\frac{1}{q}}}\leqslant 1,$$

由此即得 (1.8). 证毕.

4. 有限和形式的 Hölder 不等式

若 $a_k,b_k=0,k>n$, 则得

$$\sum_{k=1}^{n}|a_kb_k|\leqslant\left(\sum_{k=1}^{n}|a_k|^p\right)^{\frac{1}{p}}\left(\sum_{k=1}^{n}|b_k|^q\right)^{\frac{1}{q}}.\tag{1.9}$$

此即有限和形式的 Hölder 不等式.

5. 级数形式的 Cauchy-Schwarz 不等式

当 $p=q=\frac{1}{2}$ 时，Hölder 不等式成为

$$\left(\sum_{k=1}^{\infty}|a_kb_k|\right)^2 \leqslant \sum_{k=1}^{\infty}|a_k|^2\sum_{k=1}^{\infty}|b_k|^2, \tag{1.10}$$

此不等式称为级数形式的 Cauchy-Schwarz 不等式.

6. 积分形式的 Hölder 不等式

下面介绍积分形式的 Hölder 不等式. 为此，需先介绍 p 方可积的概念.

若 $\int_E |f(x)|^p\mathrm{d}x<\infty$, 则称函数 f 在 E 上 p 方可积，记为 $f\in L^p(E)$.

注意：关于函数各种形式的可积问题，有较为复杂的理论，如实变函数论、测度论、调和分析等，需涉及可测集、可测函数、各种类型的可积函数、积分的极限理论等. 我们在微积分中学习的积分，称为 Riemann 积分，而实变函数论中的积分称为 Lebesgue 积分，前者的积分极限定理条件要求苛刻，而后者宽松许多，这也是引进后者的重要原因，因此，本书说到的积分，皆指 Lebesgue 积分. 需要简单地指出：对于在 Riemann 和 Lebesgue 意义下都可积的函数，两种积分值是相等的，所以，积分皆指 Lebesgue 积分的假定不会导致数值计算错误.

设 $p>1$，q 与 p 互为对偶数，即 (1.6) 成立，$f\in L^p(E), g\in L^q(E)$, 则 $fg\in L^1(E)=L(E)$ 且

$$\int_E |f(x)g(x)|\mathrm{d}x \leqslant \left(\int_E |f(x)|^p\mathrm{d}x\right)^{\frac{1}{p}}\left(\int_E |g(x)|^q\mathrm{d}x\right)^{\frac{1}{q}}. \tag{1.11}$$

证明 若 $\int_E |f(x)|^p\mathrm{d}x=0$ 或 $\int_E |g(x)|^q\mathrm{d}x=0$，则由测度论知 f 或 g 在 E 上几乎处处为 0，故 fg 也在 E 上几乎处处为 0，从而 $\int_E |f(x)g(x)|\mathrm{d}x=0$，(1.11) 两边皆为 0，成立.

若 $\int_E |f(x)|^p\mathrm{d}x>0$，$\int_E |g(x)|^q\mathrm{d}x>0$，令

$$a(x)=\frac{|f(x)|}{\left(\int_E |f(t)|^p\mathrm{d}t\right)^{\frac{1}{p}}},\quad b(x)=\frac{|g(x)|}{\left(\int_E |g(t)|^q\mathrm{d}t\right)^{\frac{1}{q}}},$$

则由 Young 不等式，有

$$
\begin{aligned}
a(x)b(x) &\leqslant \frac{\left(\dfrac{|f(x)|}{\left(\displaystyle\int_E |f(t)|^p \mathrm{d}t\right)^{\frac{1}{p}}}\right)^p}{p} + \frac{\left(\dfrac{|g(x)|}{\left(\displaystyle\int_E |g(t)|^q \mathrm{d}t\right)^{\frac{1}{q}}}\right)^q}{q} \\
&= \frac{|f(x)|^p}{p\displaystyle\int_E |f(t)|^p \mathrm{d}t} + \frac{|g(x)|^q}{q\displaystyle\int_E |g(t)|^q \mathrm{d}t},
\end{aligned}
$$

上述不等式两边积分，由积分的单调性知

$$
\begin{aligned}
&\int_E a(x)b(x)\mathrm{d}x \\
\leqslant &\frac{1}{p\displaystyle\int_E |f(t)|^p \mathrm{d}t}\int_E |f(x)|^p \mathrm{d}x + \frac{1}{q\displaystyle\int_E |g(t)|^q \mathrm{d}t}\int_E |g(x)|^q \mathrm{d}x \\
= &\frac{1}{p} + \frac{1}{q} = 1,
\end{aligned}
$$

此即

$$
\int_E \frac{|f(x)|}{\left(\displaystyle\int_E |f(t)|^p \mathrm{d}t\right)^{\frac{1}{p}}} \frac{|g(x)|}{\left(\displaystyle\int_E |g(t)|^q \mathrm{d}t\right)^{\frac{1}{q}}} \mathrm{d}x \leqslant 1,
$$

$$
\int_E |f(x)g(x)|\mathrm{d}x \leqslant \left(\int_E |f(t)|^p \mathrm{d}t\right)^{\frac{1}{p}} \left(\int_E |g(t)|^q \mathrm{d}t\right)^{\frac{1}{q}}.
$$

其中注意

$$
\int_E h(x)\mathrm{d}x = \int_E h(t)\mathrm{d}t
$$

对 E 上任何可积函数 h 成立. 证毕.

7. **积分形式的 Cauchy-Schwarz 不等式**

当 $p = q = \dfrac{1}{2}$ 时，Hölder 不等式成为

$$
\left(\int_E |f(x)g(x)|\mathrm{d}x\right)^2 \leqslant \int_E |f(x)|^2 \mathrm{d}x \int_E |g(x)|^2 \mathrm{d}x, \tag{1.12}
$$

称为积分形式的 Cauchy-Schwarz 不等式.

可以看出，两种 Hölder 不等式从形式到证明过程都十分相像. 其实，如果了解 Stieltjes 积分，即可知积分与和式没有区别，这就是为什么在微积分中级数敛散性判别法与广义积分敛散性判别法那么相像的原因.

8. 级数形式的 Minkowski 不等式

Minkowski 不等式也有两种，一种为级数形式，另一种为积分形式.

先给出级数形式的 Minkowski 不等式.

设 $1 \leqslant p < \infty$，$a_k, b_k \in \mathbf{C}, k = 1, 2, \cdots$，则

$$\left(\sum_{k=1}^{\infty}|a_k + b_k|^p\right)^{\frac{1}{p}} \leqslant \left(\sum_{k=1}^{\infty}|a_k|^p\right)^{\frac{1}{p}} + \left(\sum_{k=1}^{\infty}|b_k|^p\right)^{\frac{1}{p}}. \tag{1.13}$$

证明

$$\begin{aligned}
&\sum_{k=1}^{\infty}|a_k + b_k|^p = \sum_{k=1}^{\infty}|a_k + b_k|^{p-1}|a_k + b_k| \\
\leqslant &\sum_{k=1}^{\infty}|a_k + b_k|^{p-1}(|a_k| + |b_k|) \\
= &\sum_{k=1}^{\infty}|a_k + b_k|^{p-1}|a_k| + \sum_{k=1}^{\infty}|a_k + b_k|^{p-1}|b_k| \\
\leqslant &\left(\sum_{k=1}^{\infty}|a_k + b_k|^{(p-1)q}\right)^{\frac{1}{q}}\left(\sum_{k=1}^{\infty}|a_k|^p\right)^{\frac{1}{p}} + \left(\sum_{k=1}^{\infty}|a_k + b_k|^{(p-1)q}\right)^{\frac{1}{q}}\left(\sum_{k=1}^{\infty}|b_k|^p\right)^{\frac{1}{p}} \\
= &\left(\sum_{k=1}^{\infty}|a_k + b_k|^p\right)^{\frac{1}{q}}\left(\sum_{k=1}^{\infty}|a_k|^p\right)^{\frac{1}{p}} + \left(\sum_{k=1}^{\infty}|a_k + b_k|^p\right)^{\frac{1}{q}}\left(\sum_{k=1}^{\infty}|b_k|^p\right)^{\frac{1}{p}} \\
= &\left(\sum_{k=1}^{\infty}|a_k + b_k|^p\right)^{\frac{1}{q}}\left[\left(\sum_{k=1}^{\infty}|a_k|^p\right)^{\frac{1}{p}} + \left(\sum_{k=1}^{\infty}|b_k|^p\right)^{\frac{1}{p}}\right].
\end{aligned}$$

不等式两边同时除以 $\left(\sum\limits_{k=1}^{\infty}|a_k+b_k|^p\right)^{\frac{1}{q}}$，即得 (1.13)，其中注意 $(p-1)q = p, 1-\dfrac{1}{q} = \dfrac{1}{p}$.
证毕.

9. 有限和形式的 Minkowski 不等式

若 $a_k, b_k = 0, k > n$, 则得

$$\left(\sum_{k=1}^{n}|a_k + b_k|^p\right)^{\frac{1}{p}} \leqslant \left(\sum_{k=1}^{n}|a_k|^p\right)^{\frac{1}{p}} + \left(\sum_{k=1}^{n}|b_k|^p\right)^{\frac{1}{p}}. \tag{1.14}$$

此即有限和形式的 Minkowski 不等式.

10. 积分形式的 Minkowski 不等式

积分形式的 Minkowski 不等式为

$$\left(\int_E |f(x) + g(x)|^p \mathrm{d}x\right)^{\frac{1}{p}} \leqslant \left(\int_E |f(x)|^p \mathrm{d}x\right)^{\frac{1}{p}} + \left(\int_E |g(x)|^p \mathrm{d}x\right)^{\frac{1}{p}}. \tag{1.15}$$

此不等式的证明几乎可以照抄前面对级数形式的 Minkowski 不等式的证明，读者可以自行写出.

1.2　线性空间

一种被科学界普遍接受的观点认为，数学是研究空间形式与数量关系的科学，因此在讨论数学问题、建立数学关系时，往往一开始就要介绍空间，以表明这些问题与关系是在什么环境下展开讨论与建立的. 无疑，问题与关系不同，相应空间也不同，本节介绍与本书内容相关的空间.

空间是具有一定结构的集合，线性空间是具有线性结构的集合. 线性结构由线性运算确定，而后者包括两种运算 —— 加法和数乘.

明显地，这两个运算之间应有协调性，比如两个一样的元素相加，其结果应该是这个元素的二倍：$a+a=2a$. 其中注意 $a+a$ 是元素的加法，$2a$ 却是数字与元素的乘法，二者本来是完全不同的东西，现在按道理要相等，离开运算之间的某种协调性是不行的.

1. 线性空间的定义

定义 1.1　设 E 为一个集合，即由某些具有共同性质的元素组成的集合. 又设 F 是一个数域，即由一些数 (实数或复数) 构成的集合，而这些数的有限四则运算 (0 不做除数) 结果仍属于 F. 对任意 $a,b\in E$(这一事实记为 $\forall a,b\in E$)，E 中存在唯一确定的元，记为 $a+b$(这一事实记为 $\exists a+b\in E$)，称为 a,b 的和；又 $\forall a\in E,\alpha\in F$，$E$ 中存在唯一确定的元，记为 αa，称为 α 与 a 的积. 所述和与积满足规则：

(i) 和满足交换律：$\forall a,b\in E, a+b=b+a$；

(ii) 和满足集合律：$\forall a,b,c\in E,(a+b)+c=a+(b+c)$；

(iii) E 中存在零元 0：$\exists 0\in E$，使 $\forall a\in E, a+0=a$；

(iv) E 中存在负元：$\forall a\in E$，存在唯一确定的 $-a\in E$，使 $a+(-a)=0$；

(v) 数字 1 乘 E 中元等于该元：$\forall a\in E$ 和数字 $1\in F$，$1a=a$；

(vi) 积满足结合律：$\forall a\in E,\alpha,\beta\in F,\alpha(\beta a)=(\alpha\beta)a$；

(vii) 积对和满足第一分配律：$\forall a,b\in E,\alpha\in F,\alpha(a+b)=\alpha a+\alpha b$；

(viii) 积对和满足第二分配律：$\forall a\in E,\alpha,\beta\in F,(\alpha+\beta)a=\alpha a+\beta a$，

则称 E 为数域 F 上的线性空间. 所述和给出了 E 上的一个运算，称为加法，积给出了 F 中元与 E 中元之间的一个运算，称为数乘. 特别，若数域 F 为实数集 $\mathbf{R}$，则称 E 为一个实线性空间，若数域 F 为复数集 $\mathbf{C}$，则称 E 为一个复线性空间. 规定空集也是一个线性空间.

2. 线性组合、线性运算和对线性运算封闭

由如上定义，可以给出 E 中元的线性组合的概念.

对于任意 $\alpha,\beta\in F,a,b\in E$，$\alpha a+\beta b\in E$. $\alpha a+\beta b$ 称为 E 中元的线性组合，该组合给出 E,F 中元的一种运算，称为线性运算，由于这种运算的结果仍为 E 中元，所以称 E 对线性运算是封闭的.

有了以上 8 个规则，可以推出我们习以为常的一些运算规律，例如，$2a=(1+1)a=1a+1a=a+a$，其中第一个等式来自最熟悉的数字运算 1+1=2，第二个等式来自规则 (viii)，第三个等式来自规则 (v)，而结果却是熟知的规则：一个元素的 2 倍等于自身相加一次.

以上的定义、描述和推理以严格的方式展示数学内容. 本来，数学就应该用这样的方式来呈现，但是，这种方式对于不专门从事数学研究和教学的人士来说，却有许多缺点. 其一，会给人以不知所云的感觉；其二，对十分明显的结果，似乎多余地论证，例如，证明 $2a=a+a$；其三，会使内容加大，枝节增多，主要内容易淹没在烦琐的论述中，使人不得要领. 我们在此声明：鉴于本书的目的，本书一般不采用这种方式，而更多采用自然合情的方式讲述内容. 如此，许多本应巨细讲述的内容可以用简洁的方式讲述，例如，要证明一个集合为一线性空间，本需对给出的加法与数乘，将定义 1.1 中的 8 条规则全部进行验证，但在简洁的模式下，只需验证该集合在所给加法与数乘的情况下对线性运算封闭即可.

注意 1：任何线性空间 E 必然伴随一个数域 F，常用数域有实数域、复数域、有理数域等，其中，这些数域即对应的数集，如实数域即实数集 $\mathbf{R}$. 整数集 $\mathbf{Z}$ 不是一个数域，因为两个整数相除结果不一定仍是整数.

注意 2：需要强调，称 E 为一个实线性空间，只是其伴随的数域 F 为实数集 $\mathbf{R}$，而不意味着 E 的元素是实数；同样，称 E 为一个复线性空间，若其伴随的数域 F 为复数集 $\mathbf{C}$.

注意 3：线性空间有时又称为向量空间，线性空间的元素又称为向量.

3. 线性空间 $\mathbf{R}^n$

线性空间的例子可以随手写出.

例 1.1 对任意正整数 n，令

$$\mathbf{R}^n=\mathbf{R}\times\mathbf{R}\times\cdots\times\mathbf{R}=\{(x_1,x_2,\cdots,x_n):x_i\in\mathbf{R},i=1,2,\cdots,n\},$$

对任意 $a=(x_1,x_2,\cdots,x_n),b=(y_1,y_2,\cdots,y_n)\in\mathbf{R}^n$，定义加法

$$\begin{aligned}a+b&=(x_1,x_2,\cdots,x_n)+(y_1,y_2,\cdots,y_n)\\&=(x_1+y_1,x_2+y_2,\cdots,x_n+y_n),\end{aligned}$$

对任意 $k \in F = \mathbf{R}$，数乘

$$ka = k(x_1, x_2, \cdots, x_n) = (kx_1, kx_2, \cdots, kx_n),$$

则 $\mathbf{R}^n$ 成为一线性空间，伴随 $\mathbf{R}^n$ 的数域 F 为 $\mathbf{R}$.

将 $\mathbf{R}$ 换为 $\mathbf{C}$，则 $\mathbf{C}^n$ 成为一线性空间，伴随 $\mathbf{C}^n$ 的数域 F 为 $\mathbf{C}$.

证明　仅证明 $\mathbf{R}^n$ 对线性运算封闭.

$\forall a = (x_1, x_2, \cdots, x_n), b = (y_1, y_2, \cdots, y_n) \in \mathbf{R}^n, \alpha, \beta \in \mathbf{R}$,

$$\begin{aligned}\alpha a + \beta b &= \alpha(x_1, x_2, \cdots, x_n) + \beta(y_1, y_2, \cdots, y_n)\\ &= (\alpha x_1, \alpha x_2, \cdots, \alpha x_n) + (\beta y_1, \beta y_2, \cdots, \beta y_n)\\ &= (\alpha x_1 + \beta y_1, \alpha x_2 + \beta y_2, \cdots, \alpha x_n + \beta y_n),\end{aligned}$$

由于 $\alpha x_i + \beta y_i \in \mathbf{R}, i = 1, 2, \cdots, n$, 故上式最后向量属于 $\mathbf{R}^n$，知 $\mathbf{R}^n$ 对线性运算封闭. 证毕.

$\mathbf{R}^1 = \mathbf{R}$ 即实数域.

$\mathbf{R}^2$ 为通常的坐标平面. 如果对任意实数 x, y，将 (x, y) 与以原点 $(0, 0)$ 为起点，点 (x, y) 为终点的平面向量等同，并用 (x, y) 表示该向量，则 $\mathbf{R}^2$ 可以看作平面向量构成的线性空间；将 (x, y) 与复数 $z = x + \mathrm{i}y, \mathrm{i} = \sqrt{-1}$ 等同，则 $\mathbf{R}^2$ 可以看作复数平面 $\mathbf{C}$.

$\mathbf{R}^3$ 为通常的三维空间.

特别注意：在线性代数和矩阵论中，n 维向量皆为列向量，即 $\mathbf{R}^n$ 与 $\mathbf{C}^n$ 中的元素皆为列向量. 在以下的内容中，这两个集合为行向量集合还是列向量集合，将即时予以说明，不会出现混乱.

4. 实函数全体构成线性空间

例 1.2　若 F 为实数域，则 $E = \{f : f$ 为定义于 $\mathbf{R}$ 的实函数 $\}$ 为一个线性空间，其中对 $f, g \in E$，$f + g$ 的定义为：$f + g$ 在点 $x \in \mathbf{R}$ 的值为 $f(x) + g(x)$，即有 $(f + g)(x) = f(x) + g(x)$，对 $f \in E, k \in F$，kf 的定义为：kf 在点 $x \in \mathbf{R}$ 的值为 $kf(x)$，即有 $(kf)(x) = kf(x)$.

5. 线性相关与线性无关

定义 1.2　E 为数域 F 上的线性空间，n 为正整数，$a_i \in E, i = 1, 2, \cdots, n$，若存在不全为 0 的 $k_i \in F, i = 1, 2, \cdots, n$，使

$$k_1 a_1 + k_2 a_2 + \cdots + k_n a_n = 0,$$

则称 $a_1, a_2, \cdots, a_n$ 线性相关；否则，若

$$k_1 a_1 + k_2 a_2 + \cdots + k_n a_n = 0,$$

必推出 $k_i = 0, i = 1, 2, \cdots, n$，则称 $a_1, a_2, \cdots, a_n$ 线性无关.

6. 线性空间的维数与基

定义 1.3 E 为数域 F 上的线性空间，如果其中元 $a_1, a_2, \cdots, a_n$ 线性无关，而 E 中任何 $n+1$ 个元素皆线性相关，则称 E 为 n 维线性空间，此时，对 E 中任何元 a，必有 $k_i \in F, i=1,2,\cdots,n$，使

$$a = k_1a_1 + k_2a_2 + \cdots + k_na_n,$$

即 E 中任何元都可通过 $a_1, a_2, \cdots, a_n$ 线性表示，$a_1, a_2, \cdots, a_n$ 称为 E 的一组基.

存在正整数 n，使 n 为维数的线性空间 E 称为有限维的线性空间，不是有限维的线性空间称为无限维的线性空间.

例 1.3 $\mathbf{R}^n, \mathbf{C}^n$ 皆为 n 维线性空间，

$$\begin{aligned} e_1 &= (1,0,0,\cdots,0,0,0), \\ e_2 &= (0,1,0,\cdots,0,0,0), \\ &\cdots\cdots \\ e_n &= (0,0,0,\cdots,0,0,1) \end{aligned} \tag{1.16}$$

(每个元素有 n 个坐标) 为 $\mathbf{R}^n, \mathbf{C}^n$ 的一组基.

在无限维的线性空间中，不存在由有限个元素构成的基. 关于这类空间基的讨论，与有限维的情形完全不同，需要更多的数学知识. 比如，如下面所示，在线性空间中引入范数，便可以讨论无限维线性空间中基的问题.

1.3 赋范线性空间

我们最常见的数学分支，多属分析系统、代数系统、几何系统、不确定性数学系统几大类. 分析系统的一个特点是，要在相应空间中引入极限、连续等概念. 不同系统之间，从内容到方法都有交叉，例如，矩阵论属于代数系统，但在研究矩阵分析时，基本对象为矩阵函数、矩阵级数、矩阵微积分等，因此也需要引入分析系统中的极限、连续等一系列概念与方法.

需要注意的是，上面提到的极限、连续等概念，是根据相应空间的情况给出的.

1. 范数的引出

回顾数值函数 (自变量和函数值都是数字) 极限，例如

$$\lim_{x\to x_0} f(x) = a,$$

其定义为：$\forall\varepsilon > 0, \exists\delta > 0$，当

$$0 < |x - x_0| < \delta$$

时

$$|f(x)-a|<\varepsilon.$$

如果自变量 x 和函数值 $f(x)$ 所属空间不再是数集，绝对值 $|x-x_0|, |f(x)-a|$ 便不再有意义，要将极限概念引过来，就必须用什么东西取代绝对值.

在许多情况下，范数可以代替绝对值，是绝对值的推广.

2. 范数与赋范线性空间的定义

定义 1.4　设 E 为数域 F 上的线性空间，若存在定义于 E 的数值函数，记为 $\|\cdot\|$，满足

(1) 对任意 $x\in E, \|x\|\geqslant 0$，且 $\|x\|=0$，当且仅当 $x=0$，其中，前二个 0 为数字 0，后一个 0 为 E 中的 0 元素；

(2) 对任意 $x\in E, \alpha\in F$,

$$\|\alpha x\|=|\alpha|\|x\|;$$

(3) 对任意 $x,y\in E$,

$$\|x+y\|\leqslant\|x\|+\|y\|,$$

则称 $\|\cdot\|$ 为 E 上定义的范数，$(E,\|\cdot\|)$ 为 (数域 F 上的) 赋范线性空间，即赋予范数的线性空间. 在范数 $\|\cdot\|$ 明确时，简记 $(E,\|\cdot\|)$ 为 E.

以上三条称为范数三性质，其中 (1) 称为范数的正定性，(2) 称为正齐次性，(3) 称为三角不等式.

3. 同一线性空间上可定义无穷多种范数

若一线性空间 E 上定义了范数 $\|\cdot\|$，则对任一正数 k，$k\|\cdot\|$ 仍满足范数三性质，所以也可定义为 E 上的范数. 因此，一个线性空间上只要可以定义一种范数，则必可定义无穷种范数.

4. 赋范线性空间 $(\mathbf{R}^n,\|\cdot\|)$

例 1.4　将任意实数 $x\in\mathbf{R}=(-\infty,\infty)$ 的范数定义为其绝对值 $|x|$，则 $(\mathbf{R},|\cdot|)$ 即为赋范线性空间. 一般地，对任意 $x=(x_1,x_2,\cdots,x_n)\in\mathbf{R}^n$($n$ 为正整数)，定义范数

$$\|x\|=\sqrt{x_1^2+x_2^2+\cdots+x_n^2},$$

则 $(\mathbf{R}^n,\|\cdot\|)$ 为一赋范线性空间.

证明　证明一个集合为一赋范线性空间，首先需证明它是一个线性空间，为此，只需证明它对线性运算封闭. 其次，需要证明所给范数满足定义 1.4 中范数的 3 条性质. 一般来说，前两个条件的证明较为简单，三角不等式的证明较为困难.

(1) 对任意 $x=(x_1,x_2,\cdots,x_n)\in\mathbf{R}^n$，

$$\|x\|=\sqrt{x_1^2+x_2^2+\cdots+x_n^2}\geqslant 0,$$

当 $x=(0,0,\cdots,0)=0$ 时，$\|x\|=\sqrt{0^2+0^2+\cdots+0^2}=0$, 而 $\|x\|=\sqrt{x_1^2+x_2^2+\cdots+x_n^2}=0$ 时，$x_k=0,k=1,2,\cdots,n$，知 $x=0$.

(2) 注意 $\alpha x=(\alpha x_1,\alpha x_2,\cdots,\alpha x_n)$,

$$\begin{aligned}\|\alpha x\|&=\sqrt{(\alpha x_1)^2+(\alpha x_2)^2+\cdots+(\alpha x_n)^2}\\&=|\alpha|\sqrt{x_1^2+x_2^2+\cdots+x_n^2}=|\alpha|\|x\|.\end{aligned}$$

(3) 对任意 $x=(x_1,x_2,\cdots,x_n),y=(y_1,y_2,\cdots,y_n)\in\mathbf{R}^n$，由于 $x+y=(x_1+y_1,x_2+y_2,\cdots,x_n+y_n)$，由 $p=2$ 时的 Minkowski 不等式得

$$\begin{aligned}\|x+y\|&=\sqrt{(x_1+y_1)^2+(x_2+y_2)^2+\cdots+(x_n+y_n)^2}\\&\leqslant\sqrt{x_1^2+x_2^2+\cdots+x_n^2}+\sqrt{y_1^2+y_2^2+\cdots+y_n^2}\\&=\|x\|+\|y\|.\end{aligned}$$

证毕.

5. $\mathbf{R}^n$ 上的常见范数

在 $\mathbf{R}^n$ 上可以定义多种范数，使其成为一个赋范线性空间，$\mathbf{R}^n$ 上定义的常见范数有无穷范数:

$$\forall x=(x_1,x_2,\cdots,x_n)\in\mathbf{R}^n,\quad \|x\|_\infty=\max_{1\leqslant k\leqslant n}\{|x_k|\};$$

p 范数:

$$\forall x=(x_1,x_2,\cdots,x_n)\in\mathbf{R}^n,\quad \|x\|_p=\left(\sum_{k=1}^n|x_k|^p\right)^{\frac{1}{p}}.$$

这些范数满足范数 3 条性质的证明留作习题.

6. $\|x\|_\infty$ 为 $\|x\|_p$ 的极限

读者可能觉得奇怪，为什么 $\max\limits_{1\leqslant i\leqslant n}\{|x_i|\}$ 被记为 $\|x\|_\infty$?

这是因为对任意 $x\in\mathbf{R}^n$，$\lim\limits_{p\to\infty}\|x\|_p=\|x\|_\infty$. 事实上，对任意 $x=(x_1,x_2,\cdots,x_n)\in\mathbf{R}^n$，存在 $1\leqslant k_0\leqslant n$，使

$$|x_{k_0}|=\max_{1\leqslant k\leqslant n}\{|x_k|\}=\|x\|_\infty,$$

而

$$|x_{k_0}|^p\leqslant\sum_{k=1}^n|x_k|^p\leqslant n|x_{k_0}|^p,$$

故

$$|x_{k_0}| \leqslant \left(\sum_{k=1}^{n}|x_k|^p\right)^{\frac{1}{p}} = \|x\|_p \leqslant n^{\frac{1}{p}}|x_{k_0}|,$$

由于

$$\lim_{p\to\infty} n^{\frac{1}{p}} = \lim_{p\to\infty} \mathrm{e}^{\ln n^{\frac{1}{p}}} = \lim_{p\to\infty} \mathrm{e}^{\frac{1}{p}\ln n} = \mathrm{e}^{\lim\limits_{p\to\infty}\frac{1}{p}\ln n} = \mathrm{e}^0 = 1,$$

故

$$\lim_{p\to\infty}\|x\|_p = |x_{k_0}| = \|x\|_\infty.$$

7. 欧氏范数

特别，当 $p=2$ 时，$\|x\|_2$ 即 x 的 2 范数，称其为欧几里得范数或欧氏范数. 由 2 范数给出的 $\mathbf{R}^n$ 上的几何称为欧几里得几何或欧氏几何，此时的 $\mathbf{R}^n$ 称为欧几里得空间或欧氏空间.

对于 2 维欧氏空间 $\mathbf{R}^2$，若将其看作通常的坐标平面，则对任意 $a=(x,y)\in\mathbf{R}^2$，其范数

$$\|a\| = \sqrt{x^2+y^2}$$

为点 (x,y) 到原点 $(0,0)$ 的距离；若将其看作平面向量构成的线性空间，则 $\|a\| = \sqrt{x^2+y^2}$ 为向量 (x,y) 的模；若将其看作复数平面 $\mathbf{C}$，则 $\|a\| = \sqrt{x^2+y^2}$ 为复数 $z=x+\mathrm{i}y$ 的模.

上面的讨论中将 $\mathbf{R}$ 换为 $\mathbf{C}$，所得赋范线性空间 $\mathbf{C}^n$ 称为酉空间.

8. 赋范线性空间中序列的收敛

有了范数，就可以定义距离，使 E 成为一个距离空间：$\forall x,y\in E$，定义两者的距离为 $d(x,y)=\|x-y\|$，由此可在赋范线性空间中给出序列收敛的定义.

定义 1.5　设 E 为数域 F 上的赋范线性空间，$\{a_n\}_{n=1}^{\infty}$ 为 E 中元构成的序列，$a\in E$，若 $\forall\varepsilon>0,\exists N$，当 $n>N$ 时，

$$\|a_n - a\| < \varepsilon,$$

则称 $\{a_n\}_{n=1}^{\infty}$ 依范数收敛，简称收敛，a 为 $\{a_n\}_{n=1}^{\infty}$ 当 $n\to\infty$ 时的极限，这一事实记为

$$\lim_{n\to\infty} a_n = a.$$

可以看出，赋范线性空间中序列收敛的定义与数列 (实数列或复数列) 收敛的定义比较，绝对值符号换为范数符号，其余没有区别，但其包含的意义却往往很复杂，今后在必要的场合，将对具体情况加以解释.

9. 赋范线性空间中级数的收敛

序列收敛与级数收敛是相辅相成的.

定义 1.6 设 E 为数域 F 上的赋范线性空间，$\{a_n\}_{n=1}^{\infty}$ 为 E 中元构成的序列，形式地记

$$\sum_{n=1}^{\infty} a_n,$$

称其为级数. 令

$$S_n = a_1 + a_2 + \cdots + a_n = \sum_{k=1}^{n} a_k,$$

称为级数 $\sum_{n=1}^{\infty} a_n$ 的前 n 项部分和. 如果序列 $\{S_n\}_{n=1}^{\infty}$ 收敛，则称级数 $\sum_{n=1}^{\infty} a_n$ 收敛，此时 $\{S_n\}_{n=1}^{\infty}$ 的极限 S 为 E 中元，称其为级数的和，或称级数收敛于 S，这一事实记为

$$S = \sum_{n=1}^{\infty} a_n.$$

10. 赋范线性空间的基

有了如上准备，便可以讨论赋范线性空间中基的问题.

定义 1.7 设 E 为数域 F 上的赋范线性空间，$\{a_n\}_{n=1}^{\infty}$ 为 E 中元构成的序列，若对任意 $a \in E$，存在 F 中元构成的序列 $\{k_n\}_{n=1}^{\infty}$，使级数 $\sum_{n=1}^{\infty} k_n a_n$ 收敛于 a，即有

$$a = \sum_{n=1}^{\infty} k_n a_n,$$

则称 $\{a_n\}_{n=1}^{\infty}$ 为 E 的一个基.

$a = \sum_{n=1}^{\infty} k_n a_n$ 与如下陈述等价. 其一为：$\forall \varepsilon > 0, \exists N$，当 $n > N$ 时，

$$\left\| \sum_{l=1}^{n} k_l a_l - a \right\| < \varepsilon.$$

其二为

$$a = \lim_{n\to\infty} \sum_{l=1}^{n} k_l a_l.$$

11. 映射

我们以前见过的函数，定义域和值域都是数集，如果将函数定义中的定义域和值域都改为抽象的点集，其余语句不变，则可得到映射的定义如下.

设 X,Y 为集合，f 为一个对应法则，若对任意 $x \in X$，通过 f，存在唯一确定的 y 与其对应，记为 $y=f(x)$，则称 f 为 X 到 Y 的映射，X 称为 f 的定义域，$R(f)=\{y: y=f(x), x \in X\}$ 称为 f 的值集合，特别，X,Y 为线性空间时称 $R(f)$ 为 f 的值空间.

因此映射概念是函数概念的推广，有人称映射为抽象函数. 映射在不同场合下还称为算子、变换等.

12. 映射的极限与连续

有了范数，就可以给出映射极限和连续的定义.

定义 1.8　设 X,Y 为两个赋范线性空间，f 为定义于 X 取值于 Y 的映射，$x_0 \in X, y_0 \in Y$，若 $\forall \varepsilon>0, \exists \delta>0$，当 $x \in X$ 且 $0<\|x-x_0\|<\delta$ 时，

$$\|f(x)-y_0\|<\varepsilon,$$

则称映射 f 当 x 趋于 x_0 时存在极限 y_0，这一事实记为

$$\lim_{x \to x_0} f(x)=y_0.$$

特别，若 $y_0=f(x_0)$，则称 f 在点 x_0 连续.

可以看出，映射的极限和连续的定义与一般函数的极限和连续定义比较，绝对值符号换为范数符号，其余没有区别，但其包含的意义却往往很复杂.

注意：函数或映射表示方式中的一个问题需要说明. 在以前接触过的数学资料中，可能常见这样的表述：函数 $f(x)$ 如何. 这种对函数的表述是有一点问题的，因为实际上 $f(x)$ 是函数 f 在点 x 处的值，与函数 f 本身是不同的. 对函数的正确表述应该是：函数 f 如何. 但这样一来，新的问题又产生了. 例如，我们说正弦函数 $\sin x$ 如何，稍有数学知识的人都可理解，但若说正弦函数 $\sin$ 如何，却使人产生怪异的感觉. 再如，见到 $\sin \mathrm{e}^{x^3}$，立即知道这是一个初等函数，但却无法用一个字母 f 将其表达清楚. 一个试图克服如上两种函数表述方式带来的缺点的做法是，如果讲函数而不是函数在点 x 处的值，则将 $f(x)$ 中的 x 用一个黑点代替，即用 $f(\cdot)$ 表示函数，如果讲函数 f 在点 x 处的值，则用 $f(x)$ 表示. 前面我们就用 $\|\cdot\|$ 表示 E 上定义的范数. 然而，这样做也不是完美的，比如用 $\sin\cdot$ 表示正弦函数，也有一些不妥之处，而 $\sin \mathrm{e}^{\cdot^3}$ 则使人看不明白 (注意 e 的指数中有一个黑点).

同样的问题对映射也存在. 本书中，表示函数或映射的符号 $f(x)$，f，$f(\cdot)$ 都认为是有效的，将根据实际情况选用，希望不会导致混乱.

13. 赋范线性空间中的聚点、导集、闭包、闭集和稠密

以下给出赋范线性空间中的闭集等概念.

对任一赋范线性空间 E，若 A 为 E 的子集，

$$\{a_n\} \subset A, \quad a \in E, \quad \lim_{n\to\infty} \|a_n - a\| = 0,$$

且 $\{a_n\}$ 中有无穷多项互不相同，则称 a 为 A 的聚点. A 的聚点全体记为 A'，称为 A 的导集，$\overline{A} = A' \bigcup A$ 称为 A 的闭包. 当 $\overline{A} = A$ 时，称 A 为闭集. 若 A, B 为 E 的子集，$\overline{A} = B$，则称 A 在 B 中稠密.

14. 子集生成子空间

设 E 为数域 F 上的线性空间，若 A 为 E 的子集，令

$$\text{span}A = \{\alpha_1 a_1 + \alpha_2 a_2 + \cdots + \alpha_n a_n : \alpha_i \in F, a_i \in A, 1 \leqslant i \leqslant n, 1 \leqslant n < \infty\},$$

称为由 A 生成的子空间. 当

$$\lim_{n\to\infty} \left\| a - \sum_{i=1}^{n} \alpha_i a_i \right\| = 0, \quad a \in E, \quad a_i \in A, \quad \alpha_i \in F$$

时，

$$a = \sum_{n=1}^{\infty} \alpha_n a_n \in \overline{\text{span}A},$$

其中集合上方一横表示该集合的闭包. 反之，对任意 $a \in \overline{\text{span}A}$，存在 $S_n \in \text{span}A$，使在 E 范数意义下 $a = \lim\limits_{n\to\infty} S_n$，令

$$b_1 = S_1, b_2 = S_2 - S_1, \cdots, b_n = S_n - S_{n-1}, \cdots,$$

故有

$$a = \sum_{n=1}^{\infty} b_n,$$

而 $b_n \in \text{span}A$ 为 A 中元的线性组合. 这就是说，a 可表为 A 中元构成的级数. 故若 $E = \overline{\text{span}A}$，则 E 中任一元 a 必可表为 A 中元构成的级数.

15. 基本列或 Cauchy 列

Banach 空间概念在泛函分析中十分重要，此概念建立在基本列概念的基础上，故先需介绍后者.

定义 1.9 设 E 为数域 F 上的赋范线性空间，E 中的序列 $\{a_n\}$ 称为一个基本列或 Cauchy 列，如果任给 $\varepsilon > 0$，存在正整数 N，当 $m, n > N$ 时

$$\|a_n - a_m\| < \varepsilon.$$

16. Banach 空间

若对范线性空间 E 中的任一基本列 $\{a_n\}$，都有 $a \in E$，使得

$$\lim_{n\to\infty} \|a - a_n\| = 0,$$

即

$$a = \lim_{n\to\infty} a_n,$$

则称 E 为完备的赋范线性空间或 Banach 空间.

17. 无条件基

Banach 空间中存在各种不同类型的基，如 Schauder 基，无条件基，有关结果丰富复杂，无法在此详细讨论. 我们仅指出：Banach 空间 E 的一个基 $\{a_n\}$ 称为无条件基，若对任意 $a \in E$，当

$$a = \sum_{n=1}^{\infty} \alpha_n a_n$$

时，任意改变级数中项的次序都不改变级数的敛散性及级数和 a.

上述级数只有一个求和变量 n，n 从 1 变到 ∞. 在许多场合，常出现求和变量为一个以上及 (或) 求和变量从某些整数及 (或) 从 $-\infty$ 变到 ∞ 的情形，此时的级数为多重级数. 以上许多概念在这种情形也有相应的表述. 例如，Banach 空间 E 的一个基 $\{a_{mn}\}$ 称为无条件基，若对任意 $a \in E$，当

$$a = \sum_{m=-\infty}^{\infty} \sum_{n=-\infty}^{\infty} \alpha_{mn} a_{mn}$$

时，任意改变级数中项的次序都不改变级数的敛散性及级数和 a, 其中 α_{mn} 为伴随 E 的数域 F 中的元素.

18. 线性算子

线性算子是泛函分析中的重要概念.

定义 1.10　设 X, Y 为同一数域 F 上的赋范线性空间，

$$U : X \to Y$$

为线性算子，即对任意 $x \in X$，通过 U，存在唯一确定的 $y \in Y$ 与之对应，记为 $y = Ux$，且对任意 $x_1, x_2 \in X, \alpha, \beta \in F$，有

$$U(\alpha x + \beta y) = \alpha Ux + \beta Uy, \tag{1.17}$$

称 U 为 X 到 Y 上的线性算子. 又若存在常数 C，使对任意 $x \in X$，有

$$\|Ux\| \leqslant C\|x\|, \tag{1.18}$$

则称 U 为有界线性算子.

有界线性算子必为连续线性算子，即若 U 为有界线性算子，则对任意 $x_0 \in X, \forall \varepsilon > 0$，当 $\|x-x_0\| < \delta = \dfrac{\varepsilon}{C}(C>0)$ 时，$\|Ux-Ux_0\| = \|U(x-x_0)\| \leqslant C\|x-x_0\| < C\dfrac{\varepsilon}{C} = \varepsilon$，故 U 在 x_0 点连续，由于 x_0 的任意性，U 在 X 上连续.

19. 算子范数

对于有界线性算子，可以给出算子范数的概念.

定义 1.11 设 X,Y 为同一数域 F 上的赋范线性空间，U 为 X 到 Y 上的有界线性算子，称

$$\|U\| = \sup_{\|x\|\leqslant 1}\{\|Ux\|\} \tag{1.19}$$

为 U 的算子范数.

关于算子范数，下面不加证明地给出一个定理.

定理 1.1 设 X,Y 为同一数域 F 上的赋范线性空间，U 为 X 到 Y 上的有界线性算子，$\|U\|$ 为 U 的算子范数，则

(1) $$\begin{aligned}\|U\| &= \sup_{\|x\|\leqslant 1}\{\|Ux\|\} = \sup_{\|x\|=1}\{\|Ux\|\}\\ &= \sup_{\|x\|\neq 0}\left\{\frac{\|Ux\|}{\|x\|}\right\}\\ &=\inf_{k}\{k:\|Ux\|\leqslant k\|x\|, x\in X\};\end{aligned} \tag{1.20}$$

(2) 算子范数满足范数三性质;

(3) 设 $B(X,Y)$ 为 X 到 Y 上的有界线性算子全体，在其上定义加法：$\forall U_1, U_2 \in B(X,Y), (U_1+U_2)x = U_1x + U_2x$，数乘：$\forall U \in B(X,Y), \alpha\in F, (\alpha U)x = \alpha Ux$，则 $B(X,Y)$ 为 F 上的线性空间，且关于算子范数为赋范线性空间.

1.4 内积空间

1. 内积空间的概念

定义 1.12 设 E 为数域 F 上的线性空间，若存在定义于 $E\times E = \{(a,b): a,b\in E\}$ 取值于 F 的二元数值函数 $\langle\cdot,\cdot\rangle$，满足：$\forall k_1,k_2\in F, \forall a,b,c\in E$，

(1) 关于第一变元具有线性性质：

$$\langle k_1a+k_2b, c\rangle = k_1\langle a,c\rangle + k_2\langle b,c\rangle;$$

(2) 具有共轭对称性质：

$$\langle a,b\rangle = \overline{\langle b,a\rangle};$$

(3) 具有正定性:

$$\langle a,a\rangle \geqslant 0, \langle a,a\rangle = 0 \Leftrightarrow a=0,$$

其中 $a=0$ 中的 0 为线性空间 E 的 0 元素.

则称 $\langle\cdot,\cdot\rangle$ 为 E 上的内积, 此时称 E 为 F 上的内积空间. 当 F 为复数域 $\mathbf{C}$ 时, 称 E 为复内积空间, F 为实数域 $\mathbf{R}$ 时, 称 E 为实内积空间, 注意 E 为复内积空间还是实内积空间, 取决于 F 是复数域还是实数域, 不一定与 E 中元素相关.

由 (1), (2), (3) 可以推出如下结论:

(4) 内积关于第二变元具有共轭线性性质:

$$\langle a, k_1b+k_2c\rangle = \overline{k_1}\langle a,b\rangle + \overline{k_2}\langle a,c\rangle;$$

(5) E 为实内积空间时, 内积具有对称性质:

$$\langle a,b\rangle = \langle b,a\rangle;$$

(6) $\langle a,0\rangle = \langle 0,b\rangle = \langle 0,0\rangle = 0$.

2. 内积引出的范数

设 E 为内积空间, 又由

$$\|a\| = \sqrt{\langle a,a\rangle} \quad (a\in E) \tag{1.21}$$

定义范数, 则 E 成为一个赋范线性空间.

例 1.5　在 $\mathbf{R}^n$(n 为正整数) 上, 对任意 $a=(x_1,x_2,\cdots,x_n), b=(y_1,y_2,\cdots,y_n)$, 定义内积

$$\langle a,b\rangle = x_1y_1+x_2y_2+\cdots+x_ny_n, \tag{1.22}$$

则 $\mathbf{R}^n$ 成为一实内积空间. 根据 (1.15), $a\in E$ 的范数为

$$\|a\| = \sqrt{\langle a,a\rangle} = \sqrt{x_1^2+x_2^2+\cdots+x_n^2},$$

则 $(\mathbf{R}^n, \|\cdot\|)$ 为例 1.4 中的赋范线性空间, 即 n 维欧氏空间.

将 $\mathbf{R}$ 换为 $\mathbf{C}$, 内积表达式换为

$$\langle a,b\rangle = x_1\overline{y_1}+x_2\overline{y_2}+\cdots+x_n\overline{y_n}, \tag{1.23}$$

或

$$\langle a,b\rangle = \overline{x_1}y_1+\overline{x_2}y_2+\cdots+\overline{x_n}y_n, \tag{1.24}$$

则 $(\mathbf{C}^n, \|\cdot\|)$ 为例 1.4 中的赋范线性空间, 即 n 维酉空间.

3. 内积空间中的正交

称 E 中的二元 a, b 正交，若 $\langle a, b\rangle = 0$.

下列概念十分重要.

定义 1.13 设 E 为 F 上的内积空间，称 E 中元组成的序列 $\{a_n\}$ 为 E 的一个标准正交系，若其中任一元范数为 1，任二元正交. 若对任意 $a \in E$，又有

$$\lim_{n\to\infty}\left\|a - \sum_{k=1}^{n}\alpha_k a_k\right\| = 0, \quad \alpha_k \in F,$$

即

$$a = \sum_{n=1}^{\infty}\alpha_n a_n,$$

则称 $\{a_n\}$ 为 E 的一个标准正交基.

E 中的一元 a 与一子集 A 正交，若 $\langle a, b\rangle = 0$ 对任意 $b \in A$ 成立. E 中的二子集 A, B 正交，若 $\langle a, b\rangle = 0$ 对任意 $a \in A, b \in B$ 成立.

4. 直交和

对 E 中彼此正交的子集序列 (由 E 的子集组成的序列)$\{A_n\}$(可为有限个，为方便叙述，有限个时也称序列)，若对 E 中任一元 a，皆可唯一地表示为

$$a = a_1 + a_2 + \cdots + a_n + \cdots = \sum_{n=1}^{\infty} a_n, \quad a_n \in A_n, \quad n = 1, 2, \cdots,$$

则称 E 为 $\{A_n\}$ 的直交和，记为

$$E = A_1 \oplus A_2 \oplus \cdots \oplus A_n \oplus \cdots = \bigoplus_{n=1}^{\infty} A_n,$$

其中，在 $\{A_n\}$ 个数为无限时，$a = \sum\limits_{n=1}^{\infty} a_n$ 表示

$$\lim_{n\to\infty}\left\|a - \sum_{k=1}^{n} a_k\right\| = 0.$$

容易理解，E 中彼此正交的子集序列也可为 $\{A_n\}_{n\in\mathbf{Z}}, \{A_{j,k}\}_{j,k\in\mathbf{Z}}$ 等，此时，相应的表述也不难给出. 例如，对后者，若 $A_{j,k} \subset E$ 彼此正交且对 E 中任一元 a，皆可唯一地表示为

$$a = \sum_{j\in\mathbf{Z}}\sum_{k\in\mathbf{Z}} a_{j,k}, \quad a_{j,k} \in A_{j,k}, \quad j, k = \cdots, -2, -1, 0, 1, 2, \cdots,$$

则称 E 为 $\{A_{j,k}\}_{j,k\in\mathbf{Z}}$ 的直交和，记为

$$E=\bigoplus_{j,k=-\infty}^{\infty}A_{j,k},$$

其中，$a=\sum_{j\in\mathbf{Z}}\sum_{k\in\mathbf{Z}}a_{j,k}$ 表示

$$\lim_{j_1,k_1\to-\infty,j_2,k_2\to\infty}\left\|a-\sum_{j=j_1}^{j_2}\sum_{k=k_1}^{k_2}a_{j,k}\right\|=0.$$

5. 正交补

对 E 的任意子集 $A,B,A\subset B$，记与 A 中每个元正交的 B 中元的集合为 $A_B^{\perp}$，即 $A_B^{\perp}=\{b:\langle a,b\rangle=0,a\in A,b\in B\}$，称为 A 在 B 中的正交补. 而记 $A_E^{\perp}=A^{\perp}$.

6. Hilbert 空间

定义 1.14 若内积空间 E 按照 $\|a\|=\sqrt{\langle a,a\rangle}(a\in E)$ 给出的范数成为完备的赋范线性空间，则称其为完备的内积空间或 Hilbert 空间，为了与一般的内积空间相区别，Hilbert 空间常用 H 表示.

7. Riesz 基

定义 1.15 Hilbert 空间 H 中的序列 $\{a_n\}$ 称为 H 的一个 Riesz 基，若 $\{a_n\}$ 是一个无条件基且

$$0<\inf_n\|a_n\|\leqslant\sup_n\|a_n\|<\infty.$$

8. 框架

定义 1.16 Hilbert 空间 H 中的序列 $\{a_n\}$ 称为 H 的一个框架 (有的资料称标架)，若存在正数 A,B，对任意 $a\in H$ 有

$$A\|a\|^2\leqslant\sum_{n=1}^{\infty}|\langle a,a_n\rangle|^2\leqslant B\|a\|^2,$$

特别，若 $A=B$，则称 $\{a_n\}$ 为一个紧框架.

若 $\{a_n\}$ 为 H 的一个框架，则对任意 $a\in H$，序列 $c=\{c_n\}=\{\langle a,a_n\rangle\}$ 必属于 l^2，且 $\|c\|_{l^2}$ 与 $\|a\|$ 满足上述不等式，大小相互牵制，其中

$$l^2=\left\{c=\{c_n\}:\sum_{n=1}^{\infty}|c_n|^2<\infty\right\},\quad \|c\|_{l^2}=\left(\sum_{n=1}^{\infty}|c_n|^2\right)^{\frac{1}{2}}.$$

关于 Hilbert 空间的标准正交基、Riesz 基和框架，内容十分丰富，我们仅指出：Hilbert 空间的标准正交基必为 Riesz 基，Riesz 基必为框架. 反之不一定.

在一定意义上，标准正交基最好，Riesz 基次之，框架最次. 但另一方面，框架要求低，最易构造，Riesz 基次之，而标准正交基最难构造.

注意：由于内积是一种“积”，遵循普通数字乘法的一些运算规则，所以 x, y 的内积有时也用 $x \cdot y$ 表示. 本书中，根据需要选取内积的表示方式.

对于由式 (1.16) 给出的 $e_1, e_2, \cdots, e_n$，因为

$$\langle e_i, e_i \rangle = 0 \times 0 + \cdots + 0 \times 0 + 1 \times 1 + 0 \times 0 + \cdots + 0 \times 0 = 1,$$
$$\langle e_i, e_j \rangle = 0 \times 0 + \cdots + 0 \times 1 + \cdots + 1 \times 0 + \cdots + 0 \times 0 = 0, \quad i \neq j,$$

故这组向量构成 $\mathbf{R}^n, \mathbf{C}^n$ 的一组标准正交基 $\{e_1, e_2, \cdots, e_n\}$. 特别，其中任一元的实数倍构成的集合为 $\mathbf{R}^n$ 的一个一维子空间，称为一个坐标轴，这 n 个坐标轴构成 $\mathbf{R}^n$ 的一个标准正交坐标系. 对 $\mathbf{C}^n$，没有坐标轴的概念.

9. Gram-Schmidt 正交化程序

对于一个内积空间，标准正交基存在吗，如果存在，如何构造？这一问题可以通过了解正交化程序得到部分解答.

下面的程序称为 Gram-Schmidt 正交化程序.

设 E 为数域 F 上的内积空间，$B = \{b_n\}_{n \in \mathbf{Z}_+}$ 为 E 的一个线性无关系，正交化程序的目的，是通过 B 得到标准正交系 $A = \{a_n\}_{n \in \mathbf{Z}_+}$，使对任意正整数 n，有

$$\operatorname{span}\{a_1, a_2, \cdots, a_n\} = \operatorname{span}\{b_1, b_2, \cdots, b_n\}.$$

B 为线性无关系，即该系的任一有限子集皆为线性无关组，故 $b_1 \neq 0$，不然，若 $b_1 = 0$，b_1 自己就线性相关，B 必为线性相关集. 令 $a_1 = b_1/\|b_1\|$，则 $\|a_1\| = 1$，$\operatorname{span}\{a_1\} = \operatorname{span}\{b_1\}$. 令

$$c_2 = b_2 - \langle b_2, a_1 \rangle a_1,$$

则

$$\langle c_2, a_1 \rangle = \langle b_2, a_1 \rangle - \langle b_2, a_1 \rangle \langle a_1, a_1 \rangle = 0,$$

故 $c_2 \perp a_1$ 且 $c_2 \neq 0$，因为如果 $c_2 = 0$，则 $c_2 = b_2 - \langle b_2, a_1 \rangle a_1 = 0$，即 $b_2 - \langle b_2, a_1 \rangle b_1/\|b_1\| = 0$，$b_1, b_2$ 线性相关，与假设矛盾.

令 $a_2 = c_2/\|c_2\|$，则 $\{a_1, a_2\}$ 为标准正交集，且由于 b_1, b_2 的任意线性组合可以表为 a_1, a_2 的线性组合，反之亦然，故 $\operatorname{span}\{a_1, a_2\} = \operatorname{span}\{b_1, b_2\}$.

假定已由 $\{b_1, b_2, \cdots, b_k\}$ 得到标准正交集 $\{a_1, a_2, \cdots, a_k\}$，

$$\operatorname{span}\{a_1, a_2, \cdots, a_k\} = \operatorname{span}\{b_1, b_2, \cdots, b_k\},$$

令

$$c_{k+1} = b_{k+1} - \sum_{i=1}^{k} \langle b_{k+1}, a_i \rangle a_i,$$

则由于

$$\begin{aligned}\langle c_{k+1}, a_j\rangle &= \langle b_{k+1}, a_j\rangle - \sum_{i=1}^{k}\langle b_{k+1}, a_i\rangle\langle a_i, a_j\rangle \\ &= \langle b_{k+1}, a_j\rangle - \langle b_{k+1}, a_j\rangle\langle a_j, a_j\rangle = 0, \quad j = 1, 2, \cdots, k,\end{aligned}$$

即 $c_{k+1} \perp a_j, j = 1, 2, \cdots, k$ 且 $c_{k+1} \neq 0$；否则，若 $c_{k+1} = 0$，则

$$b_{k+1} = \sum_{i=1}^{k}\langle b_{k+1}, a_i\rangle a_i,$$

b_{k+1} 为 $a_1, a_2, \cdots, a_k$ 的线性组合，从而可表为 $b_1, b_2, \cdots, b_k$ 的线性组合，$b_1, b_2, \cdots, b_k, b_{k+1}$ 将线性相关，与假设矛盾. 令 $a_{k+1} = c_{k+1}/\|c_{k+1}\|$，则 $\{a_1, a_2, \cdots, a_k, a_{k+1}\}$ 为标准正交集. 由于 a_{k+1} 为 $b_{k+1}, a_1, a_2, \cdots, a_k$ 的线性组合，故为 $b_{k+1}, b_1, b_2, \cdots, b_k$ 的线性组合，所以

$$\operatorname{span}\{a_1, a_2, \cdots, a_{k+1}\} \subseteq \operatorname{span}\{b_1, b_2, \cdots, b_{k+1}\}.$$

又由

$$b_{k+1} = c_{k+1} + \sum_{i=1}^{k}\langle b_{k+1}, a_i\rangle a_i = \|c_{k+1}\|a_{k+1} + \sum_{i=1}^{k}\langle b_{k+1}, a_i\rangle a_i$$

知 b_{k+1} 为 $a_1, a_2, \cdots, a_k, a_{k+1}$ 的线性组合，所以

$$\operatorname{span}\{b_1, b_2, \cdots, b_{k+1}\} \subseteq \operatorname{span}\{a_1, a_2, \cdots, a_{k+1}\},$$

从而

$$\operatorname{span}\{b_1, b_2, \cdots, b_{k+1}\} = \operatorname{span}\{a_1, a_2, \cdots, a_{k+1}\}.$$

总之，任何正整数 n，$\{a_1, a_2, \cdots, a_n\}$ 为标准正交集且

$$\operatorname{span}\{a_1, a_2, \cdots, a_n\} = \operatorname{span}\{b_1, b_2, \cdots, b_n\}.$$

由此，按理由 E 的一个线性无关系 $B = \{b_n\}_{n\in\mathbf{Z}_+}$，可以得到一个标准正交系 $A = \{a_n\}_{n\in\mathbf{Z}_+}$. 但是，从以上程序看出，随着 n 的增大，计算越来越复杂，而且从计算得到的 $a_1, a_2, \cdots, a_n$，不能一眼看出 a_{n+1} 是什么样子，所以，实际上由 B 得到 A 还是困难的.

但是，如果 E 是有限维内积空间，则由于一定可以找到其中 n 个线性无关的元素，由 Gram-Schmidt 正交化程序，通过这些元素，可以得到 n 个范数为 1 彼此正交的元素，显然这些元素构成 E 的一个标准正交基.

1.5 有限维赋范线性空间

就目前条件而言，可以确定地说，人类只能处理有限问题、离散问题. 这是因为无论现有的计算机多么强大，也只能进行有限次计算，不能进行无限次计算；计算机

只能处理数据，后者为有限个数字表示的集合，意味着离散，不存在连续数据的概念，换言之，计算机不能处理连续问题.

因此，在线性空间、线性赋范空间和内积空间中，有限情形永远是最重要的.

本节讨论有限维赋范线性空间的一些基本理论. 无疑，本节介绍的内容绝不是有限维赋范线性空间基本理论的大部，而只是很小的部分.

1.5.1 有限维赋范线性空间的构造

1. 有限维线性空间的存在性

设 $A=\{a_1,a_2,\cdots,a_k\}$ 为数域 F 上的线性空间 E 的有限子集，令

$$\begin{aligned}B&=\mathrm{span}A\\&=\{a:a=\alpha_1a_1+\alpha_2a_2+\cdots+\alpha_ka_k,\alpha_i\in F,i=1,2,\cdots,k\},\end{aligned}\tag{1.25}$$

则由于

$$\forall a=\alpha_1a_1+\alpha_2a_2+\cdots+\alpha_ka_k,\quad b=\beta_1a_1+\beta_2a_2+\cdots+\beta_ka_k\in B,\quad \alpha,\beta\in F,$$

所以

$$\alpha a+\beta b=(\alpha\alpha_1+\beta\beta_1)a_1+(\alpha\alpha_2+\beta\beta_2)a_2+\cdots+(\alpha\alpha_k+\beta\beta_k)a_k\in B,$$

即 B 对线性运算封闭，故为线性空间，由于它是 E 的子集，所以为 E 的子空间.

虽然 B 中元皆为 k 个 E 中元的线性组合，但 B 的维数 r 不一定是 k，而是元素组 A 的极大线性无关组元素的个数，故 $r\leqslant k$.

2. 同构映射

定义 1.17 设 X,Y 为同一数域 F 上的内积空间，$U:X\to Y$ 为一一线性映射，即 U 为 X 到 Y 一对一的映射，且对任意 $a,b\in X,\alpha,\beta\in F,U(\alpha a+\beta b)=\alpha Ua+\beta Ub$，又

$$\langle Ua,Ub\rangle_Y=\langle a,b\rangle_X,\tag{1.26}$$

其中 $\langle\cdot,\cdot\rangle_X,\langle\cdot,\cdot\rangle_Y$ 分别为 X，Y 上的内积，下标符号只为便于区别，则称 U 为 X 到 Y 上的同构映射，称 X 与 Y 同构.

同构是一个等价关系，即满足等价关系的三个性质:

(1) **反身性** X 与 X 同构;

(2) **对称性** 若 X 与 Y 同构，则 Y 与 X 同构;

(3) **传递性** 若 X 与 Y 同构，Y 与 Z 同构，则 X 与 Z 同构.

3. 同构意义下 n 维 Hilbert 空间只有 $\mathbf{R}^n, \mathbf{C}^n$

由于线性空间 E 多种多样，有无穷多个，其子集与子空间自然也有无穷多个，所以对一个正整数 n，n 维线性空间有无穷多个，绝不仅仅是下面介绍的 $\mathbf{R}^n, \mathbf{C}^n$. 不过，对于有限维的 Hilbert 空间，通过引入同构概念，可以知道 n 维实 Hilbert 空间必与 $\mathbf{R}^n$ 同构，n 维复 Hilbert 空间必与 $\mathbf{C}^n$ 同构，所以在同构意义下，n 维 Hilbert 空间的确只有 $\mathbf{R}^n, \mathbf{C}^n$.

定理 1.2　n 维实 Hilbert 空间必与 $\mathbf{R}^n$ 同构，n 维复 Hilbert 空间必与 $\mathbf{C}^n$ 同构.

证明　仅对后一结论进行证明.

设 H 为一 n 维复 Hilbert 空间，以下记 $\langle\cdot,\cdot\rangle_H$ 为 $\langle\cdot,\cdot\rangle$.

由上一节最后知道，对 n 维复 Hilbert 空间 H，可以得到标准正交基，设 $\{e_1, e_2, \cdots, e_n\}$ 为 H 的一个标准正交基，故对任意 $x \in H$，存在 $\alpha_k \in \mathbf{C}, k = 1, 2, \cdots, n$，使

$$x = \sum_{k=1}^{n} \alpha_k e_k,$$

上式两边与 e_i 作内积，得

$$\langle x, e_i\rangle = \left\langle \sum_{k=1}^{n} \alpha_k e_k, e_i \right\rangle = \sum_{k=1}^{n} \alpha_k \langle e_k, e_i\rangle = \alpha_i,$$

即得

$$x = \sum_{k=1}^{n} \langle x, e_k\rangle e_k,$$

称 $\langle x, e_k\rangle$ 为 x 关于基 $\{e_1, e_2, \cdots, e_n\}$ 的第 k 个坐标，$(\langle x, e_1\rangle, \langle x, e_2\rangle, \cdots, \langle x, e_n\rangle)$ 为 x 关于基 $\{e_1, e_2, \cdots, e_n\}$ 的坐标是合理的.

作 H 到 n 维酉空间 $\mathbf{C}^n$ 的对应 U,

$$Ux = (\langle x, e_1\rangle, \langle x, e_2\rangle, \cdots, \langle x, e_n\rangle), \quad x \in E, \tag{1.27}$$

即 U 为 x 与其关于基 $\{e_1, e_2, \cdots, e_n\}$ 的坐标之间的对应.

若能证明 U 为 H 到 $\mathbf{C}^n$ 的映射，且为单满射，则 U 为 H 到 $\mathbf{C}^n$ 的一一映射.

下面证明 U 为 H 到 $\mathbf{C}^n$ 的映射.

对任意 $x \in H$, 有唯一确定的

$$Ux = (\langle x, e_1\rangle, \langle x, e_2\rangle, \cdots, \langle x, e_n\rangle) \in \mathbf{C}^n$$

与之对应，故 U 为 H 到 $\mathbf{C}^n$ 的映射.

再证 U 为单射.

对任意 $x,y\in H,x\neq y$，至少有一个坐标 $\langle x,e_k\rangle$ 与 $\langle y,e_k\rangle$ 不相等，即 $Ux\neq Uy$，由此得知 U 为 H 到 $\mathbf{C}^n$ 的单射.

再证 U 为满射.

对任意 $(x_1,x_2,\cdots,x_n)\in\mathbf{C}^n$，令

$$x=x_1e_1+x_2e_2+\cdots+x_ne_n,$$

则由 U 的定义知 $Ux=(x_1,x_2,\cdots,x_n)$，即知对 $\mathbf{C}^n$ 中任何元 b，都有 H 中元 a，使 b 为 a 在 U 作用下的像，故 U 为 H 到 $\mathbf{C}^n$ 的满射.

下面证明 U 为线性映射.

事实上，$\forall x,y\in H,\alpha,\beta\in\mathbf{C}$，

$$\begin{aligned}
&U(\alpha x+\beta y)=(\langle\alpha x+\beta y,e_1\rangle,\langle\alpha x+\beta y,e_2\rangle,\cdots,\langle\alpha x+\beta y,e_n\rangle)\\
=&(\alpha\langle x,e_1\rangle+\beta\langle y,e_1\rangle,\alpha\langle x,e_2\rangle+\beta\langle y,e_2\rangle,\cdots,\alpha\langle x,e_n\rangle+\beta\langle y,e_n\rangle)\\
=&(\alpha\langle x,e_1\rangle,\alpha\langle x,e_2\rangle,\cdots,\alpha\langle x,e_n\rangle)+(\beta\langle y,e_1\rangle,\beta\langle y,e_2\rangle,\cdots,\beta\langle y,e_n\rangle)\\
=&\alpha(\langle x,e_1\rangle,\langle x,e_2\rangle,\cdots,\langle x,e_n\rangle)+\beta(\langle y,e_1\rangle,\langle y,e_2\rangle,\cdots,\langle y,e_n\rangle)\\
=&\alpha Ux+\beta Uy.
\end{aligned}$$

最后证明 $\langle Ux,Uy\rangle_{\mathbf{C}^n}=\langle x,y\rangle$.

由于 $x=\sum\limits_{k=1}^{n}\langle x,e_k\rangle e_k,y=\sum\limits_{k=1}^{n}\langle y,e_k\rangle e_k,$，则

$$\begin{aligned}
\langle x,y\rangle&=\left\langle\sum_{j=1}^{n}\langle x,e_j\rangle e_j,\sum_{k=1}^{n}\langle y,e_k\rangle e_k\right\rangle\\
&=\sum_{j=1}^{n}\sum_{k=1}^{n}\langle\langle x,e_j\rangle\overline{\langle y,e_k\rangle}\langle e_j,e_k\rangle=\sum_{k=1}^{n}\langle x,e_k\rangle\overline{\langle y,e_k\rangle}\\
&=\langle(\langle x,e_1\rangle,\langle x,e_2\rangle,\cdots,\langle x,e_n\rangle),(\langle y,e_1\rangle,\langle y,e_2\rangle,\cdots,\langle y,e_n\rangle)\rangle_{\mathbf{C}^n}\\
&=\langle Ux,Uy\rangle_{\mathbf{C}^n}.
\end{aligned}$$

证毕.

1.5.2 有限维赋范线性空间上范数的等价性

1. 范数等价概念

首先介绍范数等价的概念.

定义 1.18 设 E 为数域 F 上的线性空间，其上给出了两个范数，分别记为 $\|\cdot\|_\alpha,\|\cdot\|_\beta$，若存在正数 $m\leqslant M$，使对任意 $x\in E$，

$$m\|x\|_\alpha\leqslant\|x\|_\beta\leqslant M\|x\|_\alpha,\tag{1.28}$$

则称这两个范数等价.

注意：讨论范数的等价性，前提是所述范数定义在同一线性空间上，但定义了不同的范数时，得到的却为不同的赋范线性空间. 范数的等价性意味着，对于任意元素，不同范数的差距是受控的，不能出现如下的情况：对于 $a\in E$，$\|a\|_\alpha$ 与 $\|a\|_\beta$ 相差不大，而对于 $b\in E$，$\|b\|_\alpha$ 与 $\|b\|_\beta$ 相差很大. 这一特点导致等价范数给出相同的收敛和连续性等分析性质. 例如，有如下定理.

定理 1.3　设 E 为数域 F 上的线性空间，其上给出了两个等价范数 $\|\cdot\|_\alpha,\|\cdot\|_\beta$，则一个序列 $\{a_n\}$ 依范数 $\|\cdot\|_\alpha$ 收敛于 a，该序列必依范数 $\|\cdot\|_\beta$ 收敛于 a，反之亦然.

证明　注意，依范数 $\|\cdot\|_\alpha$，$\lim\limits_{n\to\infty}a_n=a$ 当且仅当：$\forall\varepsilon>0,\exists N$，当 $n>N$ 时，$\|a_n-a\|_\alpha<\varepsilon$. 这一叙述又是数列 $\{\|a_n-a\|_\alpha\}$ 收敛于 0 的叙述. 所以，依范数 $\|\cdot\|_\alpha$，$\lim\limits_{n\to\infty}a_n=a$ 当且仅当 $\lim\limits_{n\to\infty}\|a_n-a\|_\alpha=0$. 而由 $m\|a_n-a\|_\alpha\leqslant\|a_n-a\|_\beta\leqslant M\|a_n-a\|_\alpha$ 知 $\lim\limits_{n\to\infty}\|a_n-a\|_\alpha=0$ 当且仅当 $\lim\limits_{n\to\infty}\|a_n-a\|_\beta=0$，从而依范数 $\|\cdot\|_\alpha$，$\lim\limits_{n\to\infty}a_n=a$ 当且仅当依范数 $\|\cdot\|_\beta$，$\lim\limits_{n\to\infty}a_n=a$. 证毕.

2. 有限维线性空间上任意两个范数等价

下列定理具有良好的应用价值.

定理 1.4　实或复有限维线性空间上任意两个范数等价.

证明　设 n 为正整数，E 为数域 F 上的 n 维线性空间，其中 $F=\mathbf{R}$ 或 $\mathbf{C}$，则 E 中存在 n 个线性无关的元素 $a_1,a_2,\cdots,a_n$，这些元素构成 E 的一组基，故对任意 $x\in E$，存在 $x_k\in F,k=1,2,\cdots,n$，使

$$x=x_1a_1+x_2a_2+\cdots+x_na_n. \tag{1.29}$$

称 $(x_1,x_2,\cdots,x_n)$ 为 x 关于基 $a_1,a_2,\cdots,a_n$ 的坐标，称 $x_k\in F$ 为 x 的第 k 个坐标分量，$k=1,2,\cdots,n$.

下面证明，E 上的任一范数 $\|\cdot\|$ 为坐标的 n 元连续函数.

为此，令

$$f(x_1,x_2,\cdots,x_n)=\|x\|, \tag{1.30}$$

则对任意 $x^0=x_1^0a_1+x_2^0a_2+\cdots+x_n^0a_n$，

$$\begin{aligned}&|f(x_1,x_2,\cdots,x_n)-f(x_1^0,x_2^0,\cdots,x_n^0)|=\Big|\|x\|-\|x^0\|\Big|\leqslant\|x-x^0\|\\ =&\Big\|\sum_{k=1}^n(x_k-x_k^0)a_k\Big\|\leqslant\sum_{k=1}^n\|(x_k-x_k^0)a_k\|=\sum_{k=1}^n|x_k-x_k^0|\|a_k\|\\ \leqslant&\sqrt{\sum_{k=1}^n\|a_k\|^2}\sqrt{\sum_{k=1}^n|x_k-x_k^0|^2}\triangleq c\sqrt{\sum_{k=1}^n|x_k-x_k^0|^2},\end{aligned}$$

其中 $c=\sqrt{\sum\limits_{k=1}^{n}\|a_k\|^2}$，由于 $a_1,a_2,\cdots,a_n$ 是确定的且线性无关，故 c 相对于变量 x_k 来说是正常数.

$\forall\varepsilon>0$, 取 $\delta=\dfrac{\varepsilon}{c}$，当 $\sqrt{\sum\limits_{k=1}^{n}|x_k-x_k^0|^2}<\delta$ 时，

$$|f(x_1,x_2,\cdots,x_n)-f(x_1^0,x_2^0,\cdots,x_n^0)|\leqslant c\sqrt{\sum_{k=1}^{n}|x_k-x_k^0|^2}<c\delta=c\frac{\varepsilon}{c}=\varepsilon.$$

$f(x_1,x_2,\cdots,x_n)=\|x\|$ 为坐标的 n 元连续函数.

令

$$S=\left\{(y_1,y_2,\cdots,y_n):\sum_{k=1}^{n}|y_k|^2=1\right\},\tag{1.31}$$

则 S 为 n 维空间 F^n 中的单位球面，由于 $F^n=\mathbf{R}^n$ 或 $\mathbf{C}^n$ 是完备的，即为 Banach 空间，故 S 为该空间中的紧集 (泛函与拓扑学概念). 又可知 F^n 中的原点不在 S 上.

对 E 上的任意两个范数 $\|\cdot\|_\alpha,\|\cdot\|_\beta$，令

$$f(y_1,y_2,\cdots,y_n)=\|y\|_\alpha,\quad g(y_1,y_2,\cdots,y_n)=\|y\|_\beta,\quad y=y_1a_1+y_2a_2+\cdots+y_na_n,$$

则由上面知 f,g 为 S 上的连续函数，又在 S 上点的坐标不全为 0，对应的 y 不是 E 中的 0 点，$\|y\|_\alpha,\|y\|_\beta$ 皆不为 0，故函数

$$h(y_1,y_2,\cdots,y_n)=\frac{\|y\|_\alpha}{\|y\|_\beta}$$

在 S 上为分母不为 0 的两个连续函数之商，也为连续函数.

由泛函分析知道，紧集上的连续函数有与闭区间上的一元连续函数同样的性质，故 h 在 S 上存在最小值 m 和最大值 M，如此，对任意 $x=x_1a_1+x_2a_2+\cdots+x_na_n\in E,x\neq 0$,

$$\begin{aligned}y&=\frac{x}{\sqrt{\sum\limits_{k=1}^{n}|x_k|^2}}\\&=\frac{x_1}{\sqrt{\sum\limits_{k=1}^{n}|x_k|^2}}a_1+\frac{x_2}{\sqrt{\sum\limits_{k=1}^{n}|x_k|^2}}a_2+\cdots+\frac{x_n}{\sqrt{\sum\limits_{k=1}^{n}|x_k|^2}}a_n\\&\triangleq y_1a_1+y_2a_2+\cdots+y_na_n,\end{aligned}$$

由于

$$
\begin{aligned}
&|y_1|^2+|y_2|^2+\cdots+|y_n|^2\\
=&\left|\frac{x_1}{\sqrt{\sum\limits_{k=1}^{n}|x_k|^2}}\right|^2+\left|\frac{x_2}{\sqrt{\sum\limits_{k=1}^{n}|x_k|^2}}\right|+\cdots+\left|\frac{x_n}{\sqrt{\sum\limits_{k=1}^{n}|x_k|^2}}\right|^2\\
=&\frac{\sum\limits_{k=1}^{n}|x_k|^2}{\sum\limits_{k=1}^{n}|x_k|^2}=1,
\end{aligned}
$$

故 $(y_1,y_2,\cdots,y_n)\in S$，因此

$$
m\leqslant h(x_1,x_2,\cdots,x_n)=\frac{\|x\|_\alpha}{\|x\|_\beta}=\frac{\dfrac{\|x\|_\alpha}{\sqrt{\sum\limits_{k=1}^{n}|x_k|^2}}}{\dfrac{\|x\|_\beta}{\sqrt{\sum\limits_{k=1}^{n}|x_k|^2}}}
$$

$$
=\frac{\left\|\dfrac{x}{\sqrt{\sum\limits_{k=1}^{n}|x_k|^2}}\right\|_\alpha}{\left\|\dfrac{x}{\sqrt{\sum\limits_{k=1}^{n}|x_k|^2}}\right\|_\beta}=\frac{\|y\|_\alpha}{\|y\|_\beta}=h(y_1,y_2,\cdots,y_n)\leqslant M,
$$

即得

$$
m\|x\|_\beta\leqslant\|x\|_\alpha\leqslant M\|x\|_\beta.
$$

当 $x=0$ 时，$\|x\|_\alpha=\|x\|_\beta=0$，上式也成立. 证毕.

1.5.3　有限维赋范线性空间之间的线性映射

1. 有限维赋范线性空间之间的线性映射

再次说明，算子、映射、变换甚至抽象函数，其实没有什么区别，只是在特定的情况下，人们习惯用某种说法. 例如，一个有限维线性空间到自身的线性算子称为线性变换.

设 $\mathfrak{U}$ 为同一数域 F 上的 n 维空间 X 到 m 维空间 Y 的线性映射，X, Y 的一组标准正交基分别为

$$\{e_1, e_2, \cdots, e_n\}; \quad \{f_1, f_2, \cdots, f_m\}.$$

由于 $\mathfrak{U}e_i, i = 1, 2, \cdots, n$ 为 Y 中元，故必可由基 $\{f_1, f_2, \cdots, f_m\}$ 线性表出，即存在 $u_{1i}, u_{2i}, \cdots, u_{mi} \in F$，使

$$\mathfrak{U}e_i = u_{1i}f_1 + u_{2i}f_2 + \cdots + u_{mi}f_m = (f_1, f_2, \cdots, f_m)\begin{pmatrix} u_{1i} \\ u_{2i} \\ \vdots \\ u_{mi} \end{pmatrix}, \tag{1.32}$$

其中 $(f_1, f_2, \cdots, f_m)$ 仅是形式地将该组基写为向量，可以看作分量自身又是向量的 m 维向量，这样做的好处在于这种向量可以像一般向量一样进行各种运算.

如此，

$$\begin{aligned}\mathfrak{U}(e_1, e_2, \cdots, e_n) &= (\mathfrak{U}e_1, \mathfrak{U}e_2, \cdots, \mathfrak{U}e_n) \\ &= (f_1, f_2, \cdots, f_m)\begin{pmatrix} u_{11} & u_{12} & \cdots & u_{1n} \\ u_{21} & u_{22} & \cdots & u_{2n} \\ \vdots & \vdots & & \vdots \\ u_{m1} & u_{m2} & \cdots & u_{mn} \end{pmatrix} \\ &= (f_1, f_2, \cdots, f_m)U, \end{aligned} \tag{1.33}$$

其中

$$U = \begin{pmatrix} u_{11} & u_{12} & \cdots & u_{1n} \\ u_{21} & u_{22} & \cdots & u_{2n} \\ \vdots & \vdots & & \vdots \\ u_{m1} & u_{m2} & \cdots & u_{mn} \end{pmatrix},$$

称为线性映射 $\mathfrak{U}$ 对应的矩阵.

现在设 y 是 X 中元 $x = (x_1, x_2, \cdots, x_n)^{\mathrm{T}}$ 经线性映射 $\mathfrak{U}$ 作用后的结果，即 $y = \mathfrak{U}x$，$y = (y_1, y_2, \cdots, y_m)^{\mathrm{T}}$，其中 x 实为

$$x = x_1e_1 + x_2e_2 + \cdots + x_ne_n,$$

y 实为

$$y = y_1f_1 + y_2f_2 + \cdots + y_mf_m,$$

x, y 写作坐标的列向量只是一种形式，这种形式的向量表示易产生误解，认为上述两个基中的元素分别为

$$e_1 = (1, 0, \cdots, 0)^{\mathrm{T}}, e_2 = (0, 1, 0, \cdots, 0)^{\mathrm{T}}, \cdots, e_n = (0, 0, \cdots, 1)^{\mathrm{T}}$$

和

$$f_1 = (1, 0, \cdots, 0)^{\mathrm{T}}, f_2 = (0, 1, 0, \cdots, 0)^{\mathrm{T}}, \cdots, f_m = (0, 0, \cdots, 1)^{\mathrm{T}},$$

其实，X，Y 不一定分别为 $\mathbf{C}^n$, $\mathbf{C}^m$，$\{e_1, e_2, \cdots, e_n\}$ 和 $\{f_1, f_2, \cdots, f_m\}$ 分别可以是 X，Y 的任何基.

故有

$$\begin{aligned}
\mathfrak{U}(e_1, e_2, \cdots, e_n) &= (\mathfrak{U}e_1, \mathfrak{U}e_2, \cdots, \mathfrak{U}e_n) \\
&= (f_1, f_2, \cdots, f_m)\begin{pmatrix} u_{11} & u_{12} & \cdots & u_{1n} \\ u_{21} & u_{22} & \cdots & u_{2n} \\ \vdots & \vdots & & \vdots \\ u_{m1} & u_{m2} & \cdots & u_{mn} \end{pmatrix} \\
&= (f_1, f_2, \cdots, f_m)U,
\end{aligned}$$

$$\begin{aligned}
y &= (y_1, y_2, \cdots, y_m)^{\mathrm{T}} = y_1 f_1 + y_2 f_2 + \cdots + y_m f_m \\
&= (f_1, f_2, \cdots, f_m)\begin{pmatrix} y_1 \\ y_2 \\ \vdots \\ y_m \end{pmatrix} = \mathfrak{U}x = \mathfrak{U}(x_1, x_2, \cdots, x_n)^{\mathrm{T}} \\
&= \mathfrak{U}(x_1 e_1 + x_2 e_2 + \cdots + x_n e_n) = x_1 \mathfrak{U}e_1 + x_2 \mathfrak{U}e_2 + \cdots + x_n \mathfrak{U}e_n \\
&= (\mathfrak{U}e_1, \mathfrak{U}e_2, \cdots, \mathfrak{U}e_n)\begin{pmatrix} x_1 \\ x_2 \\ \vdots \\ x_n \end{pmatrix} = (f_1, f_2, \cdots, f_m)U\begin{pmatrix} x_1 \\ x_2 \\ \vdots \\ x_n \end{pmatrix}.
\end{aligned}$$

比较得

$$y = Ux. \tag{1.34}$$

设 $\mathfrak{U}_1, \mathfrak{U}_2$ 分别为 n 维空间 X 到 m 维空间 Y，Y 到 l 维空间 Z 的线性映射，对应的矩阵分别记为 $m \times n$ 矩阵 $U_{m\times n}$ 和 $l \times m$ 矩阵 $U_{l\times m}$，则对任意 $x \in X$，

$$\mathfrak{U}_2(\mathfrak{U}_1 x) = \mathfrak{U}_2(U_{m\times n}x) = U_{l\times m}U_{m\times n}x$$

为 Z 中元. 可见，线性映射的复合得到的线性映射，对应的矩阵为原映射对应矩阵的乘积.

2. $\mathbf{C}^n$ 上不同标准正交基之间的可逆映射——酉矩阵与正交矩阵的引出

下面讨论: 当 $X=Y=\mathbf{C}^n$ 时，在什么条件下，$\mathbf{C}^n$ 的一组标准正交基 $e_1,e_2,\cdots,e_n$ 经可逆线性映射 (此时可称其为线性变换) $\mathfrak{U}$ 变换后，得到的 $d_1=\mathfrak{U}e_1,d_2=\mathfrak{U}e_2,\cdots,d_n=\mathfrak{U}e_n$ 也为 $\mathbf{C}^n$ 的一组标准正交基? 为此，必须要求

$$\begin{aligned}\langle\mathfrak{U}e_i,\mathfrak{U}e_j\rangle&=\langle u_{i1}e_1+u_{i2}e_2+\cdots+u_{in}e_n,u_{j1}e_1+u_{j2}e_2+\cdots+u_{jn}e_n\rangle\\&=\sum_{k=1}^{n}\sum_{l=1}^{n}u_{ik}\overline{u_{jl}}\langle e_k,e_l\rangle\\&=\sum_{k=1}^{n}u_{ik}\overline{u_{jk}}=\delta_{ij}=\begin{cases}1, & i=j,\\0, & i\neq j,\end{cases}\end{aligned}$$

其中注意 $e_1,e_2,\cdots,e_n$ 为一组标准正交基，故 $\langle e_k,e_l\rangle=\delta_{kl}$. 设 $U=(u_{ij})_{ij=1}^{n}$，则以上倒数第二个等式反映的关系为 $U\overline{U}^{\mathrm{T}}=I$，其中 I 为 n 阶单位矩阵，$\overline{U}^{\mathrm{T}}$ 为 U 的共轭转置矩阵，即 U 中元取共轭再转置得到的矩阵. 由线性代数知道，这是 U 为酉矩阵的充要条件. 将 $\mathbf{C}$ 换为 $\mathbf{R}$，$U\overline{U}^{\mathrm{T}}=I$ 成为 $UU^{\mathrm{T}}=I$，这是 U 为正交矩阵的充要条件，正交矩阵的名称也由此得到.

酉矩阵必为可逆矩阵且 $U^{-1}=\overline{U}^{\mathrm{T}}$.

3. 有限维赋范线性空间之间的线性映射必连续

由下列定理得知，有限维赋范线性空间之间的线性映射必为有界线性算子，从而为连续线性算子.

定理 1.5 设 X 为有限维赋范线性空间，Y 为任意赋范线性空间，$U:X\to Y$ 为线性算子，则 U 必连续.

证明 X 为 n 维空间，$\{e_1,e_2,\cdots,e_n\}$ 为其一组基，则任意 X 中元 x 皆可由这组基线性表示. 设 $x=\sum\limits_{k=1}^{n}x_ke_k$，令 $\|x\|_2$ 为 x 坐标的 2 范数，即 $\|x\|_2=\left(\sum\limits_{k=1}^{n}|x_k|^2\right)^{\frac{1}{2}}$，则

$$\begin{aligned}\|Ux\|&=\left\|U\left(\sum_{k=1}^{n}x_ke_k\right)\right\|=\left\|\sum_{k=1}^{n}x_kUe_k\right\|\\&\leqslant\sum_{k=1}^{n}\|x_kUe_k\|=\sum_{k=1}^{n}|x_k|\|Ue_k\|\\&\leqslant\left(\sum_{k=1}^{n}|x_k|^2\right)^{\frac{1}{2}}\left(\sum_{k=1}^{n}\|Ue_k\|^2\right)^{\frac{1}{2}}.\end{aligned}$$

由于 U 与 $\{e_1, e_2, \cdots, e_n\}$ 确定，故 $c = \left(\sum_{k=1}^{n} \|Ue_k\|^2\right)^{\frac{1}{2}}$ 为常数，即有

$$\|Ux\| \leqslant c\left(\sum_{k=1}^{n} |x_k|^2\right)^{\frac{1}{2}} = c\|x\|_2.$$

证毕.

定理 1.5 对 Y 为任意赋范线性空间都成立，当 Y 为有限维赋范线性空间时当然成立.

1.6 矩阵的基本知识

我们知道，线性代数中有许多矩阵的基本知识，在矩阵论中，这些知识当然也是必需的. 为了不与线性代数过多重复，并保证本书内容可以顺利呈现，本节简要介绍矩阵的基本知识.

1.6.1 矩阵的基本概念与运算

1. 矩阵

称 m 行 n 列矩阵

$$A = \begin{pmatrix} a_{11} & a_{12} & \cdots & a_{1n} \\ a_{21} & a_{22} & \cdots & a_{2n} \\ \vdots & \vdots & & \vdots \\ a_{m1} & a_{m2} & \cdots & a_{mn} \end{pmatrix}$$

为 $m \times n$ 阶矩阵，记为 $A = (a_{ij})_{m\times n}$.

2. 方阵的行列式

当 $m = n$ 时称 $A = (a_{ij})_{n\times n}$ 为 n 阶方阵，此时，称行列式

$$\begin{vmatrix} a_{11} & a_{12} & \cdots & a_{1n} \\ a_{21} & a_{22} & \cdots & a_{2n} \\ \vdots & \vdots & & \vdots \\ a_{n1} & a_{n2} & \cdots & a_{nn} \end{vmatrix}$$

为方阵 A 的行列式，记为 $|A|$.

3. 矩阵的子式与秩

设 $r \leqslant \min\{m, n\}$，任取 $A = (a_{ij})_{m\times n}$ 的 r 行 r 列，将行列交叉处的元素取出，按其所在原矩阵 A 中的前后次序排列成的行列式称为 A 的一个 r 阶子式，由于行列

式的值为数，A 的一个 r 阶子式是一个数. 如果 A 的一个 r 阶子式不为 0，而任意 $r+1$ 阶子式皆为 0，则称 A 的秩为 r，记为 $\operatorname{rank}A=r$.

4. **方阵的主子式、迹与顺序主子式**

对于方阵

$$A=(a_{ij})_{n\times n}=\begin{pmatrix} a_{11} & a_{12} & \cdots & a_{1n} \\ a_{21} & a_{22} & \cdots & a_{2n} \\ \vdots & \vdots & & \vdots \\ a_{n1} & a_{n2} & \cdots & a_{nn} \end{pmatrix},$$

取行次和列次相同的 k 行 k 列，将行列交叉处的元素，按其所在原矩阵 A 中的前后次序排列成的行列式，称为 A 的 k 阶主子式，A 的所有不同 k 阶主子式之和，称为 A 的 k 阶迹，记为 $\operatorname{tr}^{[k]}(A)$，即有

$$\operatorname{tr}^{[k]}(A)=\sum_{1\leqslant i_1<i_2<\cdots<i_k\leqslant n}\begin{vmatrix} a_{i_1i_1} & a_{i_1i_2} & \cdots & a_{i_1i_k} \\ a_{i_2i_1} & a_{i_2i_2} & \cdots & a_{i_2i_k} \\ \vdots & \vdots & & \vdots \\ a_{i_ki_1} & a_{i_ki_2} & \cdots & a_{i_ki_k} \end{vmatrix}$$

1 阶迹简记为 $\operatorname{tr}(A)$，即

$$\operatorname{tr}^{[1]}(A)=\operatorname{tr}(A)=\sum_{k=1}^{n}a_{ii}=a_{11}+a_{22}+\cdots+a_{nn}.$$

对于方阵 $A=(a_{ij})_{n\times n}$，称行列式

$$|A_k|=\begin{vmatrix} a_{11} & a_{12} & \cdots & a_{1k} \\ a_{21} & a_{22} & \cdots & a_{2k} \\ \vdots & \vdots & & \vdots \\ a_{k1} & a_{k2} & \cdots & a_{kk} \end{vmatrix},\quad k=1,2,\cdots,n$$

为 A 的顺序主子式.

5. **矩阵的和**

设 $A=(a_{ij})_{m\times n}, B=(b_{ij})_{m\times n}$ 为元素属于 $\mathbf{C}$ 的 m 行 n 列矩阵，则两矩阵的和为 $A+B=(a_{ij}+b_{ij})_{m\times n}$，即

$$A+B=\begin{pmatrix} a_{11}+b_{11} & a_{12}+b_{12} & \cdots & a_{1n}+b_{1n} \\ a_{21}+b_{21} & a_{22}+b_{22} & \cdots & a_{2n}+b_{2n} \\ \vdots & \vdots & & \vdots \\ a_{m1}+b_{m1} & a_{m2}+b_{m2} & \cdots & a_{mn}+b_{mn} \end{pmatrix}.$$

6. **矩阵的数乘**

对任意 $c \in \mathbf{C}$，c 与 A 的积为 $cA = (ca_{ij})_{m\times n}$，即

$$cA = \begin{pmatrix} ca_{11} & ca_{12} & \cdots & ca_{1n} \\ ca_{21} & ca_{22} & \cdots & ca_{2n} \\ \vdots & \vdots & & \vdots \\ ca_{m1} & ca_{m2} & \cdots & ca_{mn} \end{pmatrix}.$$

7. **矩阵的乘积**

矩阵 $A = (a_{ik})_{l\times m}, B = (b_{kj})_{m\times n}$ 的乘积为 $AB = \left(\sum_{k=1}^{m} a_{ik}b_{kj}\right)_{l\times n}$，即

$$AB = \begin{pmatrix} \sum_{k=1}^{m} a_{1k}b_{k1} & \sum_{k=1}^{m} a_{1k}b_{k2} & \cdots & \sum_{k=1}^{m} a_{1k}b_{kn} \\ \sum_{k=1}^{m} a_{2k}b_{k1} & \sum_{k=1}^{m} a_{2k}b_{k2} & \cdots & \sum_{k=1}^{m} a_{2k}b_{kn} \\ \vdots & \vdots & & \vdots \\ \sum_{k=1}^{m} a_{lk}b_{k1} & \sum_{k=1}^{m} a_{lk}b_{k2} & \cdots & \sum_{k=1}^{m} a_{lk}b_{kn} \end{pmatrix}.$$

8. **矩阵的转置**

矩阵 $A^{\mathrm{T}} = (a_{ji})_{n\times m}$ 称为矩阵 $A = (a_{ij})_{m\times n}$ 的转置，即

$$A^{\mathrm{T}} = \begin{pmatrix} a_{11} & a_{21} & \cdots & a_{m1} \\ a_{12} & a_{22} & \cdots & a_{m2} \\ \vdots & \vdots & & \vdots \\ a_{1n} & a_{2n} & \cdots & a_{mn} \end{pmatrix}.$$

9. **矩阵的逆与伴随矩阵**

若 n 阶方阵 A 的行列式 $|A|$ 不为 0，则称 A 为可逆矩阵，此时必存在方阵 B，使 $AB = BA = I$，其中 I 为 n 阶单位矩阵，即主对角线上的元素为 1 而其余元素为 0 的 n 阶方阵，称 B 为 A 的逆矩阵，记为 A^{-1}.

对于 n 阶方阵 $A = (a_{ij})_{n\times n}$，在 $|A|$ 中去掉第 i 行第 j 列元素，其余元素仍按原顺序排列所得行列式 M_{ij}(为数值) 称为元素 a_{ij} 的余子式，

$$A_{ij} = (-1)^{i+j} M_{ij}$$

称为 a_{ij} 的代数余子式. 方阵

$$A^* = (A_{ji})_{n\times n}$$

称为 A 的伴随矩阵.

方阵 A 与其伴随矩阵 A^* 有关系

$$AA^* = A^*A = |A|I, \tag{1.35}$$

$$A^{-1} = \frac{1}{|A|}A^*, \quad |A| \neq 0. \tag{1.36}$$

10. 矩阵的分块

用水平和垂直的直线对矩阵进行分割得到的“以矩阵为元素的矩阵”称为分块矩阵，对分块矩阵同样可以进行加法、数乘和矩阵间的乘法运算，运算原则是：在可以进行运算的前提下，所述运算规则与原运算无异. 原运算指的是矩阵的加法、数乘和矩阵间的乘法，可以进行运算指的是加法必须在同阶矩阵间进行，乘法必须是前一矩阵的列数与后一矩阵的行数相等.

1.6.2 矩阵的初等变换

1. 初等变换与初等矩阵

矩阵的初等变换有三种：

(1) 将第 i 行 (i 列) 与第 j 行 (j 列) 交换位置；

(2) 用非 0 数 k 乘以矩阵第 i 行 (i 列) 的所有元素 (这一过程称为用非 0 数 k 乘以矩阵第 i 行 (i 列))；

(3) 将第 j 行 (i 列) 所有元素乘以数 k 后加到第 i 行 (j 列) 的对应元素上 (这一过程称为将第 j 行 (i 列) 乘以数 k 加到第 i 行 (j 列)).

一个矩阵 A 经有限次初等变换变为矩阵 B，称 A 与 B 等价. 记为 $A \cong B$. 与所有的等价关系一样，关系 $\cong$ 满足：

(1) **反身性** $A \cong A$;

(2) **对称性** 若 $A \cong B$，则 $B \cong A$;

(3) **传递性** 若 $A \cong B$，$B \cong C$，则 $A \cong C$.

设 $I_m(i,j)(I_m(i(k)),I_m(i,j(k)))$ 为对 m 阶单位矩阵 I_m 施行第 (1)((2)，(3)) 种初等变换得到的矩阵，即

$$I_m(i,j) = \begin{pmatrix} 1 & \cdots & 0 & \cdots & 0 & \cdots & 0 \\ \vdots & & \vdots & & \vdots & & \vdots \\ (i) & \cdots & 0 & \cdots & 1 & \cdots & 0 \\ \vdots & & \vdots & & \vdots & & \vdots \\ (j) & \cdots & 1 & \cdots & 0 & \cdots & 0 \\ \vdots & & \vdots & & \vdots & & \vdots \\ 0 & \cdots & 0 & \cdots & 0 & \cdots & 1 \end{pmatrix}$$

$$I_m(i(k)) = \begin{pmatrix} 1 & \cdots & 0 & \cdots & 0 & \cdots & 0 \\ \vdots & & \vdots & & \vdots & & \vdots \\ (i) & \cdots & 0 & \cdots & k & \cdots & 0 \\ \vdots & & \vdots & & \vdots & & \vdots \\ 0 & \cdots & 0 & \cdots & 0 & \cdots & 1 \end{pmatrix},$$

$$I_m(i,j(k)) = \begin{pmatrix} 1 & \cdots & 0 & \cdots & 0 & \cdots & 0 \\ \vdots & & \vdots & & \vdots & & \vdots \\ (i) & \cdots & 1 & \cdots & k & \cdots & 0 \\ \vdots & & \vdots & & \vdots & & \vdots \\ (j) & \cdots & 0 & \cdots & 1 & \cdots & 0 \\ \vdots & & \vdots & & \vdots & & \vdots \\ 0 & \cdots & 0 & \cdots & 0 & \cdots & 1 \end{pmatrix}.$$

初等矩阵皆为可逆矩阵.

对矩阵 $(a_{ij})_{m\times n}$ 进行一次行的初等变换，等于该矩阵左乘一个初等矩阵；进行的第 (1)((2)，(3)) 种初等变换，等于该矩阵左乘初等矩阵

$$I_m(i,j)(I_m(i(k)), I_m(i,j(k))),$$

例如，对 $A=(a_{ij})_{m\times n}$ 进行一次第 (1) 种行的初等变换得到 B，则 $B=I_m(i,j)A$.

对矩阵进行一次列的初等变换，等于该矩阵右乘一个初等矩阵; 进行列的第 (1)((2)，(3)) 种初等变换，等于该矩阵右乘初等矩阵

$$I_n(i,j),\quad (I_n(i(k)), I_n(i,j(k))).$$

初等变换不改变矩阵的秩，两个矩阵等价的充要条件为它们的秩相等.

2. 初等变换的作用

任一秩为 r 的矩阵经三种初等变换，都可变为分块矩阵，其中一块为一个 r 阶方阵，其余块为 0 矩阵，该 r 阶方阵可以出现在分块矩阵的任何可能的位置. 更进一步，任一秩为 r 的矩阵经三种初等变换，都可变为分块矩阵，其中一块为一个 r 阶单位矩阵，其余块为 0 矩阵，该 r 阶单位矩阵可以出现在分块矩阵的任何可能的位置.

3. 利用初等变换求矩阵逆的方法

对可逆矩阵 $A=(a_{ij})_{n\times n}$ 进行 k 次行的初等变换变为单位矩阵 I，等于 A 依次左乘初等矩阵 $P_1, P_2, \cdots, P_k$ 得到 I，设 $P=P_kP_{k-1}\cdots P_1$，则由于

$$PA=I,$$

上式两边同时右乘 A^{-1} 得

$$PAA^{-1} = IA^{-1},$$

即

$$PI = A^{-1},$$

而此式表明，对 I 施行前述一系列初等变换，就得到 A^{-1}. 于是，得到如下求可逆矩阵逆的方法.

第一步，将 A，I 排成新矩阵 (A, I)，即

$$(A, I) = \begin{pmatrix} a_{11} & a_{12} & \cdots & a_{1n} & 1 & 0 & \cdots & 0 \\ a_{21} & a_{22} & \cdots & a_{2n} & 0 & 1 & \cdots & 0 \\ \vdots & \vdots & & \vdots & \vdots & \vdots & & \vdots \\ a_{n1} & a_{n2} & \cdots & a_{nn} & 0 & 0 & \cdots & 1 \end{pmatrix},$$

第二步，对上述矩阵施行行的初等变换，使其变为 (I, B)，即

$$(I, B) = \begin{pmatrix} 1 & 0 & \cdots & 0 & b_{11} & b_{12} & \cdots & b_{1n} \\ 0 & 1 & \cdots & 0 & b_{21} & b_{22} & \cdots & b_{2n} \\ \vdots & \vdots & & \vdots & \vdots & \vdots & & \vdots \\ 0 & 0 & \cdots & 1 & b_{n1} & b_{n2} & \cdots & b_{nn} \end{pmatrix},$$

则 $B = A^{-1}$.

同理，将 A 排在上部，I 排在下部，对所得矩阵进行列的初等变换，将上部变为单位矩阵，则下部即为 A^{-1}.

1.6.3 矩阵的分解

1. 满秩分解

设 $A = (a_{ij})_{m\times n}$ 的秩为 $r > 0$，则存在 $C = (c_{ij})_{m\times r}$，$D = (d_{ij})_{r\times n}$，$\mathrm{rank}C = \mathrm{rank}D = r$，使

$$A = CD.$$

事实上，存在初等矩阵的乘积 P, Q，使

$$A = P\begin{pmatrix} I_r & 0 \\ 0 & 0 \end{pmatrix}Q,$$

而

$$\begin{pmatrix} I_r & 0 \\ 0 & 0 \end{pmatrix} = \begin{pmatrix} I_r \\ 0 \end{pmatrix}(I_r, \ \ 0),$$

故

$$A = P\begin{pmatrix} I_r \\ 0 \end{pmatrix}(I_r,\ \ 0)Q,$$

令

$$C = P\begin{pmatrix} I_r \\ 0 \end{pmatrix},\quad D = (I_r,\ \ 0)Q,$$

则

$$A = CD,$$

而 $\mathrm{rank}C = \mathrm{rank}D = r$.

2. 三角分解

设 $A = (a_{ij})_{n\times n}$ 为 n 阶方阵，如果 A 的对角线下 (上) 方的元素皆为 0，则称 A 为上 (下) 三角矩阵，对角线上元素皆为 1 的上 (下) 三角矩阵称为单位上 (下) 三角矩阵.

并不是任意矩阵皆可表为三角矩阵的乘积.

LU 分解　设 A 为 n 阶可逆方阵，则存在唯一的单位下三角矩阵 L 和一般上三角矩阵 U，使

$$A = LU,$$

当且仅当 A 的所有顺序主子式都非 0.

LDU 分解　设 A 为 n 阶可逆方阵，则存在唯一的单位下三角矩阵 L，对角矩阵 D 和单位上三角矩阵 U，使

$$A = LDU.$$

3. QR 分解

元素为实数的 n 阶矩阵 (称为 n 阶实矩阵)A 称为正交矩阵，若

$$A^{\mathrm{T}}A = AA^{\mathrm{T}} = I;$$

元素为复数的 n 阶矩阵 (称为 n 阶复矩阵)A 称为酉矩阵，若

$$\bar{A}^{\mathrm{T}}A = A\bar{A}^{\mathrm{T}} = I.$$

其中 $\bar{A}^{\mathrm{T}}$ 为 A 的每个元素取共轭再转置得到的矩阵，称为 A 的共轭转置矩阵.

酉矩阵 A 必为可逆矩阵且 $A^{-1} = \overline{A}^{\mathrm{T}}$.

QR 分解　设 A 为 n 阶可逆实 (复) 方阵，则存在正交 (酉) 矩阵 Q 和可逆实 (复) 上三角矩阵 R，使

$$A = QR.$$

1.6.4 矩阵的相似变换

1. 特征值与特征向量

对方阵 $A=(a_{ij})_{n\times n}$，若存在复数 λ 和非 0 向量 $x\in\mathbf{C}^n$ 满足线性方程组

$$(\lambda I-A)x=0, \tag{1.37}$$

则称 λ 为 A 的特征值，x 为属于 λ 的特征向量.

2. 特征多项式

对于一个确定的复数 λ，方程组 (1.37) 有非 0 解的充要条件是其系数矩阵的行列式 $|\lambda I-A|=0$，即 λ 使

$$\begin{vmatrix} \lambda-a_{11} & -a_{12} & \cdots & -a_{1n} \\ -a_{21} & \lambda-a_{22} & \cdots & -a_{2n} \\ \vdots & \vdots & & \vdots \\ -a_{n1} & -a_{n2} & \cdots & \lambda-a_{nn} \end{vmatrix}=0. \tag{1.38}$$

上式左边为 λ 的 n 次多项式，称为 A 的特征多项式 $f(\lambda)=|\lambda I-A|$.

3. 特征多项式与 A 的各阶迹的关系

A 的特征多项式 $f(\lambda)=|\lambda I-A|$ 与 A 的各阶迹的关系为

$$|\lambda I-A|=\sum_{k=0}^{n}(-1)^k\mathrm{tr}^{[k]}(A)\lambda^{n-k},$$

其中 $\mathrm{tr}^{[0]}(A)=1$.

4. 属于不同特征值的特征向量之间的关系

(1.38) 称为特征方程，故 λ 为特征方程的根. 由于在复数范围内，n 次代数方程必有 n 个根，故任一 n 阶方阵必有 n 个特征值和属于它们的特征向量，只不过其中可能有相等的特征值.

属于同一特征值的特征向量的线性组合，仍为属于该特征值的特征向量.

属于不同特征值的特征向量线性无关.

5. 特征子空间、特征值的几何重数与代数重数

属于一个特征值 λ_0 的特征向量连同 0 向量构成线性空间 V_{λ_0}，称为 A 的一个特征子空间，其维数称为特征值 λ_0 的几何重数.

任取 V_{λ_0} 的一组基，则其中每一元为属于 λ_0 的特征向量，将该组基通过正交化过程化为标准正交基，由于后者中每一元为原基中元的线性组合，故也为属于 λ_0 的特征向量.

λ_0 在特征多项式 $f(\lambda)$ 中根的重数称为特征值 λ_0 的代数重数.

A 的任一特征值的几何重数不大于代数重数.

6. 特征向量系、单纯矩阵和亏矩阵

A 有 n 个特征值，而不同特征值的个数 l 小于等于 n. 设 A 有 l 个不同特征值 $\lambda_1, \lambda_2, \cdots, \lambda_l$，$V_{\lambda_1}, V_{\lambda_2}, \cdots, V_{\lambda_l}$ 为相应的特征子空间，其维数分别为 $r_1, r_2, \cdots, r_l$，相应的基分别为

$$\begin{array}{cccc} x_{11} & x_{12} & \cdots & x_{1r_1}; \\ x_{21} & x_{22} & \cdots & x_{2r_2}; \\ & & \cdots\cdots & \\ x_{l1} & x_{l2} & \cdots & x_{lr_l}; \end{array}$$

这些向量全体构成的集合称为 A 的一个特征向量系.

特征向量系元素的个数 $r_1 + r_2 + \cdots + r_l$ 不超过 A 的阶数 n，若此数等于 n，则称特征向量系为完全的，称 A 为单纯矩阵；若此数小于 n，则称特征向量系为不完全的，称 A 为非单纯矩阵或亏矩阵.

7. 矩阵的相似

设 A, B 为 n 阶方阵，若存在 n 阶可逆方阵 P，使

$$P^{-1}AP = B,$$

则称 A 与 B 相似，记为 $A \sim B$.

相似关系满足反身性、对称性和传递性，所以是一种等价关系.

将一个方阵变为与其相似的方阵的过程称为相似变换.

8. 可对角化

若一个 n 阶方阵 A 相似于对角矩阵

$$\operatorname{diag}(a_1, a_2, \cdots, a_n) = \begin{pmatrix} a_1 & & & \\ & a_2 & & \\ & & \ddots & \\ & & & a_n \end{pmatrix},$$

则称 A 可对角化.

9. 可对角化的充要条件

一个 n 阶方阵 A 可对角化，当且仅当 A 有 n 个线性无关的特征向量，当且仅当前述 $r_1 + r_2 + \cdots + r_l$ 等于 n，当且仅当 A 的一个特征向量系为完全的，当且仅当 A 为单纯矩阵，当且仅当 A 的所有特征值的几何重数等于代数重数.

10. 可对角化矩阵乘幂的计算

对于一个一般的 n 阶方阵 A，计算其乘幂是困难的，但对 $B=\operatorname{diag}(a_1,a_2,\cdots,a_n)$，若 k 为正整数，则

$$B^k=\operatorname{diag}(a_1,a_2,\cdots,a_n)^k=\operatorname{diag}(a_1^k,a_2^k,\cdots,a_n^k),$$

此关系可通过直接计算得到，故当 A 与 B 相似，即存在可逆矩阵 P 使 $P^{-1}AP=B$ 也即 $A=PBP^{-1}$ 时，

$$\begin{aligned}A^k&=AA\cdots A\\&=PBP^{-1}PBP^{-1}\cdots PBP^{-1}=PB(P^{-1}P)B\cdots P^{-1}PBP^{-1}\\&=PB^kP^{-1}=P\operatorname{diag}(a_1^k,a_2^k,\cdots,a_n^k)P^{-1}.\end{aligned}$$

1.6.5 二次型

1. Hermite 矩阵

方阵 A 若满足 $\overline{A}^{\mathrm{T}}=A$，则称其为 Hermite 矩阵，特别，若 A 的元素皆为实数，即 A 为实矩阵，且为 Hermite 矩阵，即 $A^{\mathrm{T}}=A$，则称其为对称矩阵，因此时该矩阵关于主对角线对称.

设 $A=(a_{ij})_{n\times n}\in\mathbf{C}^{n\times n}$ 为 Hermite 矩阵，则由 Hermite 矩阵的定义知 $a_{ji}=\overline{a_{ij}}$，即有

$$A=\begin{pmatrix}a_{11}&a_{12}&\cdots&a_{1n}\\\overline{a_{12}}&a_{22}&\cdots&a_{2n}\\\vdots&\vdots&&\vdots\\\overline{a_{1n}}&\overline{a_{2n}}&\cdots&a_{nn}\end{pmatrix}.$$

2. Hermite 矩阵的特征值与特征向量

Hermite 矩阵的所有特征值都为实数，属于不同特征值的特征向量相互正交.

3. Hermite 矩阵的可对角化性质

方阵 A 为 Hermite 矩阵当且仅当存在酉矩阵 U 使

$$\overline{U}^{\mathrm{T}}AU=\operatorname{diag}(\lambda_1,\lambda_2,\cdots,\lambda_n),$$

其中 $\lambda_1,\lambda_2,\cdots,\lambda_n$ 为 A 的特征值.

由于酉矩阵为可逆矩阵且 $U^{-1}=\overline{U}^{\mathrm{T}}$，故上述关系又为

$$U^{-1}AU=\operatorname{diag}(\lambda_1,\lambda_2,\cdots,\lambda_n).$$

这就是说，Hermite 矩阵 A 相似于对角矩阵，故必可对角化. 由于 $U^{-1}AU$ 中的 U 为酉矩阵，比一般可逆矩阵更特殊，关系

$$\overline{U}^{\mathrm{T}}AU = \mathrm{diag}(\lambda_1, \lambda_2, \cdots, \lambda_n)$$

称为 A 与对角矩阵

$$\mathrm{diag}(\lambda_1, \lambda_2, \cdots, \lambda_n)$$

酉相似.

4. 通过 Hermite 矩阵构造由特征向量组成的 $\mathbf{C}^n$ 的标准正交基

设 $\lambda_1 \geqslant \lambda_2 \geqslant \cdots \geqslant \lambda_n$ 为 A 的 n 个特征值，由 1.6.4 节的"9. 可对角化的充要条件"知 Hermite 矩阵 A 的所有特征值的几何重数等于代数重数，故尽管这些特征值有相同的，对一个特征值，存在个数与该特征值重数相同的线性无关的特征向量属于这个特征值，利用正交化过程将这些特征向量标准正交化. 又由 1.6.4 节的"9. 可对角化的充要条件"，不同特征值的重数之和为 n，这样，得到的特征向量共有 n 个. 由上面知属于不同特征值的特征向量相互正交，如此得到了相互正交且 2 范数为 1 的 n 个 n 维向量 $e_1, e_2, \cdots, e_n$，这些向量可为 $\mathbf{C}^n$ 的一组标准正交基.

尽管上述 n 个特征值有相同的，仍可取如上特征向量，使 e_i 为属于特征值 λ_i 的特征向量，$i = 1, 2, \cdots, n$.

5. Hermite 二次型

称

$$f(x) = f(x_1, x_2, \cdots, x_n) = \overline{x}^{\mathrm{T}}Ax = \sum_{i=1}^{n}\sum_{j=1}^{n} a_{ij}\overline{x_i}x_j,$$
$$x = (x_1, x_2, \cdots, x_n)^{\mathrm{T}} \in \mathbf{C}^n, \quad a_{ij} = \overline{a_{ji}}, \quad i, j = 1, 2, \cdots, n$$

为 Hermite 二次型，故 $A = (a_{ij})_{n\times n}$ 为 Hermite 矩阵，即有 $\overline{A}^{\mathrm{T}} = A$，因此 Hermite 矩阵与 Hermite 二次型构成一一对应关系.

方阵 A 为 Hermite 矩阵当且仅当对任意 $x \in \mathbf{C}^n$，$\overline{x}^{\mathrm{T}}Ax$ 为实数.

6. Hermite 二次型的标准型

对任意 Hermite 二次型 $\overline{x}^{\mathrm{T}}Ax$，存在酉变换 $y = (y_1, y_2, \cdots, y_n)^{\mathrm{T}} = Ux$(酉变换即对应矩阵为酉矩阵的变换)，使 $f(x) = \overline{x}^{\mathrm{T}}Ax$ 变为

$$\begin{aligned} f(x) &= \overline{x}^{\mathrm{T}}Ax = g(y) = \overline{y}^{\mathrm{T}}By \\ &= \lambda_1|y_1|^2 + \lambda_2|y_2|^2 + \cdots + \lambda_n|y_n|^2, \\ B &= \overline{U}^{\mathrm{T}}AU = \mathrm{diag}(\lambda_1, \lambda_2, \cdots, \lambda_n), \end{aligned} \tag{1.39}$$

其中 $\lambda_1, \lambda_2, \cdots, \lambda_n$ 为 A 的特征值.

(1.39) 最后等式右边称为 Hermite 二次型的标准型.

7. Hermite 二次型的惯性指数

对任意 Hermite 二次型 $\overline{x}^{\mathrm{T}}Ax$，存在可逆变换 $y=(y_1,y_2,\cdots,y_n)^{\mathrm{T}}=Px$，使 $f(x)=\overline{x}^{\mathrm{T}}Ax$ 变为

$$\begin{aligned} f(x) &= \overline{x}^{\mathrm{T}}Ax = g(y) = \overline{y}^{\mathrm{T}}By \\ &= |y_1|^2+|y_2|^2+\cdots+|y_s|^2-|y_{s+1}|^2-\cdots-|y_r|^2, \\ & \qquad B=\overline{P}^{\mathrm{T}}AP, \end{aligned} \tag{1.40}$$

其中 $r=\mathrm{rank}A$.

(1.40) 最后等式右边称为 Hermite 二次型的规范型，s 称为正惯性指数，$r-s$ 称为负惯性指数.

Hermite 二次型的惯性指数在可逆变换下不变.

8. 合同

设 A,B 为 n 阶方阵，若存在可逆方阵 P，使 $\overline{P}^{\mathrm{T}}AP=B$，则称 A,B 合同，合同关系是等价关系. 若一个矩阵是 Hermite 矩阵，则与其合同的矩阵也为 Hermite 矩阵.

9. 矩阵的正定性与惯性指数及主子式的关系

若对任意 $x\in\mathbf{C}^n, x\neq 0, \overline{x}^{\mathrm{T}}Ax>0$，则称该 Hermite 二次型为正定的，同时称 Hermite 矩阵 A 为正定的，记为 $A>0$，Hermite 二次型 $\overline{x}^{\mathrm{T}}Ax$ 正定即 A 正定当且仅当 $s=r=n$，当且仅当 A 的所有主子式皆大于 0，当且仅当 A 的所有顺序主子式皆大于 0，当且仅当 A 的所有特征值皆大于 0.

对任意 $x\in\mathbf{C}^n, \overline{x}^{\mathrm{T}}Ax\geqslant 0$，称该 Hermite 二次型为半正定的，同时称 A 为半正定的，记为 $A\geqslant 0$，$\overline{x}^{\mathrm{T}}Ax$ 半正定即 A 半正定当且仅当 $s=r<n$，当且仅当 A 的所有主子式皆非负，当且仅当 A 的所有特征值皆大于等于 0.

对任意 $x\in\mathbf{C}^n, x\neq 0, \overline{x}^{\mathrm{T}}Ax<0$，称该 Hermite 二次型为负定的，同时称 A 为负定的，记为 $A<0$，$\overline{x}^{\mathrm{T}}Ax$ 负定即 A 负定当且仅当 $s=0, r=n$.

对任意 $x\in\mathbf{C}^n, \overline{x}^{\mathrm{T}}Ax\leqslant 0$，称该 Hermite 二次型为半负定的，同时称 A 为半负定的，记为 $A\leqslant 0$，$\overline{x}^{\mathrm{T}}Ax$ 半负定即 A 半负定当且仅当 $s=0, r<n$.

若对一些 $x\in\mathbf{C}^n, \overline{x}^{\mathrm{T}}Ax\geqslant 0$，对另一些 $x\in\mathbf{C}^n, \overline{x}^{\mathrm{T}}Ax\leqslant 0$，称该 Hermite 二次型为不定的，同时称 A 为不定的，$\overline{x}^{\mathrm{T}}Ax$ 不定即 A 不定当且仅当 $0<s<r\leqslant n$.

习 题 1

1. 证明 $||a|-|b||\leqslant|a-b|$.

2. 证明算子范数满足范数三性质.

3. 设 E 为内积空间，$\|a\| = \sqrt{\langle a, a\rangle}(a \in E)$, 证明 $(E, \|\cdot\|)$ 为一个赋范线性空间.

4. 将 $\{(1,2,3,0),(0,1,-1,2),(2,3,-1,0)\}$ 通过正交化程序化为标准正交集.

5. 证明 n 维实 Hilbert 空间必与 $\mathbf{R}^n$ 同构.

6. 设

$$A = \begin{pmatrix} 1 & 2 & 1 \\ 1 & 0 & 3 \\ 2 & 1 & 6 \end{pmatrix},$$

求 A^*.

7. 设

$$A = \begin{pmatrix} 1 & 2 & 2 \\ 2 & 1 & -2 \\ 2 & -2 & 1 \end{pmatrix},$$

求 A^{-1}.

第2章　矩 阵 空 间

本章介绍矩阵空间，给出结合矩阵结构的一些矩阵范数，特别是相容范数. 在此基础上讨论矩阵空间内序列的敛散问题. 本章内容为矩阵分析理论的基础.

2.1　矩阵空间及相容范数

矩阵并不神秘，只不过是一个矩形的表，如果表中的元素是数字，此矩阵就是数字矩阵，如果是函数，就是函数矩阵，等等. 矩阵的外沿当然可以推广，如边长无限的无限矩阵，三维矩阵，以至任意有限维乃至无限维矩阵. 鉴于本书的目的，我们只讨论常规形式的矩阵，即由数字或函数排成的矩形. 与研究函数之前先要研究数字一样，研究更复杂的矩阵之前先应研究数字矩阵，如数字矩阵组成的集合，即矩阵空间、数字矩阵的范数、序列的极限，以及因矩阵的特殊结构引出的新概念与关系，如矩阵的相容范数等. 本节即讨论这些内容.

1. $\mathbf{C}^n$

在矩阵论中，一般涉及的是复数及实变复值函数，$\mathbf{R}^n$ 又是 $\mathbf{C}^n$ 的子空间，所以，讨论 n 维空间时，取 $\mathbf{C}^n$ 为佳.

在线性代数中，n 维向量皆指列向量，即形如

$$x=\begin{pmatrix} x_1 \\ x_2 \\ \vdots \\ x_n \end{pmatrix} \tag{2.1}$$

的向量，所以本书从现在开始，将 $\mathbf{C}^n$ 认为是列向量即形如 (2.1) 的元素集合，即

$$\mathbf{C}^n=\{\ x=(x_1,x_2,\cdots,x_n)^{\mathrm{T}}:x_k\in\mathbf{C},k=1,2,\cdots,n\ \},$$

其中为了书写的方便，将 (2.1) 中的 x 记为 $x=(x_1,x_2,\cdots,x_n)^{\mathrm{T}}$.

$\mathbf{C}^n$ 上的加法表示如下：$\forall x=(x_1,x_2,\cdots,x_n)^{\mathrm{T}},y=(y_1,y_2,\cdots,y_n)^{\mathrm{T}}\in\mathbf{C}^n$,

$$x+y=\begin{pmatrix} x_1+y_1 \\ x_2+y_2 \\ \vdots \\ x_n+y_n \end{pmatrix}; \tag{2.2}$$

数乘表示如下：$\forall x \in \mathbf{C}^n, \alpha \in \mathbf{C}$，

$$\alpha x = \begin{pmatrix} \alpha x_1 \\ \alpha x_2 \\ \vdots \\ \alpha x_n \end{pmatrix}; \tag{2.3}$$

无穷范数定义如下：$\forall x \in \mathbf{C}^n$，

$$\|x\|_\infty = \max_{1 \leqslant k \leqslant n} \{|x_k|\}; \tag{2.4}$$

对 $p \geqslant 1$，p 范数定义如下：$\forall x \in \mathbf{C}^n$，

$$\|x\|_p = \left(\sum_{k=1}^{n} |x_k|^p \right)^{\frac{1}{p}}, \tag{2.5}$$

特别，当 $p = 1$ 时，相应范数称为 1 范数，$p = 2$ 时，相应范数称为 2 范数.

例 2.1　设 $x = (1 - \mathrm{i}, 2, -1, 0)^{\mathrm{T}}$，求 $\|x\|_\infty, \|x\|_1, \|x\|_2$.

解　$|1 - \mathrm{i}| = \sqrt{1^2 + (-1)^2} = \sqrt{2}$,

$$\begin{aligned} \|x\|_\infty &= \max_{1 \leqslant k \leqslant 4} \{|x_k|\} \\ &= \max\{|1 - \mathrm{i}|, |2|, |-1|, |0|\} = \max\{\sqrt{2}, 2, 1, 0\} = 2. \\ \|x\|_1 &= |1 - \mathrm{i}| + |2| + |-1| + |0| = \sqrt{2} + 2 + 1 + 0 = 3 + \sqrt{2}. \\ \|x\|_2 &= \sqrt{\sum_{k=1}^{4} |x_k|^2} = \sqrt{|1 - \mathrm{i}|^2 + |2|^2 + |-1|^2 + |0|^2} \\ &= \sqrt{2 + 4 + 1 + 0} = \sqrt{7}. \end{aligned}$$

内积定义如下：$\forall x, y \in \mathbf{C}^n$，

$$\begin{aligned} x \cdot y &= \langle x, y \rangle = \bar{x}^{\mathrm{T}} y \\ &= (\overline{x_1}, \overline{x_2}, \cdots, \overline{x_n}) \begin{pmatrix} y_1 \\ y_2 \\ \vdots \\ y_n \end{pmatrix} \\ &= \overline{x_1} y_1 + \overline{x_2} y_2 + \cdots + \overline{x_n} y_n, \end{aligned} \tag{2.6}$$

其中 $\bar{x}^{\mathrm{T}}$ 为 x 的共轭转置，即 $\bar{x}^{\mathrm{T}} = (\overline{x_1}, \overline{x_2}, \cdots, \overline{x_n})$.

故

$$\begin{aligned}\|x\|_2 &= \sqrt{\langle x, x\rangle} = \sqrt{\overline{x_1}x_1 + \overline{x_2}x_2 + \cdots + \overline{x_n}x_n} \\ &= \sqrt{|x_1|^2 + |x_2|^2 + \cdots + |x_n|^2}.\end{aligned}$$

例 2.2 设 $x = (-\mathrm{i}, 4, -2)^{\mathrm{T}}, y = (2+3\mathrm{i}, 0, 1)^{\mathrm{T}}$，求 $\langle x, y\rangle$.

解 $\overline{-\mathrm{i}} = \mathrm{i}$，

$$\begin{aligned}\langle x, y\rangle &= \overline{x}^{\mathrm{T}} y = (\overline{x_1}, \overline{x_2}, \overline{x_3}) \begin{pmatrix} y_1 \\ y_2 \\ y_3 \end{pmatrix} \\ &= (\overline{-\mathrm{i}}, \overline{4}, \overline{-2}) \begin{pmatrix} 2+3\mathrm{i} \\ 0 \\ 1 \end{pmatrix} = (\mathrm{i}, 4, -2) \begin{pmatrix} 2+3\mathrm{i} \\ 0 \\ 1 \end{pmatrix} \\ &= \mathrm{i}(2+3\mathrm{i}) + 4 \times 0 + (-2) \times 1 = -5 + 2\mathrm{i}.\end{aligned}$$

2. 矩阵空间 $\mathbf{C}^{m\times n}$

设 $\mathbf{C}^{m\times n}$ 为元素为复数的 m 行 n 列矩阵全体，将 $\mathbf{C}^n$ 看作 $n\times 1$ 矩阵全体，同样，在必要时，也可将 $\mathbf{C}^{m\times n}$ 中元看作具有 $m\times n$ 个元素的向量.

记 $\mathbf{C}^{m\times n}$ 中元为 $(a_{ij})_{m\times n}$.

在 $\mathbf{C}^{m\times n}$ 上定义加法：$\forall A = (a_{ij})_{m\times n}, B = (b_{ij})_{m\times n} \in \mathbf{C}^{m\times n}$，

$$A + B = (a_{ij} + b_{ij})_{m\times n},$$

数乘：$\forall A = (a_{ij})_{m\times n}, \alpha \in \mathbf{C}$，

$$\alpha A = (\alpha a_{ij})_{m\times n},$$

则 $\mathbf{C}^{m\times n}$ 成为一个 $\mathbf{C}$ 上的线性空间，称为矩阵空间.

$\mathbf{C}^{m\times n}$ 是一个有限维空间，其维数为 $m\times n$，矩阵集合

$$\{E_{kl} : E_{kl} \in \mathbf{C}^{m\times n}, k = 1, 2, \cdots, m, l = 1, 2, \cdots, n\}$$

为其一组基，其 E_{kl} 为第 k 行第 l 列元素为 1，其余元素为 0 的 $m\times n$ 矩阵. 故对任意 $A = (a_{ij})_{m\times n} \in \mathbf{C}^{m\times n}$，有

$$A = (a_{ij})_{m\times n} = \sum_{i=1}^{m}\sum_{j=1}^{n} a_{ij}E_{ij} = \sum_{i,j=1}^{m,n} a_{ij}E_{ij}.$$

像 $\mathbf{C}^n$ 一样，在 $\mathbf{C}^{m\times n}$ 上可以定义无穷多种范数，例如，将 $\mathbf{C}^{m\times n}$ 中元看作一般的向量，可以定义无穷范数

$$\|(a_{ij})_{m\times n}\|_\infty = \max_{1\leqslant i\leqslant m, 1\leqslant j\leqslant n}\{|a_{ij}|\}; \tag{2.7}$$

$p(\,p\geqslant 1)$ 范数

$$\|(a_{ij})_{m\times n}\|_p=\left(\sum_{i,j=1}^{m,n}|a_{ij}|^p\right)^{\frac{1}{p}}. \tag{2.8}$$

例 2.3　设

$$x=\begin{pmatrix}1-2\mathrm{i} & \mathrm{i} & 0 & 2\\ 2-\mathrm{i} & 3+\mathrm{i} & 5 & 0\end{pmatrix},$$

求 $\|x\|_\infty,\|x\|_1,\|x\|_2$.

解　$\|x\|_\infty=\max\limits_{1\leqslant i\leqslant 2,1\leqslant j\leqslant 4}\{|a_{ij}|\}$

$$=\max\{|1-2\mathrm{i}|,|\mathrm{i}|,|0|,|2|,|2-\mathrm{i}|,|3+\mathrm{i}|,|5|,|0|\}$$

$$=\max\{\sqrt{5},1,0,2,\sqrt{5},\sqrt{10},5,0\}=5.$$

$\|x\|_1,\|x\|_2$ 的计算留作习题.

除了常见范数，考虑到矩阵在线性变换中的作用，应该有与这种作用相关的范数，下段引入相容范数概念，就是以此为目的.

3. 矩阵的相容范数

线性变换可以通过矩阵表示，大致来说，将向量 x 变为 y 的线性变换可以用 $y=Ax$ 来表示，其中 A 是一个矩阵. 由第 1 章得知，若有正数 k 使 $\|Ax\|\leqslant k\|x\|$，即称 Ax 定义的线性变换为有界线性变换. 此时，由于 $\|Ax_1-Ax_2\|=\|A(x_1-x_2)\|\leqslant k\|x_1-x_2\|$，此线性变换必连续. 一个自然的想法是将 k 与 A 的范数相联系. 在第 1 章中，引入算子范数的概念，知道所述线性变换作为算子，其算子范数恰为 $\inf k$，这个范数如果可以作为矩阵 A 的范数，则许多愿望都可满足. 总之，我们希望有关系 $\|Ax\|\leqslant\|A\|\|x\|$，这一希望进一步推广，给出如下定义.

定义 2.1　设 $\|\cdot\|_{m\times n},\|\cdot\|_{n\times l},\|\cdot\|_{m\times l}$ 分别为 $\mathbf{C}^{m\times n},\mathbf{C}^{n\times l},\mathbf{C}^{m\times l}$ 上的范数，若对任意 $A\in\mathbf{C}^{m\times n},B\in\mathbf{C}^{n\times l}$，有

$$\|AB\|_{m\times l}\leqslant\|A\|_{m\times n}\|B\|_{n\times l}, \tag{2.9}$$

则称此三种范数相容.

特别，若 $m=n,l=1$，$\|\cdot\|_{n\times 1}=\|\cdot\|_{m\times 1}=\|\cdot\|_n$，且

$$\|Ax\|_n\leqslant\|A\|_{n\times n}\|x\|_n,$$

则称 $\|\cdot\|_{n\times n}$ 与向量范数 $\|\cdot\|_n$ 相容.

若 $m=n=l$，三种范数成为一种范数，且

$$\|AB\|_{n\times n}\leqslant\|A\|_{n\times n}\|B\|_{n\times n},$$

则称 $\|\cdot\|_{n\times n}$ 为自相容范数或相容范数.

注意：范数符号的下标只为便于和矩阵阶数对应，与矩阵范数数值没有联系.

以下若不特别声明，矩阵元素和向量分量皆为复数.

定理 2.1 n 阶方阵的 2 范数与 n 维向量的 2 范数相容，即对任意 n 阶方阵 A 及 n 维向量 x, 有

$$\|Ax\|_2 \leqslant \|A\|_2\|x\|_2. \tag{2.10}$$

注意：方阵的 2 范数又称方阵的 Frobenius 范数，常记为 $\|\cdot\|_F$，因此 (2.10) 又为

$$\|Ax\|_2 \leqslant \|A\|_F\|x\|_2.$$

证明 对任意 $A=(a_{ij})_{n\times n}$，记 $A_i=(a_{i1},a_{i2},\cdots,a_{in}), i=1,2,\cdots,n$，$x=(x_1,x_2,\cdots,x_n)^{\mathrm{T}}$，则

$$Ax=\begin{pmatrix} A_1 \\ A_2 \\ \vdots \\ A_n \end{pmatrix} x = \begin{pmatrix} A_1x \\ A_2x \\ \vdots \\ A_nx \end{pmatrix}, \tag{2.11}$$

由 Cauchy-Schwarz 不等式 (1.10)，

$$\begin{aligned} |A_ix|^2 &= |a_{i1}x_1+a_{i2}x_2+\cdots+a_{in}x_n|^2 \\ &\leqslant \sum_{k=1}^{n}|a_{ik}|^2\sum_{k=1}^{n}|x_k|^2 = \|A_i\|_2^2\|x\|_2^2, \end{aligned}$$

故

$$\begin{aligned} \|Ax\|_2^2 &= \sum_{i=1}^{n}|A_ix|^2 \leqslant \left(\sum_{i=1}^{n}\|A_i\|_2^2\right)\|x\|_2^2, \\ &= \left(\sum_{i=1}^{n}\sum_{k=1}^{n}|a_{ik}|^2\right)\|x\|_2^2 = \|A\|_2^2\|x\|_2^2, \end{aligned}$$

即有

$$\|Ax\|_2 \leqslant \|A\|_2\|x\|_2 = \|A\|_F\|x\|_2.$$ 证毕.

注意：在以上的证明中，一些步骤会给人以不知从何而来的感觉，其实，只要了解矩阵加法与乘法的规则和各种表达式，就可以验证每一步的正确性，例如，(2.11)

的第二个等式，似乎像数字乘向量一样将 x 与 $(A_1, A_2, \cdots, A_n)^{\mathrm{T}}$ 的每一元 (右) 相乘，为什么能这样做? 按规则计算即可：

$$\begin{pmatrix} A_1 \\ A_2 \\ \vdots \\ A_n \end{pmatrix}$$

是一个 n 行 1 列分块阵，x 是一个 1 行 1 列分块阵，前者乘以后者，得 n 行 1 列分块阵，严格按矩阵乘法规则即得

$$\begin{pmatrix} A_1 x \\ A_2 x \\ \vdots \\ A_n x \end{pmatrix}.$$

实际计算也得同样结果. 事实上，A 是一个矩阵，A_i 是 A 的第 i 行构成的行向量，x 是一个列向量，(2.11) 的第一个等式，只是将 A 的第 i 行写作 A_i. (2.11) 的最后表达式的每一行，是行向量 A_i 与列向量 x 的乘积，皆为数字，例如，

$$A_1 x = (a_{11}, a_{12}, \cdots, a_{1n}) \begin{pmatrix} x_1 \\ x_2 \\ \vdots \\ x_n \end{pmatrix} = a_{11}x_1 + a_{12}x_2 + \cdots + a_{1n}x_n,$$

而直接计算 Ax 的第 1 行，也得这个数字，(2.11) 是成立的.

关于 Frobenius 范数，还有如下定理.

定理 2.2 $\forall A, B \in \mathbf{C}^{n\times n}$ 有

$$\|AB\|_F \leqslant \|A\|_F \|B\|_F. \tag{2.12}$$

证明 设 $B = (B_1, B_2, \cdots, B_n)$，$B_j = (b_{1j}, b_{2j}, \cdots, b_{nj})^{\mathrm{T}}, j = 1, 2, \cdots, n$，则

$$\|B\|_F^2 = \|B_1\|_2^2 + \|B_2\|_2^2 + \cdots + \|B_n\|_2^2.$$

故

$$\begin{aligned}\|AB\|_F^2 &= \|(AB_1, AB_2, \cdots, AB_n)\|_F^2 \\ &= \|AB_1\|_2^2 + \|AB_2\|_2^2 + \cdots + \|AB_n\|_2^2 \\ &\leqslant \|A\|_F^2\|B_1\|_2^2 + \|A\|_F^2\|B_2\|_2^2 + \cdots + \|A\|_F^2\|B_n\|_2^2 \\ &= \|A\|_F^2(\|B_1\|_2^2 + \|B_2\|_2^2 + \cdots + \|B_n\|_2^2) \\ &= \|A\|_F^2\|B\|_F^2,\end{aligned}$$

$$\|AB\|_F \leqslant \|A\|_F\|B\|_F.$$

证毕.

通过矩阵的算子范数，可以给出有关相容范数的一个重要结果.

矩阵的算子范数定义实为定义 1.11 的特殊情形.

定义 2.2 设 $\|\cdot\|_n, \|\cdot\|_m$ 分别为 $\mathbf{C}^n, \mathbf{C}^m$ 上的范数，对任意 $A \in \mathbf{C}^{m\times n}$，称

$$\|A\| = \sup_{\|x\|_n \leqslant 1} \{\|Ax\|_m\} \tag{2.13}$$

为矩阵 A 的算子范数.

可以看出，矩阵的算子范数与范数 $\|\cdot\|_n, \|\cdot\|_m$ 的取值有关，当这两个范数变化时，算子范数 $\|\cdot\|$ 也变化.

几乎完全照抄定理 1.1，有如下定理.

定理 2.3 设 $\|A\|$ 为 (2.13) 定义的 A 的算子范数，则

(1) $$\begin{aligned}\|A\| &= \sup_{\|x\|_n = 1}\{\|Ax\|_m\} = \sup_{\|x\|_n \neq 0}\left\{\frac{\|Ax\|_m}{\|x\|_n}\right\} \\ &= \inf_k\{k : \|Ax\|_m \leqslant k\|x\|_n, x \in \mathbf{C}^n\};\end{aligned} \tag{2.14}$$

(2) 矩阵的算子范数满足范数三性质，故矩阵的算子范数为 $\mathbf{C}^{m\times n}$ 上的一种范数.

我们未对定理 1.1 加以证明，以下证明定理 2.3 之 (2).

定理 2.3 之 (2) 证明:

1° 正定性. $\forall A \neq 0, \exists x_0 \neq 0$，使 $Ax_0 \neq 0$，故 $\|x_0\|_n > 0$，$\|Ax_0\|_m > 0$，令 $x_1 = \dfrac{x_0}{\|x_0\|_n}$，则

$$\|x_1\|_n = \left\|\frac{x_0}{\|x_0\|_n}\right\| = \frac{\|x_0\|_n}{\|x_0\|_n} = 1,$$

$$\|A\| = \sup_{\|x\|_n \leqslant 1}\{\|Ax\|_m\} \geqslant \|Ax_1\|_m = \frac{1}{\|x_0\|_n}\|Ax_0\|_m > 0.$$

当 $A = 0$ 时，对任意 $x \in \mathbf{C}^n$，$Ax = 0$，$\|A\| = \sup\limits_{\|x\|_n \leqslant 1}\{\|Ax\|_m\} = 0$.

2° 正齐次性. $\forall k \in \mathbf{C}$，

$$\begin{aligned}\|kA\| &= \sup_{\|x\|_n\leqslant 1}\{\|kAx\|_m\}\\ &= \sup_{\|x\|_n\leqslant 1}\{|k|\|Ax\|_m\}\\ &= |k|\sup_{\|x\|_n\leqslant 1}\{\|Ax\|_m\} = |k|\|A\|.\end{aligned}$$

3° 三角不等式. $\forall A,B\in\mathbf{C}^{m\times n}$,

$$\begin{aligned}\|A+B\| &= \sup_{\|x\|_n\leqslant 1}\{\|(A+B)x\|_m\}\\ &= \sup_{\|x\|_n\leqslant 1}\{\|Ax+Bx\|_m\}\leqslant \sup_{\|x\|_n\leqslant 1}\{\|Ax\|_m+\|Bx\|_m\}\\ &\leqslant \sup_{\|x\|_n\leqslant 1}\{\|Ax\|_m\}+\sup_{\|x\|_n\leqslant 1}\{\|Bx\|_m\}=\|A\|+\|B\|.\end{aligned}$$

证毕.

上述证明中用到关系

$$\sup_{\|x\|_n\leqslant 1}\{\|Ax\|_m+\|Bx\|_m\}\leqslant \sup_{\|x\|_n\leqslant 1}\{\|Ax\|_m\}+\sup_{\|x\|_n\leqslant 1}\{\|Bx\|_m\},$$

这一关系可以通过上确界的定义再借助绝对值的三角不等式加以证明.

定理 2.4　设 $\|A\|$ 为 (2.13) 定义的 A 的算子范数，则 $\|\cdot\|,\|\cdot\|_n,\|\cdot\|_m$ 三种范数相容，即对任意 $x\in\mathbf{C}^n$，有

$$\|Ax\|_m\leqslant\|A\|\|x\|_n. \tag{2.15}$$

证明　当 $x=0$ 时，$Ax=0$，(2.15) 成立. $\forall x\in\mathbf{C}^n, x\neq 0$，令 $x_1=\dfrac{x}{\|x\|_n}$，则

$$\begin{aligned}\|x_1\|_n &= \left\|\frac{x}{\|x\|_n}\right\| = \frac{\|x\|_n}{\|x\|_n}=1,\\ \|A\| &= \sup_{\|x\|_n\leqslant 1}\{\|Ax\|_m\}\geqslant\|Ax_1\|_m\\ &= \left\|A\left(\frac{x}{\|x\|_n}\right)\right\|_m = \left\|\frac{Ax}{\|x\|_n}\right\|_m = \frac{\|Ax\|_m}{\|x\|_n},\\ \|x\|_n\|A\| &\geqslant \|Ax\|_m.\end{aligned}$$

(2.15) 成立. 证毕.

再次强调：矩阵 A 的算子范数 $\|A\|$ 由式 (2.13) 定义，或者说，可通过式 (2.13) 求得 $\|A\|$，由定理 2.3 知，此矩阵范数也可通过式 (2.14) 得到，注意无论式 (2.13) 还是 (2.14)，都与范数 $\|x\|_n,\|Ax\|_m$ 相关，这两种范数变化，矩阵范数也变化，说三种范数 $\|\cdot\|,\|\cdot\|_n,\|\cdot\|_m$ 相容，三种范数必须是 (2.13) 或 (2.14) 中同时出现的范数，绝不是任意一个矩阵范数与随便两个 n 维向量范数 $\|\cdot\|_n$ 及 m 维向量范数 $\|\cdot\|_m$ 相容.

对于 $n=m$，出现在式 (2.13) 右边的两种范数仍可能不是同一种范数，当这两种范数为同一种范数时，可以给出如下定义.

定义 2.3 设 $\|\cdot\|_n$ 为 $\mathbf{C}^n$ 上的范数，对任意 $A\in\mathbf{C}^{n\times n}$，称由下式定义的方阵 A 的算子范数

$$\|A\|=\sup_{\|x\|_n\leqslant 1}\{\|Ax\|_n\} \tag{2.16}$$

为从属于范数 $\|\cdot\|_n$ 的算子范数.

对于向量的 1 范数、无穷范数和 2 范数，可以求得从属于这些范数的算子范数.

定理 2.5 (1) 对任意 $A\in\mathbf{C}^{n\times n}$，从属于 $\mathbf{C}^n$ 上的 1 范数的算子范数 $\|A\|_1$ 为

$$\|A\|_1=\max_{1\leqslant j\leqslant n}\left\{\sum_{i=1}^{n}|a_{ij}|\right\}; \tag{2.17}$$

(2) 对任意 $A\in\mathbf{C}^{n\times n}$，从属于 $\mathbf{C}^n$ 上的无穷范数的算子范数 $\|A\|_\infty$ 为

$$\|A\|_\infty=\max_{1\leqslant i\leqslant n}\left\{\sum_{j=1}^{n}|a_{ij}|\right\}; \tag{2.18}$$

(3) 对任意 $A\in\mathbf{C}^{n\times n}$，从属于 $\mathbf{C}^n$ 上的 2 范数的算子范数 $\|A\|_2$ 为

$$\|A\|_2=\sqrt{\lambda_1}, \tag{2.19}$$

其中 λ_1 为方阵 $\overline{A}^{\mathrm{T}}A$ 的最大特征值.

以下仅证明 (3)，其余证明留作习题.

证明 (3)：因为

$$\left(\overline{\overline{A}^{\mathrm{T}}A}\right)^{\mathrm{T}}=\left(\overline{\overline{A}}^{\mathrm{T}}\overline{A}\right)^{\mathrm{T}}=\left(A^{\mathrm{T}}\overline{A}\right)^{\mathrm{T}}=\overline{A}^{\mathrm{T}}A,$$

其中注意 $(AB)^{\mathrm{T}}=B^{\mathrm{T}}A^{\mathrm{T}},\overline{\overline{A}}=A,(A^{\mathrm{T}})^{\mathrm{T}}=A$，以及共轭符号的万能性：和差的共轭等于共轭的和差，乘积的共轭等于共轭的乘积，逆的共轭等于共轭的逆，转置的共轭等于共轭的转置，等等，知 $\overline{A}^{\mathrm{T}}A$ 是一个 Hermite 矩阵.

又 $\overline{A}^{\mathrm{T}}A$ 对应的二次型

$$f(x)=\overline{x}^{\mathrm{T}}\overline{A}^{\mathrm{T}}Ax=\overline{Ax}^{\mathrm{T}}Ax=\langle Ax,Ax\rangle=\|Ax\|_2^2\geqslant 0,$$

故为正定或半正定二次型，由 1.6.5 节 9. 知 $\overline{A}^{\mathrm{T}}A$ 的 n 个特征值都大于等于 0，不妨设这些特征值为

$$\lambda_1\geqslant\lambda_2\geqslant\cdots\geqslant\lambda_n\geqslant 0,$$

由 1.6.5 节 4. 知，存在分别属于 $\lambda_1,\lambda_2,\cdots,\lambda_n$ 的标准正交特征向量 $e_1,e_2,\cdots,e_n$.

$\forall x\in\mathbf{C}^n,\|x\|_2=1,x$ 可表示为

$$x = x_1e_1 + x_2e_2 + \cdots + x_ne_n.$$

$$\begin{aligned}\|x\|_2^2 &= \langle x, x\rangle \\ &= \langle x_1e_1 + x_2e_2 + \cdots + x_ne_n, x_1e_1 + x_2e_2 + \cdots + x_ne_n\rangle \\ &= \sum_{i=1}^{n}\sum_{j=1}^{n}\overline{x_i}x_j\langle e_i, e_j\rangle \\ &= \sum_{i=1}^{n}\overline{x_i}x_i = \sum_{i=1}^{n}|x_i|^2 = 1,\end{aligned}$$

由于 e_i 为属于 $\overline{A}^{\mathrm{T}}A$ 的特征值 λ_i 的单位特征向量，

$$\overline{A}^{\mathrm{T}}Ae_i = \lambda_ie_i, \quad i = 1, 2, \cdots, n,$$

故

$$\begin{aligned}\overline{A}^{\mathrm{T}}Ax &= \overline{A}^{\mathrm{T}}A(x_1e_1 + x_2e_2 + \cdots + x_ne_n) \\ &= x_1\overline{A}^{\mathrm{T}}Ae_1 + x_2\overline{A}^{\mathrm{T}}Ae_2 + \cdots + x_n\overline{A}^{\mathrm{T}}Ae_n \\ &= x_1\lambda_1e_1 + x_2\lambda_2e_2 + \cdots + x_n\lambda_ne_n, \\ \|Ax\|_2^2 &= (\overline{Ax})^{\mathrm{T}}(Ax) = \overline{x}^{\mathrm{T}}(\overline{A}^{\mathrm{T}}A)x \\ &= (\overline{x_1e_1}^{\mathrm{T}} + \overline{x_2e_2}^{\mathrm{T}} + \cdots + \overline{x_ne_n}^{\mathrm{T}})(x_1\lambda_1e_1 + x_2\lambda_2e_2 + \cdots + x_n\lambda_ne_n) \\ &= \sum_{i=1}^{n}\sum_{j=1}^{n}\overline{x_i}x_j\lambda_j\overline{e_i}^{\mathrm{T}}e_j = \sum_{i=1}^{n}\lambda_i|x_i|^2 \leqslant \lambda_1\sum_{i=1}^{n}|x_i|^2 = \lambda_1\|x\|_2^2 = \lambda_1\end{aligned}$$

由此得

$$\|Ax\|_2 \leqslant \sqrt{\lambda_1} = \sqrt{\lambda_1}\|x\|_2,$$

由 (2.14)，A 关于 2 范数的算子范数 $\|A\|_2$ 为使

$$\|Ax\|_2 \leqslant k\|x\|_2$$

成立的 k 的下确界，故得

$$\|A\|_2 \leqslant \sqrt{\lambda_1}. \tag{2.20}$$

又 $\|e_1\|_2 = 1$，

$$\begin{aligned}\|Ae_1\|_2^2 &= (\overline{Ae_1})^{\mathrm{T}}(Ae_1) = \overline{e_1}^{\mathrm{T}}\overline{A}^{\mathrm{T}}Ae_1 \\ &= \overline{e_1}^{\mathrm{T}}\lambda_1e_1 = \lambda_1\overline{e_1}^{\mathrm{T}}e_1 = \lambda_1\|e_1\|_2^2 = \lambda_1, \\ \|Ae_1\|_2 &= \sqrt{\lambda_1},\end{aligned}$$

$$\|A\|_2 = \sup_{\|x\|_2=1}\{\|Ax\|_2\} \geqslant \|Ae_1\|_2 = \sqrt{\lambda_1}. \tag{2.21}$$

由 (2.20), (2.21) 得

$$\|A\|_2 = \sqrt{\lambda_1}.$$

证毕.

注意：在以上的证明中，使用了内积的两种表示方式，一种是常规的表示方式，如

$$\|x\|_2 = \langle x, x\rangle = \langle x_1e_1 + x_2e_2 + \cdots + x_ne_n, x_1e_1 + x_2e_2 + \cdots + x_ne_n\rangle;$$

另一种是向量乘积形式的表示方式，如

$$\begin{aligned}\|Ax\|_2^2 &= (\overline{Ax})^{\mathrm{T}}(Ax)\\ &= (\overline{x_1e_1}^{\mathrm{T}} + \overline{x_2e_2}^{\mathrm{T}} + \cdots + \overline{x_ne_n}^{\mathrm{T}})(x_1\lambda_1e_1 + x_2\lambda_2e_2 + \cdots + x_n\lambda_ne_n).\end{aligned}$$

A 是一个方阵，Ax 是一个列向量，而 $(\overline{Ax})^{\mathrm{T}}$ 是其共轭转置，为一行向量，行向量在左列向量在右乘起来是一个数字，即 $\|Ax\|_2^2$，采用不同方式表示内积有方便之处.

2.2 矩阵序列

有了范数，就可以在矩阵空间上讨论序列的敛散性了. 按理，序列的敛散性必须指明是在什么范数意义下讨论. 因为虽为同一线性空间，若给出不同范数，则应得到不同的赋范线性空间，而一般来说，同一线性空间的序列，在一种范数意义下收敛，在另一种范数意义下却可能发散. 但是，由于 $\mathbf{C}^{m\times n}$ 为有限维线性空间，由定理 1.4 知，其上的任何范数都等价，也就是说，该空间中任何序列的敛散性与范数无关，即若一个序列在一种范数意义下收敛 (发散)，则在别的范数意义下也收敛 (发散). 所以对于 $\mathbf{C}^{m\times n}$ 来说，对于一个序列，可以按照需要选择一种范数讨论其敛散性.

下面讨论 $\mathbf{C}^{m\times n}$ 中序列依无穷范数的敛散性与依位置的敛散性的等价问题.

首先介绍什么是矩阵序列依位置收敛与发散.

设 $\{A_k\}_{k=1}^{\infty} = \{(a_{ij}^{(k)})_{m\times n}\}_{k=1}^{\infty} \subset \mathbf{C}^{m\times n}$，此即序列

$$\begin{pmatrix} a_{11}^{(1)} & a_{12}^{(1)} & \cdots & a_{1n}^{(1)} \\ a_{21}^{(1)} & a_{22}^{(1)} & \cdots & a_{2n}^{(1)} \\ \vdots & \vdots & & \vdots \\ a_{m1}^{(1)} & a_{m2}^{(1)} & \cdots & a_{mn}^{(1)} \end{pmatrix}, \begin{pmatrix} a_{11}^{(2)} & a_{12}^{(2)} & \cdots & a_{1n}^{(2)} \\ a_{21}^{(2)} & a_{22}^{(2)} & \cdots & a_{2n}^{(2)} \\ \vdots & \vdots & & \vdots \\ a_{m1}^{(2)} & a_{m2}^{(2)} & \cdots & a_{mn}^{(2)} \end{pmatrix}, \cdots,$$
$$\begin{pmatrix} a_{11}^{(k)} & a_{12}^{(k)} & \cdots & a_{1n}^{(k)} \\ a_{21}^{(k)} & a_{22}^{(k)} & \cdots & a_{2n}^{(k)} \\ \vdots & \vdots & & \vdots \\ a_{m1}^{(k)} & a_{m2}^{(k)} & \cdots & a_{mn}^{(k)} \end{pmatrix}, \cdots, \tag{2.22}$$

这些矩阵为同阶矩阵，将它们相同位置上的元素按序取出，得到 $m\times n$ 个数列：

$$\begin{gathered}a_{11}^{(1)},a_{11}^{(2)},\cdots,a_{11}^{(k)},\cdots;a_{12}^{(1)},a_{12}^{(2)},\cdots,a_{12}^{(k)},\cdots;\cdots;a_{1n}^{(1)},a_{1n}^{(2)},\cdots,a_{1n}^{(k)},\cdots;\\ a_{21}^{(1)},a_{21}^{(2)},\cdots,a_{21}^{(k)},\cdots;a_{22}^{(1)},a_{22}^{(2)},\cdots,a_{22}^{(k)},\cdots;\cdots;a_{2n}^{(1)},a_{2n}^{(2)},\cdots,a_{2n}^{(k)},\cdots;\\ \cdots\cdots\\ a_{m1}^{(1)},a_{m1}^{(2)},\cdots,a_{m1}^{(k)},\cdots;a_{m2}^{(1)},a_{m2}^{(2)},\cdots,a_{m2}^{(k)},\cdots;\cdots;a_{mn}^{(1)},a_{mn}^{(2)},\cdots,a_{mn}^{(k)},\cdots.\end{gathered}\tag{2.23}$$

若这 $m\times n$ 个数列全部收敛，分别收敛于

$$\begin{gathered}a_{11};a_{12};\cdots;a_{1n};\\ a_{21};a_{22};\cdots;a_{2n};\\ \cdots\cdots\\ a_{m1};a_{m2};\cdots;a_{mn}.\end{gathered}\tag{2.24}$$

则称矩阵序列 $\{A_k\}_{k=1}^{\infty}=\{(a_{ij}^{(k)})_{m\times n}\}_{k=1}^{\infty}$ 依位置收敛于矩阵

$$A=\begin{pmatrix}a_{11}&a_{12}&\cdots&a_{1n}\\ a_{21}&a_{22}&\cdots&a_{2n}\\ \vdots&\vdots&&\vdots\\ a_{m1}&a_{m2}&\cdots&a_{mn}\end{pmatrix}.\tag{2.25}$$

若式 (2.23) 中至少有一个数列发散，则称矩阵序列 $\{A_k\}_{k=1}^{\infty}=\{(a_{ij}^{(k)})_{m\times n}\}_{k=1}^{\infty}$ 依位置发散.

下面证明，矩阵序列依位置的敛散性，等价于其依无穷范数的敛散性，即有如下定理.

定理 2.6　设矩阵序列 $\{A_k\}_{k=1}^{\infty}=\{(a_{ij}^{(k)})_{m\times n}\}_{k=1}^{\infty}$ 依位置收敛 (发散)，则该序列依无穷范数收敛 (发散)，反之亦然.

证明　若 $\{A_k\}_{k=1}^{\infty}=\{(a_{ij}^{(k)})_{m\times n}\}_{k=1}^{\infty}$ 依位置收敛于 A，其中 A 由 (2.25) 给出，则 $\forall\varepsilon>0,\exists N_{ij}>0$，当 $k>N_{ij}$ 时，

$$|a_{ij}^{(k)}-a_{ij}|<\varepsilon,\quad i=1,2,\cdots,m,\quad j=1,2,\cdots,n.\tag{2.26}$$

取 $N=\max\limits_{1\leqslant i\leqslant m,1\leqslant j\leqslant n}\{N_{ij}\}$，则当 $k>N$ 时，式 (2.26) 中的各不等式全部成立，故

$$\|A_k-A\|_{\infty}=\max_{1\leqslant i\leqslant m,1\leqslant j\leqslant n}\{|a_{ij}^{(k)}-a_{ij}|\}<\varepsilon,\tag{2.27}$$

即 $\{A_k\}_{k=1}^{\infty}=\{(a_{ij}^{(k)})_{m\times n}\}_{k=1}^{\infty}$ 依无穷范数收敛于 A.

反之，若 $\{A_k\}_{k=1}^{\infty} = \{(a_{ij}^{(k)})_{m\times n}\}_{k=1}^{\infty}$ 依无穷范数收敛于 A，则 $\forall\varepsilon > 0, \exists N$，当 $k > N$ 时，式 (2.27) 成立，故 (2.26) 成立，(2.23) 中的数列分别收敛于 (2.24) 中的数值，即 $\{A_k\}_{k=1}^{\infty} = \{(a_{ij}^{(k)})_{m\times n}\}_{k=1}^{\infty}$ 依位置收敛于 A.

$\{A_k\}_{k=1}^{\infty} = \{(a_{ij}^{(k)})_{m\times n}\}_{k=1}^{\infty}$ 依无穷范数发散与其依位置发散的等价性也可类似证明，读者可以自行完成，在此不再赘述. 证毕.

既然矩阵序列依位置的敛散性等价于依无穷范数的敛散性，自然，矩阵序列依位置的敛散性等价于依任意范数的敛散性. 因此对于矩阵序列，仅就敛散性而言，完全可以只考虑它依位置的敛散性，而当矩阵序列 $\{A_k\}_{k=1}^{\infty} = \{(a_{ij}^{(k)})_{m\times n}\}_{k=1}^{\infty}$ 收敛于矩阵 $A = (a_{ij})_{m\times n}$ 时，有

$$\begin{aligned}\lim_{k\to\infty} A_k &= \lim_{k\to\infty}\begin{pmatrix} a_{11}^{(k)} & a_{12}^{(k)} & \cdots & a_{1n}^{(k)} \\ a_{21}^{(k)} & a_{22}^{(k)} & \cdots & a_{2n}^{(k)} \\ \vdots & \vdots & & \vdots \\ a_{m1}^{(k)} & a_{m2}^{(k)} & \cdots & a_{mn}^{(k)} \end{pmatrix} \\ &= \begin{pmatrix} \lim\limits_{k\to\infty} a_{11}^{(k)} & \lim\limits_{k\to\infty} a_{12}^{(k)} & \cdots & \lim\limits_{k\to\infty} a_{1n}^{(k)} \\ \lim\limits_{k\to\infty} a_{21}^{(k)} & \lim\limits_{k\to\infty} a_{22}^{(k)} & \cdots & \lim\limits_{k\to\infty} a_{2n}^{(k)} \\ \vdots & \vdots & & \vdots \\ \lim\limits_{k\to\infty} a_{m1}^{(k)} & \lim\limits_{k\to\infty} a_{m2}^{(k)} & \cdots & \lim\limits_{k\to\infty} a_{mn}^{(k)} \end{pmatrix} \\ &= \begin{pmatrix} a_{11} & a_{12} & \cdots & a_{1n} \\ a_{21} & a_{22} & \cdots & a_{2n} \\ \vdots & \vdots & & \vdots \\ a_{m1} & a_{m2} & \cdots & a_{mn} \end{pmatrix}.\end{aligned}$$

例 2.4 讨论矩阵序列 $\{A_k\}_{k=1}^{\infty}$ 的敛散性，其中

$$A_k = \begin{pmatrix} \dfrac{1}{k} - 1 & \sin\dfrac{1}{k} & \dfrac{k^2 + 2k - 1}{\mathrm{i}k^3} & \dfrac{\sin k}{k} \\ 1 & \dfrac{1}{k^2} + 6 & 3 & 0 \\ 7 & 4 & 8 & 5 \end{pmatrix}.$$

解 常数可以看作常数列，故收敛，而

$$\lim_{k\to\infty}\frac{1}{k} = 0, \quad \lim_{k\to\infty}\sin\frac{1}{k} = 0,$$
$$\lim_{k\to\infty}\frac{k^2 + 2k - 1}{\mathrm{i}k^3} = 0, \quad \lim_{k\to\infty}\frac{\sin k}{k} = 0, \quad \lim_{k\to\infty}\frac{1}{k^2} = 0,$$

所以矩阵序列 $\{A_k\}_{k=1}^{\infty}$ 收敛，

$$\lim_{k\to\infty} A_k = \begin{pmatrix} -1 & 0 & 0 & 0 \\ 1 & 6 & 3 & 0 \\ 7 & 4 & 8 & 5 \end{pmatrix}.$$

考虑矩阵序列的敛散性只考虑它依位置的敛散性，这一原则在以后考虑函数矩阵的极限、连续以至微积分时也适用.

但若考虑收敛的误差估计，使用不同形式的范数从方便程度到数值大小还是有区别的. 此外，正如一般的 $\mathbf{C}^n$，赋以 2 范数时成为一个内积空间，可以考虑正交性等良好性质，赋以其他范数时却不能成为内积空间，尽管 2 范数与其他范数等价. 总之，各种矩阵范数仍有考虑的价值.

对于收敛的矩阵序列关于运算的性质，有与数列情形完全类似的结果，我们有如下定理.

定理 2.7　(1) 设同阶矩阵序列 $\{A_k\}_{k=1}^{\infty}, \{B_k\}_{k=1}^{\infty}$ 收敛，则对任意 $\alpha, \beta \in \mathbf{C}$，矩阵序列 $\{\alpha A_k + \beta B_k\}_{k=1}^{\infty}$ 也收敛，且

$$\lim_{k\to\infty} (\alpha A_k + \beta B_k) = \alpha \lim_{k\to\infty} A_k + \beta \lim_{k\to\infty} B_k.$$

(2) 设 $\mathbf{C}^{m\times n}$ 中的矩阵序列 $\{(a_{ij}^{(k)})_{m\times n}\}_{k=1}^{\infty}$ 与 $\mathbf{C}^{n\times l}$ 中的矩阵序列 $\{(b_{ij}^{(k)})_{n\times l}\}_{k=1}^{\infty}$ 收敛，则 $\mathbf{C}^{m\times l}$ 中的矩阵序列 $\{(a_{ij}^{(k)})_{m\times n} \times (b_{ij}^{(k)})_{n\times l}\}_{k=1}^{\infty}$ 也收敛，且

$$\lim_{k\to\infty} [(a_{ij}^{(k)})_{m\times n} \times (b_{ij}^{(k)})_{n\times l}] = \lim_{k\to\infty} (a_{ij}^{(k)})_{m\times n} \times \lim_{k\to\infty} (b_{ij}^{(k)})_{n\times l}.$$

(3) 设 n 阶方阵序列 $\{A_k\}_{k=1}^{\infty}$ 收敛，极限为 A，而 A_k, A 皆可逆，$k = 1, 2, \cdots$，则 $\{A_k^{-1}\}_{k=1}^{\infty}$ 收敛且

$$\lim_{k\to\infty} A_k^{-1} = A^{-1}.$$

本定理的证明留作习题.

上述定理中 (2) 的陈述采用烦琐的方式出于无奈，这是因为矩阵的乘法要求被乘项的列数与乘项的行数相等，(2) 中必须将这一情况表述清楚.

关于 $\mathbf{C}^{m\times n}$ 成为内积空间的问题，只将其看作通常的 $\mathbf{C}^{m\times n}$ 赋以 2 范数即可解决，对此没有特殊的结果可以呈现.

这里需要注意：空间 $\mathbf{C}^{2\times 3}$ 是元素为复数的 2 行 3 列矩阵集合，不可将 2 与 3 乘起来变为 6 而将其写为 $\mathbf{C}^6$. 要在 $\mathbf{C}^{2\times 3}$ 上定义内积，却可和对真正的 $\mathbf{C}^6$ 一样进行. 但即使定义了内积，处理起 $\mathbf{C}^{2\times 3}$ 中的元素来还是要写作 2 行 3 列矩阵，不能写作 6 维列向量.

习　题　2

1. 证明

$$\sup_{\|x\|_n\leqslant 1}\{\|Ax\|_m+\|Bx\|_m\}\leqslant \sup_{\|x\|_n\leqslant 1}\{\|Ax\|_m\}+\sup_{\|x\|_n\leqslant 1}\{\|Bx\|_m\}.$$

2. 证明定理 2.3 中的式 (2.14).

3. 证明对任意 $A\in \mathbf{C}^{n\times n}$，从属于 $\mathbf{C}^n$ 上的 1 范数的算子范数 $\|A\|_1$ 为

$$\|A\|_1=\max_{1\leqslant j\leqslant n}\left\{\sum_{i=1}^{n}|a_{ij}|\right\}.$$

4. 证明对任意 $A\in \mathbf{C}^{n\times n}$，从属于 $\mathbf{C}^n$ 上的无穷范数的算子范数 $\|A\|_\infty$ 为

$$\|A\|_\infty=\max_{1\leqslant i\leqslant n}\left\{\sum_{j=1}^{n}|a_{ij}|\right\}.$$

5. 设

$$x=\begin{pmatrix} 1-2\mathrm{i} & \mathrm{i} & 0 & 2\\ 2-\mathrm{i} & 3+\mathrm{i} & 5 & 0\end{pmatrix},$$

求 $\|x\|_1, \|x\|_2$.

6. 证明定理 2.7.

第 3 章　λ 矩阵与 Jordan 标准形

本章第 1 节讨论 λ 矩阵，介绍 λ 矩阵的 Smith 标准形、不变因子、初等因子和行列式因子. 第 2 节介绍数字矩阵的 Jordan 标准形，给出利用数字矩阵的特征矩阵求该矩阵 Jordan 标准形的方法，讨论数字矩阵的零化多项式和最小多项式.

3.1　λ 矩　阵

本节介绍 λ 矩阵的初等变换、Smith 标准形、不变因子、初等因子和行列式因子等 λ 矩阵理论的核心内容，其中许多结果出现在大部分矩阵论书籍中.

3.1.1　λ 矩阵的初等变换与 Smith 标准形

1. λ 矩阵的概念

若 $a_{ij}(\lambda), i=1,2,\cdots,m, j=1,2,\cdots,n$ 为 λ 的多项式，则称 $A(\lambda)=(a_{ij}(\lambda))_{m\times n}$ 为 λ 矩阵.

设 $a(\lambda)=a_0\lambda^p+a_1\lambda^{p-1}+\cdots+a_{p-1}\lambda+a_p$ 为 λ 的多项式，则当 $a_0\neq 0$ 时称此多项式为 p 次多项式，$a_0\lambda^p$ 称为首项，a_0 称为首项系数，$a_0=1$ 时称为首一多项式，非 0 常数称为 0 次多项式，0 称为 0 多项式，是唯一没有次数的多项式.

设 $a(\lambda),b(\lambda),c(\lambda)$ 为 λ 的多项式，且

$$\frac{a(\lambda)}{b(\lambda)}=c(\lambda),$$

则称 $b(\lambda)$ 整除 $a(\lambda)$，或 $a(\lambda)$ 可被 $b(\lambda)$ 整除，记为 $b(\lambda)|a(\lambda)$.

$b(\lambda)|a(\lambda)$ 时，$a(\lambda)/b(\lambda)$ 为多项式，故若 k 为非 0 数，则 $a(\lambda)/[kb(\lambda)]$ 仍为多项式，即 $kb(\lambda)|a(\lambda)$，这一情况与整数的整除不同，因为一个整数整除另一个整数，前者的常数倍甚至整数倍却不一定能整除后者.

设 $\{a_1(\lambda),a_2(\lambda),\cdots,a_p(\lambda)\}$ 为 λ 的有限多项式组，其中每个多项式皆能被多项式 $b(\lambda)$ 整除，则称 $b(\lambda)$ 为该组多项式的公因式. 由前面可知，对任意有限多项式组，公因式存在并有无穷个，其中次数最高者称为最高公因式，将后者除以首项系数，所得多项式称为首一最高公因式.

在一个 λ 矩阵中出现的 λ 的最高次数，称为该 λ 矩阵的次数. 例如，

$$A(\lambda)=\begin{pmatrix}3 & \lambda^2 & \lambda+6 & \lambda^{10} & \lambda^3 & \mathrm{i}-4\\ 0 & \lambda+9 & 1 & 2 & 0 & 45\\ 1 & \lambda^9 & \lambda^4 & \lambda^3 & 7 & 0\end{pmatrix}$$

为 10 次 λ 矩阵.

定义 3.1 λ 矩阵 $A(\lambda)$ 不恒为 0 的子式的最高阶数 r 称为该矩阵的秩，记为 $r=\mathrm{rank}A(\lambda)$.

注意: 矩阵的子式并不是矩阵，而是行列式，由于 λ 矩阵的每一个元素是 λ 的多项式，而行列式为元素乘积的和，故所述子式也是 λ 的多项式. 不恒为 0 的子式，意即不为 0 多项式的子式，注意如果一个子式是非 0 常数，也是不恒为 0 的子式.

λ 矩阵即为矩阵，关于矩阵的阶数、运算、逆、转置、行列式和伴随矩阵等定义与数字矩阵无异，一些结果也成立. 例如，当 $m=n$ 时，也称 $n\times n$ 矩阵为 n 阶 λ 方阵或 n 阶 λ 矩阵；若 $A(\lambda)$ 为一个 n 阶 λ 矩阵，记其行列式为 $|A(\lambda)|$，则对任意 n 阶 λ 矩阵 $A(\lambda),B(\lambda)$，必有

$$|A(\lambda)B(\lambda)|=|A(\lambda)||B(\lambda)|.$$

但是，λ 矩阵的元素既为多项式，不一定是常数，所以必有与常数矩阵不同的一些性质. 例如，一个 n 阶数字矩阵 A 可逆，充分必要条件为其行列式 $|A|\neq 0$. 但对一个 n 阶 λ 矩阵 $A(\lambda)$，若其行列式不为 0，注意此时的不为 0 即不为常数 0，亦即不为 0 多项式，则有两种可能，一是等于一个非 0 常数，二是等于一个非常数的多项式，若为前者，则 $A(\lambda)$ 必可逆，若为后者，$A(\lambda)$ 必不可逆. 对于后者，可能觉得奇怪，认为这种情况下 $A(\lambda)$ 必可逆，不会不可逆. 其实，当 $|A(\lambda)|$ 为非常数的多项式时，必为一个 1 次或 1 次以上多项式，若 $A(\lambda)$ 可逆，逆矩阵为 $A^{-1}(\lambda)$，则后者也为 λ 矩阵而其行列式也为多项式，但由 $A(\lambda)A^{-1}(\lambda)=I$ 知

$$1=|I|=|A(\lambda)A^{-1}(\lambda)|=|A(\lambda)||A^{-1}(\lambda)|,$$

但任何多项式 $|A^{-1}(\lambda)|$ 与一个 1 次以上多项式 $|A(\lambda)|$ 的乘积无论如何都不能等于 1.

可以证明，一个 n 阶 λ 方阵 $A(\lambda)$ 可逆的充要条件是其行列式 $|A(\lambda)|$ 等于一个非 0 常数. 这与数字矩阵相同.

关于 λ 矩阵与数字矩阵的细微区别，一般书籍都不予讨论，可能的原因是这些区别产生的结果没有切实的应用价值.

本书采用一般书籍的做法. 对 λ 矩阵，我们可能不加证明地应用其矩阵性质，仅在十分必要时对有关结果予以介绍.

2. λ 矩阵的初等变换

λ 矩阵的初等变换有三种:

(1) 将第 i 行 (i 列) 与第 j 行 (j 列) 交换位置;

(2) 用非 0 数 c 乘以矩阵第 i 行 (i 列) 的所有元素;

(3) 将第 j 行 (i 列) 所有元素乘以多项式 $\varphi(\lambda)$ 后加到第 i 行 (j 列) 的对应元素上.

这些初等变换似乎和数字矩阵的初等变换相同, 事实是, 前两种初等变换确实对应相同, 第三种却不同, 施行这种变换时, 不仅可以用数字乘一行 (列) 的每个元素加到另一行 (列) 的对应元素, 还可以用一个多项式乘一行 (列) 的每个元素加到另一行 (列) 的对应元素, 而对数字矩阵, 却只能用数字乘一行 (列) 的每个元素加到另一行 (列) 的对应元素.

注意: 无论对数字矩阵还是 λ 矩阵, 在第二种初等变换中, c 必须是非 0 常数, 不能是 0 或 λ 的一次以上多项式.

一个 λ 矩阵 $A(\lambda)$ 经有限次初等变换变为矩阵 $B(\lambda)$, 称 $A(\lambda)$ 与 $B(\lambda)$ 等价. 记为 $A(\lambda) \cong B(\lambda)$. 与所有的等价关系一样, 关系 "≅" 满足反身性. 对称性与传递性.

初等变换不改变矩阵的秩, 所以等价的 λ 矩阵秩相同. 在数字矩阵情形下, 矩阵等价的充要条件是秩相同. 但与数字矩阵不同, 秩相同是 λ 矩阵等价的必要条件而不是充分条件, 这就是说, 两个 λ 矩阵等价秩一定相同, 但两个秩相同的 λ 矩阵却不一定等价.

例 3.1 讨论 1 阶 λ 矩阵 2 与 λ 的秩与等价性.

解 注意任意一个数字与 λ 多项式都是一个 1 阶 λ 矩阵. 由于作为 1 阶 λ 矩阵的 2 与 λ, 其 1 阶子式为自身, 皆不恒为 0, 故这两个 1 阶 λ 矩阵的秩都为 1. 但 1 阶 λ 矩阵可进行的初等变换只有 (2), 而对于 2, 无论乘什么非 0 常数都变不成 λ, 故所述两个 1 阶 λ 矩阵同秩而不等价.

设 $I_m(i,j)(I_m(i(c)),I_m(i,j(\varphi(\lambda))))$ 为对 m 阶单位矩阵 I_m 施行第 (1)((2), (3)) 种初等变换得到的矩阵, 即 $I_m(i,j)$, $I_m(i(c))$ 与 1.6.2 节 1. 中的相应矩阵相同, 而

$$I_m(i,j(\varphi(\lambda))) = \begin{pmatrix} 1 & \cdots & 0 & \cdots & 0 & \cdots & 0 \\ \vdots & & \vdots & & \vdots & & \vdots \\ (i) & \cdots & 1 & \cdots & \varphi(\lambda) & \cdots & 0 \\ \vdots & & \vdots & & \vdots & & \vdots \\ (j) & \cdots & 0 & \cdots & 1 & \cdots & 0 \\ \vdots & & \vdots & & \vdots & & \vdots \\ 0 & \cdots & 0 & \cdots & 0 & \cdots & 1 \end{pmatrix},$$

$I_m(i,j)$, $I_m(i(c))$ 为数字矩阵, $|I_m(i,j)| = -1 \neq 0$, $|I_m(i(c))| = k \neq 0$, 故 $I_m(i,j)$,

$I_m(i(c))$ 为可逆矩阵. $I_m(i,j(\varphi(\lambda)))$ 为真正的 λ 矩阵，但其行列式 $|I_m(i,j(\varphi(\lambda)))|=1$，故 $I_m(i,j(\varphi(\lambda)))$ 也是可逆矩阵.

对矩阵 $A(\lambda)$ 进行一次行的初等变换，等于该矩阵左乘一个初等矩阵; 进行一次行的第 (1)((2)，(3)) 种初等变换，等于该矩阵左乘初等矩阵 $I_m(i,j)(I_m(i(c)),$ $I_m(i,j(\varphi(\lambda))))$.

对矩阵进行一次列的初等变换，等于该矩阵右乘一个初等矩阵；进行列的第 (1)，((2)(3)) 种初等变换，等于该矩阵右乘初等矩阵 $I_n(i,j)(I_n(i(c)),I_n(i,j(\varphi(\lambda))))$.

因此，设 $A(\lambda),B(\lambda)$ 为 $m\times n$ 的 λ 矩阵，则这两个矩阵等价的充要条件是存在 m 阶初等矩阵 $P_1(\lambda),P_2(\lambda),\cdots,P_i(\lambda)$ 和 n 阶初等矩阵 $Q_1(\lambda),Q_2(\lambda),\cdots,Q_j(\lambda)$, 使

$$B(\lambda)=P_i(\lambda)P_{i-1}(\lambda)\cdots P_1(\lambda)A(\lambda)Q_1(\lambda)Q_2(\lambda)\cdots Q_j(\lambda).$$

3. Smith 标准形

如下定理是证明“任何 λ 矩阵必可通过初等变换化为 Smith 标准形”这一 λ 矩阵理论第一重要结果的关键.

定理 3.1 设在 $A(\lambda)=(a_{ij}(\lambda))_{m\times n}$ 中，$a_{11}(\lambda)\neq 0$，且 $A(\lambda)$ 中至少有一个元素不能被 $a_{11}(\lambda)$ 整除，则存在与 $A(\lambda)$ 等价的矩阵 $B(\lambda)=(b_{ij}(\lambda))_{m\times n}$，$b_{11}(\lambda)\neq 0$ 为首一多项式，且次数比 $a_{11}(\lambda)$ 低. 进而，存在与 $A(\lambda)$ 等价的矩阵 $C(\lambda)=(c_{ij}(\lambda))_{m\times n}$，$c_{11}(\lambda)\neq 0$ 为首一多项式，且整除所有 $c_{ij}(\lambda),i=1,2,\cdots,m,j=1,2,\cdots,n$.

证明 (1) 若 $A(\lambda)$ 的第 1 行中有一个元素 $a_{1j}(\lambda)$ 不能被 $a_{11}(\lambda)$ 整除，则 $a_{1j}(\lambda)\neq 0$. 若 $a_{1j}(\lambda)$ 的次数比 $a_{11}(\lambda)$ 低，则将 $A(\lambda)$ 的第 j 列与第 1 列对调，所得矩阵记为 $B(\lambda)$，则此矩阵满足要求.

若 $a_{1j}(\lambda)$ 的次数与 $a_{11}(\lambda)$ 相等或比 $a_{11}(\lambda)$ 高，则用辗转相除法可得多项式 $q(\lambda),r(\lambda)$，其中 $r(\lambda)$ 为次数比 $a_{11}(\lambda)$ 低的非 0 多项式，使得

$$a_{1j}(\lambda)=q(\lambda)a_{11}(\lambda)+r(\lambda). \tag{3.1}$$

将 $A(\lambda)$ 的第 1 列乘以 $-q(\lambda)$ 加到第 j 列，$a_{1j}(\lambda)$ 所在位置上的元素变为 $r(\lambda)\neq 0$，且次数比 $a_{11}(\lambda)$ 低. 将变换后矩阵的第 j 列与第 1 列对调，所得矩阵记为 $B(\lambda)$，则此矩阵满足要求.

(2) $A(\lambda)$ 的第 1 列中有一个元素 $a_{i1}(\lambda)$ 不能被 $a_{11}(\lambda)$ 整除，由对称性，结论成立(“行”与“列”比较，两者情况相同，故有关结果情况也相同，这种现象称为对称性).

(3) $A(\lambda)$ 的第 1 行与第 1 列元素皆能被 $a_{11}(\lambda)$ 整除，$A(\lambda)$ 中有一个元素 $a_{ij}(\lambda)$ 不能被 $a_{11}(\lambda)$ 整除，$i>1,j>1$.

对 $A(\lambda)$ 作初等变换. 由于 $a_{11}(\lambda)|a_{1j}(\lambda)$，故存在 $\varphi(\lambda)$ 使 $a_{1j}(\lambda)=\varphi(\lambda)a_{11}(\lambda)$，则

$$A(\lambda) = \begin{pmatrix} a_{11} & \cdots & a_{1j} & \cdots \\ \vdots & & \vdots & \\ a_{i1} & \cdots & a_{ij} & \cdots \\ \vdots & & \vdots & \end{pmatrix} \overset{(c_j-\varphi c_1)}{\cong} \begin{pmatrix} a_{11} & \cdots & 0 & \cdots \\ \vdots & & \vdots & \\ a_{i1} & \cdots & a_{ij}-\varphi a_{i1} & \cdots \\ \vdots & & \vdots & \end{pmatrix}$$

$$\overset{(c_1+c_j)}{\cong} \begin{pmatrix} a_{11} & \cdots & 0 & \cdots \\ \vdots & & \vdots & \\ a_{ij}+(1-\varphi)a_{i1} & \cdots & a_{ij}-\varphi a_{i1} & \cdots \\ \vdots & & \vdots & \end{pmatrix},$$

其中 c_j 表示矩阵的第 j 列，$(c_j-\varphi c_1)$ 表示矩阵第 j 列减去 φ 乘以第 1 列 (r_i 表示第 i 行).

$a_{ij}(\lambda)+(1-\varphi(\lambda))a_{i1}(\lambda)$ 有两项，一项 $a_{ij}(\lambda)$ 不能被 $a_{11}(\lambda)$ 整除，因为 $a_{i1}(\lambda)$ 能被 $a_{11}(\lambda)$ 整除，故另一项 $(1-\varphi(\lambda))a_{i1}(\lambda)$ 能被 $a_{11}(\lambda)$ 整除，因此两项之和不能被 $a_{11}(\lambda)$ 整除.

这样，最后矩阵的第 1 列就有一个元素不能被 $a_{11}(\lambda)$ 整除，成为 (2) 的情形.

以上过程，可称为“一个 λ 矩阵的第 1 行第 1 列元素不能整除所有元素时，经初等变换得到一个矩阵，其第 1 行第 1 列元素与原矩阵第 1 行第 1 列元素相比次数低”的过程. 继续同样的过程，因 $a_{11}(\lambda)$ 的次数有限，每套过程使第 1 行第 1 列元素次数严格降低，最后，到这一位置的元素次数不能经过以上过程降低时，便得到与 $A(\lambda)$ 等价的矩阵 $C(\lambda)=(c_{ij}(\lambda))_{m\times n}$，$c_{11}(\lambda)\neq 0$ 整除所有 $c_{ij}(\lambda), i=1,2,\cdots,m, n=1,2,\cdots,n$.

使 $b_{11}(\lambda), c_{11}(\lambda)$ 为首一多项式的要求是容易满足的，这只要将 $B(\lambda)$ 的第 1 行除以 $b_{11}(\lambda)$ 的首项系数，$C(\lambda)$ 的第 1 行除以 $c_{11}(\lambda)$ 的首项系数即可. 证毕.

注意 1：本定理证明中采用如下关键逻辑：

一个 λ 矩阵的第 1 行第 1 列元素不能整除所有元素时，必可经初等变换得到一个矩阵，其第 1 行第 1 列元素与原矩阵第 1 行第 1 列元素相比次数低.

这一命题的逆否命题是：

若经任何初等变换，都不能得到一个矩阵，使第 1 行第 1 列元素与原矩阵的第 1 行第 1 列元素相比次数低，则原矩阵的第 1 行第 1 列元素必可整除原矩阵的所有元素.

注意 2：当经过所述过程使第 1 行第 1 列元素次数降低到 0 次，则该元素必为 1(首一)，此时，第 1 行第 1 列元素次数不能再经过上述过程降低. 而 1 作为多项式，必可整除所有多项式，这一情况说明定理最后结果必可达到.

下列定理为 λ 矩阵理论中最重要的结果之一.

定理 3.2　设 $A(\lambda)=(a_{ij}(\lambda))_{m\times n}\neq 0$，$r=\mathrm{rank}A(\lambda)$，则 $A(\lambda)$ 等价于如下矩

阵：

$$C(\lambda) = \begin{pmatrix} d_1(\lambda) & & & & & & \\ & d_2(\lambda) & & & & & \\ & & \ddots & & & & \\ & & & d_r(\lambda) & & & \\ & & & & 0 & & \\ & & & & & \ddots & \\ & & & & & & 0 \end{pmatrix}, \tag{3.2}$$

其中 $d_i(\lambda)(i=1,2,\cdots,r)$ 为首一多项式且 $d_i(\lambda)|d_{i+1}(\lambda)(i=1,2,\cdots,r-1)$.

证明 若 $r=0$，则 $A(\lambda)$ 为 0 矩阵，可认为结论自然成立.

设 $r>0$，不妨设 $a_{11}\neq 0$，不然，则可通过交换行列，使得到的矩阵第 1 行第 1 列元素不恒为 0.

由定理 3.1，存在与 $A(\lambda)$ 等价的矩阵 $B(\lambda)$，其第 1 行第 1 列元素为首一多项式，它可以整除 $B(\lambda)$ 的所有元素，记此元素为 $d_1(\lambda)$.

注意 $d_1(\lambda)$ 整除 $B(\lambda)$ 第 1 行的所有元素，故分别用适当的多项式乘以 $B(\lambda)$ 第 1 列加到各列，可使第 1 行元素除 $d_1(\lambda)$ 全变为 0，对称地，可使第 1 列元素除 $d_1(\lambda)$ 外全变为 0，即得如下形式的矩阵：

$$\begin{pmatrix} d_1(\lambda) & 0 & \cdots & 0 \\ 0 & & & \\ \vdots & & A_1(\lambda) & \\ 0 & & & \end{pmatrix}. \tag{3.3}$$

这样得到的矩阵 $A_1(\lambda)$，其元素或为 $B(\lambda)$ 的元素，或为 $B(\lambda)$ 的元素的非 0 常数倍，最多为 $B(\lambda)$ 的元素乘以多项式的和，而 $B(\lambda)$ 的每个元素都能被 $d_1(\lambda)$ 整除，所以 $A_1(\lambda)$ 的每个元素都能被 $d_1(\lambda)$ 整除.

$A_1(\lambda)$ 代替 $A(\lambda)$ 进行如上过程，得到首一多项式 $d_2(\lambda)$ 和矩阵 $A_2(\lambda)$，使 $A(\lambda)$ 等价于

$$\begin{pmatrix} d_1(\lambda) & 0 & 0 & \cdots & 0 \\ 0 & d_2(\lambda) & 0 & \cdots & 0 \\ 0 & 0 & & & \\ \vdots & \vdots & & A_2(\lambda) & \\ 0 & 0 & & & \end{pmatrix}.$$

由于 $d_2(\lambda)$ 或为 $A_1(\lambda)$ 的元素，或为 $A_1(\lambda)$ 的元素的非 0 常数倍，最多为 $A_1(\lambda)$ 的元素乘以多项式的和，$A_1(\lambda)$ 的元素又以同样的方式来自 $B(\lambda)$，而 $B(\lambda)$ 的每个元素都能被 $d_1(\lambda)$ 整除，所以 $d_2(\lambda)$ 能被 $d_1(\lambda)$ 整除.

由于 $d_2(\lambda)$ 与 $d_1(\lambda)$ 类似，$A_2(\lambda)$ 与 $A_1(\lambda)$ 类似，所以 $d_2(\lambda)$ 整除 $A_2(\lambda)$ 的所有元素.

继续以上步骤，由于 $r = \text{rand}A(\lambda)$，最后得矩阵 (3.2). 证毕.

定义 3.2　若 $A(\lambda)$ 经初等变换化为矩阵 (3.2)，则后者称为 $A(\lambda)$ 的 Smith 标准形.

利用初等变换将一个 λ 矩阵化为 Smith 标准形没有特别有效的技巧，在变换过程中，尽量使矩阵的元素化为 0，权当一个有用的原则.

例 3.2　将下列矩阵化为 Smith 标准形：

$$\begin{pmatrix} \lambda & \lambda^2-\lambda & 0 & \lambda^2 \\ \lambda & \lambda^2 & \lambda^4 & \lambda \end{pmatrix}.$$

解
$$\begin{pmatrix} \lambda & \lambda^2-\lambda & 0 & \lambda^2 \\ \lambda & \lambda^2 & \lambda^4 & \lambda \end{pmatrix} \xrightarrow{r_1-r_2} \begin{pmatrix} 0 & -\lambda & -\lambda^4 & \lambda^2-\lambda \\ \lambda & \lambda^2 & \lambda^4 & \lambda \end{pmatrix}$$

$$\xrightarrow{c_2-\lambda c_1, c_3-\lambda^3 c_1, c_4-c_1} \begin{pmatrix} 0 & -\lambda & -\lambda^4 & \lambda^2-\lambda \\ \lambda & 0 & 0 & 0 \end{pmatrix}$$

$$\xrightarrow{c_3-\lambda^3 c_2, c_4+(\lambda-1)c_2} \begin{pmatrix} 0 & -\lambda & 0 & 0 \\ \lambda & 0 & 0 & 0 \end{pmatrix}$$

$$\xrightarrow{-r_1, c_1 \leftrightarrows c_2} \begin{pmatrix} \lambda & 0 & 0 & 0 \\ 0 & \lambda & 0 & 0 \end{pmatrix}.$$

注意：与以前一样，用字母 r 表示行，c 表示列，如 $c_3-\lambda^3c_2$ 表示第 3 列减去 λ^3 乘以第 2 列. 本题中，秩 $r=2$，$d_1(\lambda)=d_2(\lambda)=\lambda$.

3.1.2　不变因子、初等因子与行列式因子

1. 不变因子

为了便于叙述，对矩阵 (3.2)，从 $d_1(\lambda)$ 到 $d_r(\lambda)$ 再通向右下方画一条线，称其为该矩阵的主对角线，尽管当 $m \neq n$ 时这条线不是真正意义上矩形的对角线.

定义 3.3　若 $A(\lambda)$ 经初等变换化为 Smith 标准形 (3.2)，则称后者主对角线上的非 0 元素为 $A(\lambda)$ 的不变因子，其中 $d_k(\lambda)$ 称为 $A(\lambda)$ 的第 k 个不变因子，$k = 1, 2, \cdots, r$.

2. 初等因子

不变因子必为首一多项式，不恒为 0，但可能为常数 1. 若一个不变因子 $d_k(\lambda)$ 不为 1，为 λ 的 p 次多项式，$p \geqslant 1$，则由代数基本定理，在复数范围内 $d_k(\lambda)$ 必有 p 个

根，其中有重根. 又考虑到不变因子为首一多项式，故 $d_k(\lambda)$ 必可表为形如 $(\lambda-\lambda_0)^g$ 的因子的乘积，其中 λ_0 为 $d_k(\lambda)$ 的一个根，g 为其重数.

由于 $d_k(\lambda)|d_{k+1}(\lambda), k=1,2,\cdots,r-1$，故若 λ_0 为 $d_k(\lambda)$ 的一个根，则 λ_0 必为 $d_{k+1}(\lambda)$ 的根，重数 h 与 g 相等或比 g 大.

但是，若 λ_0 为 $d_{k+1}(\lambda)$ 的一个根，则 λ_0 不一定为 $d_k(\lambda)$ 的根.

考虑 $A(\lambda)$ 的所有不变因子的不同根，$d_r(\lambda)$ 根的个数最多，重数最高.

设 $d_r(\lambda)$ 有 s 个不同的根：$\lambda_1,\lambda_2,\cdots,\lambda_s$，则由前面的分析可得各个不变因子的分解：

$$\begin{aligned}
d_1(\lambda) &= (\lambda-\lambda_1)^{p_{11}}\cdots(\lambda-\lambda_l)^{p_{1l}}\cdots(\lambda-\lambda_s)^{p_{1s}},\\
&\cdots\cdots\\
d_k(\lambda) &= (\lambda-\lambda_1)^{p_{k1}}\cdots(\lambda-\lambda_l)^{p_{kl}}\cdots(\lambda-\lambda_s)^{p_{ks}},\\
&\cdots\cdots\\
d_r(\lambda) &= (\lambda-\lambda_1)^{p_{r1}}\cdots(\lambda-\lambda_l)^{p_{rl}}\cdots(\lambda-\lambda_s)^{p_{rs}}.
\end{aligned} \tag{3.4}$$

上式中的指数构成矩阵

$$\begin{pmatrix}
p_{11} & \cdots & p_{1l} & \cdots & p_{1s}\\
\vdots & & \vdots & & \vdots\\
p_{k1} & \cdots & p_{kl} & \cdots & p_{ks}\\
\vdots & & \vdots & & \vdots\\
p_{r1} & \cdots & p_{rl} & \cdots & p_{rs}
\end{pmatrix}, \tag{3.5}$$

其每一列构成递增非负整数列：

$$\begin{aligned}
&0\leqslant p_{11}\leqslant\cdots\leqslant p_{k1}\leqslant\cdots\leqslant p_{r1},\\
&\cdots\cdots\\
&0\leqslant p_{1l}\leqslant\cdots\leqslant p_{kl}\leqslant\cdots\leqslant p_{rl},\\
&\cdots\cdots\\
&0\leqslant p_{1s}\leqslant\cdots\leqslant p_{ks}\leqslant\cdots\leqslant p_{rs},\\
&0< p_{r1},\cdots,p_{rl},\cdots,p_{rs}.
\end{aligned} \tag{3.6}$$

特别注意：在矩阵 (3.5) 中，除了最后一行的元素大于 0 外，其余元素都可能是 0.

定义 3.4 在 (3.4) 的各行中去除指数为 0 的因子所得分解式，称为不变因子的初等因子分解式，所有这样的分解式中出现的形如 $(\lambda-\lambda_l)^{p_{kl}}$ 的因子，称为 $A(\lambda)$ 的初等因子.

注意：在 (3.4) 的各行中，若某指数为 0，如 $p_{11}=0$，则对应的因子成为 1，如 $(\lambda-\lambda_1)^0=1$，这种指数为 0 的因子 (即数字 1) 不称为初等因子.

3. 行列式因子

定义 3.5　λ 矩阵 $A(\lambda)$ 所有 k 阶子式的首一最高公因式，称为 $A(\lambda)$ 的 k 阶行列式因子，记为 $D_k(\lambda)$. 规定 $D_0(\lambda)=1, D_k(\lambda)=0(k>r)$, 其中 $r=\text{rank}A(\lambda)$.

在计算行列式因子时，注意一些简单技巧.

矩阵的一阶子式即矩阵的元素，行列式因子为首一多项式. 故一个 λ 矩阵的元素中有非 0 常数，则其一阶行列式因子必为 1；若二阶子式中有一个为非 0 常数，则其二阶行列式因子必为 1，等等；当 $s>r$ 时，$D_s(\lambda)\equiv 0$，尽管当 $s>\min\{m,n\}$ 时，$D_s(\lambda)$ 没有实际意义，仍可认为其值恒为 0.

例 3.3　设

$$A(\lambda)=\begin{pmatrix} \lambda^2-2\lambda & \lambda & \lambda^2 & 0 \\ 0 & \lambda & 1 & 2 \end{pmatrix}.$$

求 $A(\lambda)$ 的各阶行列式因子.

解　由于 $A(\lambda)$ 的元素中有非 0 常数，故 $D_1(\lambda)=1$. 以下计算 $A(\lambda)$ 的二阶子式：

$$\begin{vmatrix} \lambda^2-2\lambda & \lambda \\ 0 & \lambda \end{vmatrix}=\lambda^2(\lambda-2),\quad \begin{vmatrix} \lambda^2-2\lambda & \lambda^2 \\ 0 & 1 \end{vmatrix}=\lambda(\lambda-2),$$

$$\begin{vmatrix} \lambda^2-2\lambda & 0 \\ 0 & 2 \end{vmatrix}=2\lambda(\lambda-2),\quad \begin{vmatrix} \lambda & \lambda^2 \\ \lambda & 1 \end{vmatrix}=\lambda(1-\lambda^2),$$

$$\begin{vmatrix} \lambda & 0 \\ \lambda & 2 \end{vmatrix}=2\lambda,\quad \begin{vmatrix} \lambda^2 & 0 \\ 1 & 2 \end{vmatrix}=2\lambda^2,$$

这些多项式的首一最高公因式为 λ，即 $D_2(\lambda)=\lambda$, $D_s(\lambda)=0(s>2)$.

下列定理也是十分重要的.

定理 3.3　等价的 λ 矩阵有相同的 k 阶行列式因子，$k\geqslant 0$.

在证明本定理之前，先明确序号与标号的概念.

在日常生活中，常对事物进行排序和编号，排序过程中产生的号码称为序号，而编号时产生的号码可称为标号. 序号的主要作用是维护顺序，而标号的主要作用是便于区别，标号视同名字. 虽然标号最初可能来自序号，但标号一经确定，便相对长久地附着在物体上，物体移动位置也不改变.

对于矩阵，我们首先关注序号，第 1 行，第 2 行，等等，但矩阵的第一种初等变换，必将两行或两列交换位置，要描述换位过程，如果仅讲序号，则会导致混乱，但若将序号变为标号，将原来的第 1 行称为“1 行”，第 2 行称为“2 行”，则这些行即使被换到别的行，也可辨认出来.

证明 只需证明 λ 矩阵 $A(\lambda)=(a_{ij}(\lambda))_{m\times n}$ 经过一次行的初等变换变为 $B(\lambda)$，则 $A(\lambda)$，$B(\lambda)$ 有相同的 k 阶行列式因子 ($0<k\leqslant r=\mathrm{rank}A(\lambda)$) 即可.

(1) 设 $A(\lambda)$ 经过一次行的第一种初等变换，将 i 行与 j 行 (去掉第字) 交换位置，变为 $B(\lambda)$，不妨设 $i<j$.

任取 $B(\lambda)$ 的一个 k 阶子式 B_k，注意行列式的值为数或 λ 的多项式，所以可同时用 B_k 表示该值.

若 B_k 不包含 $B(\lambda)$ 的第 i 行与第 j 行 (保留第字)，则 B_k 也是 $A(\lambda)$ 的一个 k 阶子式.

若 B_k 包含 $B(\lambda)$ 的第 i 行而不包含第 j 行，注意 $B(\lambda)$ 的第 i 行原为 $A(\lambda)$ 的第 j 行，按标号，此行称为 j 行，B_k 行的标号不再像 $A(\lambda)$ 的 k 阶子式一样上行标号小而下行标号大. 经过若干次交换 B_k 行的位置的变换，可使得到的行列式行的标号小数字在先，大数字在后，成为 $A(\lambda)$ 的一个 k 阶子式 A_k，而每一次交换行列式的两行，得到的行列式为原行列式的 -1 倍，故 A_k(同时表示其值) 为 B_k 的若干个 -1 倍，因而或为 B_k，或为 $-B_k$，故 B_k 与 A_k 有相同的首一公因式. 同理，若 B_k 包含 $B(\lambda)$ 的第 j 行而不包含第 i 行，B_k 与 $A(\lambda)$ 的一个 k 阶子式 A_k 有相同的首一公因式.

若 B_k 同时包含 $B(\lambda)$ 的第 i 行和第 j 行，则将 B_k 的这两行对调，所得行列式是 $A(\lambda)$ 的一个 k 阶子式，值为 $-B_k$，而 B_k 与 $-B_k$ 有相同的首一公因式.

总之，此时 $A(\lambda)$，$B(\lambda)$ 有相同的 k 阶行列式因子.

(2) 设 $A(\lambda)$ 经过一次行的第二种初等变换变为 $B(\lambda)$，则 $B(\lambda)$ 的任一 k 阶子式或者为 $A(\lambda)$ 的一个 k 阶子式，或者为 $A(\lambda)$ 的一个 k 阶子式的 c 倍，无论哪种情况，行列式因子相同.

(3) 设 $A(\lambda)$ 经过一次行的第三种初等变换变为 $B(\lambda)$.

任取 $B(\lambda)$ 的一个 k 阶子式 B_k.

若 B_k 不包含 $B(\lambda)$ 的第 i 行，则 B_k 也是 $A(\lambda)$ 的一个 k 阶子式;

若 B_k 包含 $B(\lambda)$ 的第 i 行，则 B_k 有如下形式:

$$B_k=\begin{vmatrix} \vdots & \vdots & & \vdots \\ a_{ij_1}+\varphi(\lambda)a_{jj_1} & a_{ij_2}+\varphi(\lambda)a_{jj_2} & \cdots & a_{ij_k}+\varphi(\lambda)a_{jj_k} \\ \vdots & \vdots & & \vdots \\ a_{jj_1} & a_{jj_2} & \cdots & a_{jj_k} \\ \vdots & \vdots & & \vdots \end{vmatrix}$$

$$
=\begin{vmatrix} \vdots & \vdots & & \vdots \\ a_{ij_1} & a_{ij_2} & \cdots & a_{ij_k} \\ \vdots & \vdots & & \vdots \\ a_{jj_1} & a_{jj_2} & \cdots & a_{jj_k} \\ \vdots & \vdots & & \vdots \end{vmatrix} + \varphi(\lambda) \begin{vmatrix} \vdots & \vdots & & \vdots \\ a_{jj_1} & a_{jj_2} & \cdots & a_{jj_k} \\ \vdots & \vdots & & \vdots \\ a_{jj_1} & a_{jj_2} & \cdots & a_{jj_k} \\ \vdots & \vdots & & \vdots \end{vmatrix}
$$

$$
=\begin{vmatrix} \vdots & \vdots & & \vdots \\ a_{ij_1} & a_{ij_2} & \cdots & a_{ij_k} \\ \vdots & \vdots & & \vdots \\ a_{jj_1} & a_{jj_2} & \cdots & a_{jj_k} \\ \vdots & \vdots & & \vdots \end{vmatrix}
$$

也是 $A(\lambda)$ 的一个 k 阶子式.

总之，此时 $A(\lambda)$，$B(\lambda)$ 有相同的 k 阶行列式因子. 证毕.

由此定理可以得到如下定理.

定理 3.4　设 λ 矩阵 $A(\lambda)$ 的秩为 r，$d_1(\lambda), d_2(\lambda), \cdots, d_r(\lambda)$ 为 $A(\lambda)$ 的不变因子，$D_1(\lambda), D_2(\lambda), \cdots, D_r(\lambda)$ 为 $A(\lambda)$ 的行列式因子，则

$$
d_k(\lambda) = \frac{D_k(\lambda)}{D_{k-1}(\lambda)}, \quad k = 1, 2, \cdots, r, \tag{3.7}
$$

$$
\begin{aligned}
&D_1(\lambda) = d_1(\lambda),\\
&D_2(\lambda) = d_1(\lambda)d_2(\lambda),\\
&\cdots\cdots\\
&D_r(\lambda) = d_1(\lambda)d_2(\lambda)\cdots d_r(\lambda),
\end{aligned} \tag{3.8}
$$

进而有：等价的 λ 矩阵有相同的行列式因子、不变因子、初等因子和 Smith 标准形.

证明　$A(\lambda)$ 与其 Smith 标准形 (3.2) 等价，由定理 3.3，两者有相同的行列式因子，故 $D_1(\lambda), D_2(\lambda), \cdots, D_r(\lambda)$ 也为式 (3.2) 的行列式因子.

由于 $d_1(\lambda)$ 为 $d_k(\lambda)(k = 2, 3, \cdots, r)$ 的因子，故 Smith 标准形 (3.2) 的 1 阶行列式因子为 $d_1(\lambda)$，即 $D_1(\lambda) = d_1(\lambda)$，注意到 $D_0 = 1$，即有

$$
d_1(\lambda) = \frac{D_1(\lambda)}{D_0(\lambda)}.
$$

矩阵 (3.2) 不为 0 的 2 阶子式为

$$
\begin{vmatrix} d_k(\lambda) & 0 \\ 0 & d_j(\lambda) \end{vmatrix} = d_k(\lambda)d_j(\lambda), \quad 1 \leqslant k < j \leqslant r, \tag{3.9}
$$

皆为首一多项式.

由于 $d_1(\lambda)|d_k(\lambda), k=2,3,\cdots,r$，$d_2(\lambda)|d_k(\lambda)$, $k=3,4,\cdots,r$, 故

$$d_1(\lambda)d_2(\lambda)|d_k(\lambda)d_j(\lambda),\quad 1\leqslant k<j\leqslant r,\quad k+j\geqslant 3,$$

由此知 $d_1(\lambda)d_2(\lambda)$ 整除所有式 (3.9) 中的 2 阶子式，因此 $D_2(\lambda)=d_1(\lambda)d_2(\lambda)$, 即

$$d_2(\lambda)=\frac{D_2(\lambda)}{d_1(\lambda)}=\frac{D_2(\lambda)}{D_1(\lambda)}.$$

用同样的方法考虑 Smith 标准形 (3.2) 的 3 阶子式、4 阶子式等，即得

$$D_3(\lambda)=d_1(\lambda)d_2(\lambda)d_3(\lambda),\cdots,D_r(\lambda)=d_1(\lambda)d_2(\lambda)\cdots d_r(\lambda),$$

由此即得

$$d_k(\lambda)=\frac{D_k(\lambda)}{D_{k-1}(\lambda)},\quad k=3,4,\cdots,r.$$

等价的 λ 矩阵有相同的行列式因子、不变因子、初等因子和 Smith 标准形，可从以上结果直接推出. 证毕.

4. **已知 Smith 标准形、不变因子、初等因子与行列式因子之一，求其余的方法**

(1) 已知 Smith 标准形求不变因子、初等因子与行列式因子.

若已知 $A(\lambda)$ 的 Smith 标准形 (3.2)，则其主对角线上的元素

$$d_1(\lambda),d_2(\lambda),\cdots,d_r(\lambda)$$

为 $A(\lambda)$ 的不变因子.

不变因子按 (3.4) 的方式进行分解，去掉其中次数为 0 的因子，即得 $A(\lambda)$ 的所有初等因子.

由 (3.8) 可得 $A(\lambda)$ 的所有行列式因子.

(2) 已知不变因子求 Smith 标准形.

已知不变因子，还不能立即得到 Smith 标准形，如果在已知不变因子的基础上知道 $A(\lambda)$ 的阶数，即可写出 Smith 标准形.

例 3.4 设 $A(\lambda)$ 为 5×6 矩阵，并已知 $A(\lambda)$ 的所有不变因子集合为 $\{1,1,(\lambda-7)^2(\lambda-1)^4,(\lambda-7)^2(\lambda-1)^5(\lambda-2)\}$，写出 $A(\lambda)$ 的 Smith 标准形、初等因子与行列式因子.

解 由于 $A(\lambda)$ 的不变因子为 4 个，根据所给不变因子所含各因子的次数，应有

$$\begin{aligned}&d_1(\lambda)=1,\\&d_2(\lambda)=1,\\&d_3(\lambda)=(\lambda-7)^2(\lambda-1)^4,\\&d_4(\lambda)=(\lambda-7)^2(\lambda-1)^5(\lambda-2).\end{aligned}$$

$A(\lambda)$ 的 Smith 标准形为

$$\begin{pmatrix} 1 & 0 & 0 & 0 & 0 & 0 \\ 0 & 1 & 0 & 0 & 0 & 0 \\ 0 & 0 & (\lambda-7)^2(\lambda-1)^4 & 0 & 0 & 0 \\ 0 & 0 & 0 & (\lambda-7)^2(\lambda-1)^5(\lambda-2) & 0 & 0 \\ 0 & 0 & 0 & 0 & 0 & 0 \end{pmatrix}.$$

$A(\lambda)$ 的初等因子为

$$(\lambda-7)^2, (\lambda-1)^4, (\lambda-7)^2, (\lambda-1)^5, (\lambda-2).$$

注意其中有两个 $(\lambda-7)^2$，不可仅列出一个.

$A(\lambda)$ 的行列式因子为

$$\begin{aligned} &D_1(\lambda)=1,\\ &D_2(\lambda)=1,\\ &D_3(\lambda)=(\lambda-7)^2(\lambda-1)^4,\\ &D_4(\lambda)=(\lambda-7)^4(\lambda-1)^9(\lambda-2). \end{aligned}$$

(3) 已知初等因子求不变因子.

已知初等因子求不变因子，需要知道 $A(\lambda)$ 的秩.

例 3.5　设 $A(\lambda)$ 为 6×7 矩阵，秩为 5，并已知 $A(\lambda)$ 的所有初等因子为

$$\begin{aligned} &(\lambda-3)^2, (\lambda-1)^4, (\lambda-3)^2, (\lambda-3)^5, (\lambda-2+3\mathrm{i})^4,\\ &(\lambda-2-3\mathrm{i})^4, (\lambda-3)^2, (\lambda-1)^4, (\lambda-1)^5, (\lambda-2). \end{aligned}$$

写出 $A(\lambda)$ 的不变因子、Smith 标准形与行列式因子.

解　由于 $r=5$，故 $A(\lambda)$ 有 5 个不变因子，我们从构造 $d_5(\lambda)$ 开始，构造各个不变因子.

为了便于叙述，将 $(\lambda-3)^2, (\lambda-3)^2, (\lambda-3)^5, (\lambda-3)^2$ 称为同类因子，$(\lambda-1)^4, (\lambda-1)^4, (\lambda-1)^5$ 称为同类因子.

构造 $d_5(\lambda)$，需在每种同类初等因子中取次数最高者，取出后相乘即得 $d_5(\lambda)$：

$$d_5(\lambda)=(\lambda-3)^5(\lambda-1)^5(\lambda-2+3\mathrm{i})^4(\lambda-2-3\mathrm{i})^4(\lambda-2).$$

除去取出的因子，所剩因子还有

$$(\lambda-3)^2, (\lambda-1)^4, (\lambda-3)^2, (\lambda-3)^2, (\lambda-1)^4.$$

构造 $d_4(\lambda)$，仍需在所剩每种同类初等因子中取次数最高者，取出后相乘即得 $d_4(\lambda)$：

$$d_4(\lambda)=(\lambda-3)^2(\lambda-1)^4.$$

同理得

$$d_3(\lambda)=(\lambda-3)^2(\lambda-1)^4,$$
$$d_2(\lambda)=(\lambda-3)^2.$$

所有的初等因子都已取完，故 $d_1(\lambda)=1$.

Smith 标准形与行列式因子是明显的.

(4) 通过求行列式因子求不变因子.

一般认为，只要通过初等变换得到 λ 矩阵的 Smith 标准形，就得到了不变因子，但是，这样做没有确定的规则可以遵循，有时很快就能达到目的，有时却要许多步骤、很长时间才可得出结果，甚至得不出结果. 此外，若要用计算机通过初等变换得到 Smith 标准形，则会因计算机完全不懂技巧而遇到很大的困难.

行列式的计算有死板的规则，无论是人还是机器总可以计算出行列式的值，首一最高公因式的获得相对来说也不需要技巧，行列式因子的获得比 Smith 标准形得到的难度要小一些，因而常通过求行列式因子来求不变因子.

例 3.6 求矩阵

$$A(\lambda)=\begin{pmatrix}\lambda-a & b_1 & & & \\ & \lambda-a & b_2 & & \\ & & \ddots & \ddots & \\ & & & \lambda-a & b_{n-1} \\ & & & & \lambda-a\end{pmatrix} \tag{3.10}$$

的行列式因子、不变因子、初等因子和 Smith 标准形，其中 $b_1,b_2,\cdots,b_{n-1}$ 为非 0 常数.

解 因为 $|A(\lambda)|=(\lambda-a)^n$，不恒为 0，即 $D_n(\lambda)=(\lambda-a)^n\neq 0$，故 $A(\lambda)$ 的秩为 n.

去掉 $A(\lambda)$ 的第 1 列和最后一行，所得矩阵的行列式

$$\begin{vmatrix} b_1 & & & \\ \lambda-a & b_2 & & \\ & \ddots & \ddots & \\ & & \lambda-a & b_{n-1}\end{vmatrix}=b_1b_2\cdots b_{n-1}$$

为非 0 常数，故 $D_{n-1}=1$，而 $D_1,D_2,\cdots,D_{n-2}$ 为 D_{n-1} 的因子，所以 $D_1=D_2=\cdots=D_{n-2}=1$. 故有 $d_1=d_2=\cdots=d_{n-1}=1,d_n=(\lambda-a)^n$. $A(\lambda)$ 的初等因子为

$(\lambda-a)^n$. Smith 标准形为

$$\begin{pmatrix} 1 & & & & \\ & 1 & & & \\ & & \ddots & & \\ & & & 1 & \\ & & & & (\lambda-a)^n \end{pmatrix}.$$

例 3.7　下列矩阵为控制论中常出现的友矩阵：

$$A=\begin{pmatrix} 0 & 1 & 0 & \cdots & 0 \\ 0 & 0 & 1 & \cdots & 0 \\ \vdots & \vdots & \vdots & & \vdots \\ 0 & 0 & 0 & \cdots & 1 \\ -a_n & -a_{n-1} & -a_{n-2} & \cdots & -a_1 \end{pmatrix}. \tag{3.11}$$

求其特征矩阵的行列式因子、不变因子和 Smith 标准形.

解　A 的特征矩阵为

$$A(\lambda)=\lambda I-A=\begin{pmatrix} \lambda & -1 & 0 & \cdots & 0 & 0 \\ 0 & \lambda & -1 & \cdots & 0 & 0 \\ \vdots & \vdots & \vdots & & \vdots & \vdots \\ 0 & 0 & 0 & \cdots & \lambda & -1 \\ a_n & a_{n-1} & a_{n-2} & \cdots & a_2 & \lambda+a_1 \end{pmatrix}. \tag{3.12}$$

为了计算行列式 $|A(\lambda)|$，将其第 $2,3,\cdots,n$ 列分别乘以 $\lambda,\lambda^2,\cdots,\lambda^{n-1}$ 加到第 1 列，该行列式的值不变，即

$$\begin{aligned} |A(\lambda)|&=\begin{vmatrix} \lambda & -1 & 0 & \cdots & 0 & 0 \\ 0 & \lambda & -1 & \cdots & 0 & 0 \\ \vdots & \vdots & \vdots & & \vdots & \vdots \\ 0 & 0 & 0 & \cdots & \lambda & -1 \\ a_n & a_{n-1} & a_{n-2} & \cdots & a_2 & \lambda+a_1 \end{vmatrix} \\ &=\begin{vmatrix} 0 & -1 & 0 & \cdots & 0 & 0 \\ 0 & \lambda & -1 & \cdots & 0 & 0 \\ \vdots & \vdots & \vdots & & \vdots & \vdots \\ 0 & 0 & 0 & \cdots & \lambda & -1 \\ f(\lambda) & a_{n-1} & a_{n-2} & \cdots & a_2 & \lambda+a_1 \end{vmatrix}, \end{aligned} \tag{3.13}$$

其中

$$f(\lambda)=\lambda^n+a_1\lambda^{n-1}+\cdots+a_{n-1}\lambda+a_n.$$

再将以上行列式按第 1 列展开，该列最后一个元素 $f(\lambda)$ 的余子式为

$$\begin{vmatrix} -1 & 0 & \cdots & 0 & 0 \\ \lambda & -1 & \cdots & 0 & 0 \\ \vdots & \vdots & & \vdots & \vdots \\ 0 & 0 & \cdots & \lambda & -1 \end{vmatrix}=(-1)^{n-1}, \tag{3.14}$$

而代数余子式为 $(-1)^{n+1}(-1)^{n-1}=1$，故

$$|A(\lambda)|=0\cdot(\cdots)+0\cdot(\cdots)+\cdots+0\cdot(\cdots)+f(\lambda)\cdot 1=f(\lambda),$$

其中 $(\cdots)$ 是不必计算出结果的 (3.13) 最后行列式第 1 列元素 0 的代数余子式.

由于 $f(\lambda)$ 为首一多项式，故 $|A(\lambda)|=f(\lambda)$, 即为 $A(\lambda)$ 的行列式因子 $D_n(\lambda)$.

(3.14) 实为与 $A(\lambda)$ 等价的矩阵

$$B(\lambda)=\begin{pmatrix} 0 & -1 & 0 & \cdots & 0 & 0 \\ 0 & \lambda & -1 & \cdots & 0 & 0 \\ \vdots & \vdots & \vdots & & \vdots & \vdots \\ 0 & 0 & 0 & \cdots & \lambda & -1 \\ f(\lambda) & a_{n-1} & a_{n-2} & \cdots & a_2 & \lambda+a_1 \end{pmatrix}$$

的一个 $n-1$ 阶子式，值为非 0 常数 $(-1)^{n-1}$，故 $B(\lambda)$ 的 $n-1$ 阶行列式因子为 1. 由于等价的矩阵有相同的行列式因子，故 $A(\lambda)$ 的 $n-1$ 阶子式也为 1，从而其 k 阶行列式因子 $D_k(\lambda)=1, k=0,1,\cdots,n-1$.

由上知 $d_1(\lambda)=d_2(\lambda)=\cdots=d_{n-1}(\lambda)=1, d_n=f(\lambda)$.

$A(\lambda)$ 的 Smith 标准形为

$$C(\lambda)=\begin{pmatrix} 1 & 0 & \cdots & 0 & 0 \\ 0 & 1 & \cdots & 0 & 0 \\ \vdots & \vdots & & \vdots & \vdots \\ 0 & 0 & \cdots & 1 & 0 \\ 0 & 0 & \cdots & 0 & f(\lambda) \end{pmatrix}. \tag{3.15}$$

注意：求 $A(\lambda)$ 的初等因子，需对 $d_n=f(\lambda)$ 进行分解，这对一般的 f，实际上是做不到的，因为 5 次以上代数方程没有公式解.

5. 分块 λ 矩阵的初等因子

要通过求 λ 矩阵的行列式因子来求不变因子，需要求行列式 (为多项式) 的公因式，为此，首先要计算行列式的值，进而对其进行分解. 但是，无论求行列式的值还是进行分解，都随行列式阶数的增加而成倍增加困难. 若可将 λ 矩阵通过初等变换化为分块对角阵，再能证明每块的初等因子合起来便得到原矩阵的初等因子全体，则因每块的阶数比原矩阵低，必可大大简化计算.

这样做的关键是证明“分块对角阵每块的初等因子合起来便得到原矩阵的初等因子全体”. 以下定理即给出所期望的结果.

定理 3.5　设 λ 矩阵 $A(\lambda)$ 的秩为 r，通过初等变换，可将 $A(\lambda)$ 化为分块对角阵

$$A(\lambda) \cong \begin{pmatrix} B(\lambda) & \\ & C(\lambda) \end{pmatrix}, \tag{3.16}$$

则 $B(\lambda), C(\lambda)$ 的全体初等因子便是 $A(\lambda)$ 的全体初等因子.

证明　初等因子必为 $(\lambda-\lambda_0)^q$ 的形式，其中 λ_0 为不变因子的根，q 为根的重数.

将 $B(\lambda), C(\lambda)$ 所有不变因子的根编号，假定共有 s 个，记为 $\lambda_1, \lambda_2, \cdots, \lambda_s$，其中有的根既是 $B(\lambda)$ 的不变因子的根，也是 $C(\lambda)$ 的不变因子的根，而有的根只是 $B(\lambda), C(\lambda)$ 其中一个不变因子的根，而不是另一个的不变因子的根.

如此，$B(\lambda), C(\lambda)$ 的任何不变因子都可表为

$$(\lambda-\lambda_1)^{q_1}(\lambda-\lambda_2)^{q_2}\cdots(\lambda-\lambda_s)^{q_s}$$

的形式，其中，对某个不变因子，若 λ_i 不是其根，则对应的 q_i 取 0 即可.

$B(\lambda), C(\lambda)$ 的全体初等因子，必可组合为 $B(\lambda)$ 与 $C(\lambda)$ 的全部不变因子. 设这些不变因子分别为

$$d_{1b}(\lambda), d_{2b}(\lambda), \cdots, d_{r_b b}(\lambda); d_{1c}(\lambda), d_{2c}(\lambda), \cdots, d_{r_c c}(\lambda),$$

其中 r_b, r_c 分别为 $B(\lambda)$，$C(\lambda)$ 的秩，两者相加为 $A(\lambda)$ 的秩 r，即 $r_b + r_c = r$.

于是 $B(\lambda), C(\lambda)$ 的 Smith 标准形分别为

$$S_b(\lambda) = \begin{pmatrix} d_{1b}(\lambda) & & & & & & \\ & d_{2b}(\lambda) & & & & & \\ & & \ddots & & & & \\ & & & d_{r_b b}(\lambda) & & & \\ & & & & 0 & & \\ & & & & & \ddots & \\ & & & & & & 0 \end{pmatrix}, \tag{3.17}$$

$$S_c(\lambda)=\begin{pmatrix} d_{1c}(\lambda) & & & & & & \\ & d_{2c}(\lambda) & & & & & \\ & & \ddots & & & & \\ & & & d_{r_c c}(\lambda) & & & \\ & & & & 0 & & \\ & & & & & \ddots & \\ & & & & & & 0 \end{pmatrix}, \tag{3.18}$$

将不变因子 $d_{1b}(\lambda),d_{2b}(\lambda),\cdots,d_{r_b b}(\lambda);d_{1c}(\lambda),d_{2c}(\lambda),\cdots,d_{r_c c}(\lambda)$，按照 $(\lambda-\lambda_1)$ 的次数从小到大的顺序重新排列，设为

$$\begin{aligned}&(\lambda-\lambda_1)^{p_1}\varphi_1(\lambda),(\lambda-\lambda_1)^{p_2}\varphi_2(\lambda),\cdots,(\lambda-\lambda_1)^{p_r}\varphi_r(\lambda),\\&0\leqslant p_1\leqslant p_2\leqslant\cdots\leqslant p_r,\end{aligned} \tag{3.19}$$

其中 $\varphi_i(\lambda)$ 中没有 $(\lambda-\lambda_1)$ 的正整数次因子，$i=1,2,\cdots,r$.

需要注意：出现在 (3.19) 中 $(\lambda-\lambda_1)$ 的正整数次因子，是 $B(\lambda),C(\lambda)$ 的全体初等因子中关于 $(\lambda-\lambda_1)$ 的所有因子.

故

$$\begin{aligned}A(\lambda)&\cong\begin{pmatrix} B(\lambda) & \\ & C(\lambda)\end{pmatrix}\cong\begin{pmatrix} S_b(\lambda) & \\ & S_c(\lambda)\end{pmatrix}\cong S(\lambda)\\&=\begin{pmatrix}(\lambda-\lambda_1)^{p_1}\varphi_1(\lambda) & & & & & & \\ & (\lambda-\lambda_1)^{p_2}\varphi_2(\lambda) & & & & & \\ & & \ddots & & & & \\ & & & (\lambda-\lambda_1)^{p_r}\varphi_r(\lambda) & & & \\ & & & & 0 & & \\ & & & & & \ddots & \\ & & & & & & 0\end{pmatrix}.\end{aligned} \tag{3.20}$$

由于等价的矩阵有相同的行列式因子与相同的不变因子，故上式最后矩阵的行列式因子 (不变因子)，即为 $A(\lambda)$ 的行列式因子 (不变因子).

设 (3.20) 中矩阵 $S(\lambda)$ 的行列式因子为

$$D_1(\lambda),D_2(\lambda),\cdots,D_r(\lambda),$$

不变因子为

$$d_1(\lambda),d_2(\lambda),\cdots,d_r(\lambda).$$

当然，它们也分别是 $A(\lambda)$ 的行列式因子与不变因子.

虽然 $S(\lambda)$ 是 $B(\lambda)$ 与 $C(\lambda)$ 的 Smith 标准形的分块对角阵

$$\begin{pmatrix} S_b(\lambda) & \\ & S_c(\lambda) \end{pmatrix} \tag{3.21}$$

的行、列重新排列后的结果，但没有理由认为 $S(\lambda)$ 是 $A(\lambda)$ 的 Smith 标准形.

现考察 $(\lambda-\lambda_1)$ 与 $D_k(\lambda), d_k(\lambda)$ 的关系，$k=1,2,\cdots,r$.

对 $S(\lambda)$，虽然不能认为 $D_1(\lambda)=(\lambda-\lambda_1)^{p_1}\varphi_1(\lambda)$，这是因为与 $S(\lambda)$ 的其他元素相比，$(\lambda-\lambda_1)^{p_1}\varphi_1(\lambda)$ 中 $(\lambda-\lambda_1)$ 的次数最低，却不能保证其中 $(\lambda-\lambda_2)$ 的次数也最低，但能保证在 $D_1(\lambda)$ 中，$(\lambda-\lambda_1)$ 的次数为 p_1.

$S(\lambda)$ 的 2 阶子式中，使 $(\lambda-\lambda_1)$ 次数最低的是

$$\begin{vmatrix} (\lambda-\lambda_1)^{p_1}\varphi_1(\lambda) & \\ & (\lambda-\lambda_1)^{p_2}\varphi_2(\lambda) \end{vmatrix} = (\lambda-\lambda_1)^{p_1+p_2}\varphi_1(\lambda)\varphi_2(\lambda).$$

故在 $D_2(\lambda)$ 中，$(\lambda-\lambda_1)$ 的次数为 p_1+p_2. 以此类推，在 $D_k(\lambda)$ 中，$(\lambda-\lambda_1)$ 的次数为 $p_1+p_2+\cdots+p_k$.

由于 $d_1(\lambda)=D_1(\lambda)$，故 $d_1(\lambda)$ 中 $(\lambda-\lambda_1)$ 的次数为 p_1；由于 $d_2(\lambda)=\dfrac{D_2(\lambda)}{D_1(\lambda)}$，故 $d_2(\lambda)$ 中 $(\lambda-\lambda_1)$ 的次数为 $p_1+p_2-p_1=p_2$；以此类推，$d_k(\lambda)$ 中 $(\lambda-\lambda_1)$ 的次数为 $p_1+p_2+\cdots+p_k-(p_1+p_2+\cdots+p_{k-1})=p_k$.

由于 $(\lambda-\lambda_1)^{p_1},(\lambda-\lambda_1)^{p_2},\cdots,(\lambda-\lambda_1)^{p_r}$ 中 $(\lambda-\lambda_1)$ 的正整数次因子是 $B(\lambda),C(\lambda)$ 的全体初等因子中关于 $(\lambda-\lambda_1)$ 的所有因子. 由上面的讨论知，这些因子都是 $A(\lambda)$ 的初等因子.

对 $(\lambda-\lambda_k)$ 进行同样的讨论，知 $B(\lambda),C(\lambda)$ 的初等因子都是 $A(\lambda)$ 的初等因子.

由于等价的 λ 矩阵有相同的各阶行列式因子，当然，有相同的 $D_r(\lambda)$，故由 (3.20) 知

$$A(\lambda),\quad \begin{pmatrix} S_b(\lambda) & \\ & S_c(\lambda) \end{pmatrix},\quad S(\lambda)$$

有相同的 $D_r(\lambda)$. 注意到 $r_b+r_c=r$，矩阵 (3.21) 的唯一 r 阶非 0 子式为

$$d_{1b}(\lambda)d_{2b}(\lambda)\cdots d_{r_b b}(\lambda)d_{1c}(\lambda)d_{2c}(\lambda)\cdots d_{r_c c}(\lambda), \tag{3.22}$$

由于上式中的每个因子皆为首一多项式，故上式即矩阵 (3.21) 的 r 阶行列式因子，即为 $D_r(\lambda)$.

由上面知 $B(\lambda),C(\lambda)$ 的初等因子全部出现在式 (3.22) 中，且皆为 $A(\lambda)$ 的初等因子，再注意到任何 λ 矩阵的 $r(r$ 为其秩) 阶行列式因子 $D_r(\lambda)$，为该矩阵所有初等因

子的乘积，如此，式 (3.22) 中出现的初等因子为 $A(\lambda)$ 的全部初等因子，此外再没有别的因子，所以 $B(\lambda), C(\lambda)$ 的全体初等因子便是 $A(\lambda)$ 的全体初等因子. 证毕.

注意 1：本定理结论看似简单明确，但仔细考察，就会发现奇妙之处. 在有这个定理之前，可能有如下疑问：是否会出现 $A(\lambda)$ 的初等因子为

$$(\lambda-1)^2, (\lambda-1)^2, (\lambda-2)^3, (\lambda-3)^2,$$

而 $B(\lambda)$ 的初等因子为

$$(\lambda-1), (\lambda-1)^2, (\lambda-2)^2, (\lambda-3),$$

$C(\lambda)$ 的初等因子为

$$(\lambda-1), (\lambda-2), (\lambda-3)$$

这样的情况？

本定理表明，这样的情况不会发生，$A(\lambda)$ 的初等因子为

$$(\lambda-1)^2, (\lambda-1)^2, (\lambda-2)^3, (\lambda-3)^2,$$

$B(\lambda)$ 的初等因子为

$$(\lambda-1)^2, (\lambda-2)^3,$$

$C(\lambda)$ 的初等因子为

$$(\lambda-1)^2, (\lambda-3)^2$$

才是可能的.

注意 2：在求 $A(\lambda)$ 的行列式因子、不变因子、初等因子和 Smith 标准形时，利用本定理可能简化计算.

本定理可以推广如下.

推论 3.1 设 λ 矩阵 $A(\lambda)$ 通过初等变换可化为分块对角阵

$$A(\lambda) \cong \begin{pmatrix} B_1(\lambda) & & & & \\ & B_2(\lambda) & & & \\ & & \ddots & & \\ & & & B_t(\lambda) & \\ & & & & 0 \end{pmatrix}, \tag{3.23}$$

则 $B_1(\lambda), B_2(\lambda), \cdots, B_t(\lambda)$ 的全体初等因子便是 $A(\lambda)$ 的全体初等因子.

例 3.8 求矩阵

$$A(\lambda) = \begin{pmatrix} 3\lambda+5 & (\lambda+2)^2 & 4\lambda+5 & (\lambda-1)^2 \\ \lambda+7 & (\lambda+2)^2 & \lambda+7 & 0 \\ \lambda-1 & 0 & 2\lambda-1 & (\lambda-1)^2 \\ 0 & 0 & (\lambda-2)(\lambda-5) & 0 \end{pmatrix}$$

的行列式因子、不变因子、初等因子和 Smith 标准形.

解

$$A(\lambda) \xrightarrow{r_1-r_3} \begin{pmatrix} 2\lambda+6 & (\lambda+2)^2 & 2\lambda+6 & 0 \\ \lambda+7 & (\lambda+2)^2 & \lambda+7 & 0 \\ \lambda-1 & 0 & 2\lambda-1 & (\lambda-1)^2 \\ 0 & 0 & (\lambda-2)(\lambda-5) & 0 \end{pmatrix}$$

$$\xrightarrow{c_3-c_1} \begin{pmatrix} 2\lambda+6 & (\lambda+2)^2 & 0 & 0 \\ \lambda+7 & (\lambda+2)^2 & 0 & 0 \\ \lambda-1 & 0 & \lambda & (\lambda-1)^2 \\ 0 & 0 & (\lambda-2)(\lambda-5) & 0 \end{pmatrix}$$

$$\xrightarrow{r_1-r_2} \begin{pmatrix} \lambda-1 & 0 & 0 & 0 \\ \lambda+7 & (\lambda+2)^2 & 0 & 0 \\ \lambda-1 & 0 & \lambda & (\lambda-1)^2 \\ 0 & 0 & (\lambda-2)(\lambda-5) & 0 \end{pmatrix}$$

$$\xrightarrow{r_3-r_1} \begin{pmatrix} \lambda-1 & 0 & 0 & 0 \\ \lambda+7 & (\lambda+2)^2 & 0 & 0 \\ 0 & 0 & \lambda & (\lambda-1)^2 \\ 0 & 0 & (\lambda-2)(\lambda-5) & 0 \end{pmatrix}.$$

令

$$A_1(\lambda) = \begin{pmatrix} \lambda-1 & 0 \\ \lambda+7 & (\lambda+2)^2 \end{pmatrix},$$

$$A_2(\lambda) = \begin{pmatrix} \lambda & (\lambda-1)^2 \\ (\lambda-2)(\lambda-5) & 0 \end{pmatrix},$$

则

$$A(\lambda) \cong \begin{pmatrix} A_1(\lambda) & 0 \\ 0 & A_2(\lambda) \end{pmatrix}.$$

设 $A_1(\lambda)$ 的行列式因子分别为 D_{11}, D_{12}，则由于 $A_1(\lambda)$ 的三个非 0 元素没有非常数公因式，首一公因式只有 1，即 $D_{11}=1$，而 $A_1(\lambda)$ 的行列式

$$|A_1(\lambda)| = (\lambda-1)(\lambda+2)^2$$

为首一多项式，故其值即 $A_1(\lambda)$ 的 2 阶行列式因子，即 $D_{12} = (\lambda-1)(\lambda+2)^2$.

设 $A_1(\lambda)$ 的不变因子为 d_{11}, d_{12}，则根据初等因子与行列式因子的关系，$d_{11}=1$, $d_{12}=D_{12}=(\lambda-1)(\lambda+2)^2$.

所以，$A_1(\lambda)$ 的初等因子为 $\lambda-1, (\lambda+2)^2$.

设 $A_2(\lambda)$ 的行列式因子分别为 D_{21}, D_{22}，则由于 $A_2(\lambda)$ 的三个非 0 元素没有非常数公因式，首一公因式只有 1，即 $D_{21}=1$，而 $A_2(\lambda)$ 的行列式

$$|A_2(\lambda)|=-(\lambda-1)^2(\lambda-2)(\lambda-5)$$

不是首一多项式，该多项式除以首项系数 -1，得 $A_2(\lambda)$ 的 2 阶行列式因子

$$D_{22}=(\lambda-1)^2(\lambda-2)(\lambda-5).$$

设 $A_2(\lambda)$ 的不变因子为 d_{21}, d_{22}，则 $d_{21}=1, d_{22}=D_{22}=(\lambda-1)^2(\lambda-2)(\lambda-5)$. 所以，$A_2(\lambda)$ 的初等因子为 $(\lambda-1)^2, \lambda-2, \lambda-5$.

将 $A_1(\lambda)$ 和 $A_2(\lambda)$ 的初等因子合起来，便得 $A(\lambda)$ 的所有初等因子：

$$\lambda-1, (\lambda+2)^2, (\lambda-1)^2, \lambda-2, \lambda-5.$$

以下求 $A(\lambda)$ 的不变因子.

由于 $A_1(\lambda)$ 和 $A_2(\lambda)$ 的秩皆为 2，故 $A(\lambda)$ 的秩为 4，$A(\lambda)$ 有 4 个不变因子，设为 d_1, d_2, d_3, d_4. 根据已知初等因子求不变因子的方法，

$$d_4=(\lambda+2)^2(\lambda-1)^2(\lambda-2)(\lambda-5), \quad d_3=\lambda-1, \quad d_2=1, \quad d_1=1,$$

求得不变因子，便可得 $A(\lambda)$ 的 Smith 标准形

$$\begin{pmatrix} 1 & & & \\ & 1 & & \\ & & \lambda-1 & \\ & & & (\lambda+2)^2(\lambda-1)^2(\lambda-2)(\lambda-5) \end{pmatrix}.$$

最后，设 $A(\lambda)$ 的行列式因子为 D_1, D_2, D_3, D_4, 则

$$\begin{aligned} &D_1=d_1=1,\\ &D_2=d_1d_2=1,\\ &D_3=d_1d_2d_3=\lambda-1,\\ &D_4=d_1d_2d_3d_4=(\lambda+2)^2(\lambda-1)^3(\lambda-2)(\lambda-5). \end{aligned}$$

3.2 Jordan 标准形

Jordan 标准形是研究矩阵对角化问题时提出的. 由 1.6.4 节的 “9. 可对角化的充要条件” 知道，一个方阵可对角化即相似于对角矩阵的充要条件是该矩阵为单纯矩

阵，而可对角化的矩阵乘幂以至矩阵函数的计算十分简单. 那么，对大量的非单纯矩阵能否有类似的结果？即能不能找到虽不及对角矩阵，但仍便于计算的特殊矩阵，使一般矩阵都可相似于这样的矩阵？结果表明，这种矩阵是存在的，这就是称为 Jordan 标准形的矩阵.

λ 矩阵理论的一个巨大成果，是将求一个矩阵 Jordan 标准形的问题，转化为求该矩阵的特征矩阵的初等因子的问题，相比之下，后一问题的解决，可行性比前一问题强许多.

本节中，所涉及的矩阵皆为方阵.

3.2.1　数字方阵相似的条件

本节给出的结果，是将 λ 矩阵理论应用于求与方阵相似的 Jordan 标准形的桥梁.

1. λ 矩阵的多项式表示和方阵的多项式

设

$$A(\lambda)=\begin{pmatrix}\lambda-1 & \lambda^2+2 & \lambda^3-2\lambda-1\\ 0 & 1 & \lambda\\ \lambda^2+1 & \lambda^3 & -2\end{pmatrix},$$

将其做如下改写:

$$\begin{aligned}A(\lambda)&=\begin{pmatrix}0\lambda^3+0\lambda^2+\lambda-1 & 0\lambda^3+\lambda^2+0\lambda+2 & \lambda^3+0\lambda^2-2\lambda-1\\ 0\lambda^3+0\lambda^2+0\lambda+0 & 0\lambda^3+0\lambda^2+0\lambda+1 & 0\lambda^3+0\lambda^2+\lambda+0\\ 0\lambda^3+\lambda^2+0\lambda+1 & \lambda^3+0\lambda^2+0\lambda+0 & 0\lambda^3+0\lambda^2+0\lambda-2\end{pmatrix}\\
&=\begin{pmatrix}0\lambda^3 & 0\lambda^3 & \lambda^3\\ 0\lambda^3 & 0\lambda^3 & 0\lambda^3\\ 0\lambda^3 & \lambda^3 & 0\lambda^3\end{pmatrix}+\begin{pmatrix}0\lambda^2 & \lambda^2 & 0\lambda^2\\ 0\lambda^2 & 0\lambda^2 & 0\lambda^2\\ \lambda^2 & 0\lambda^2 & 0\lambda^2\end{pmatrix}\\
&\quad+\begin{pmatrix}\lambda & 0\lambda & -2\lambda\\ 0\lambda & 0\lambda & \lambda\\ 0\lambda & 0\lambda & 0\lambda\end{pmatrix}+\begin{pmatrix}-1 & 2 & -1\\ 0 & 1 & 0\\ 1 & 0 & -2\end{pmatrix}\\
&=\begin{pmatrix}0 & 0 & 1\\ 0 & 0 & 0\\ 0 & 1 & 0\end{pmatrix}\lambda^3+\begin{pmatrix}0 & 1 & 0\\ 0 & 0 & 0\\ 1 & 0 & 0\end{pmatrix}\lambda^2+\begin{pmatrix}1 & 0 & -2\\ 0 & 0 & 1\\ 0 & 0 & 0\end{pmatrix}\lambda\\
&\quad+\begin{pmatrix}-1 & 2 & -1\\ 0 & 1 & 0\\ 1 & 0 & -2\end{pmatrix}.\end{aligned}$$

上式称为 λ 矩阵的多项式表示. 这种表示的特点是，多项式的变量为 λ,“系数”为同阶数字矩阵.

与一般多项式一样，两个多项式表示的 λ 矩阵相等，当且仅当同类项系数相同，例如，设

$$A_0\lambda^n + A_1\lambda^{n-1} + \cdots + A_{n-1}\lambda + A_n,$$
$$B_0\lambda^n + B_1\lambda^{n-1} + \cdots + B_{n-1}\lambda + B_n$$

两个多项式表示的 λ 矩阵相等，则 $A_0 = B_0, A_1 = B_1, \cdots, A_{n-1} = B_{n-1}, A_n = B_n$.

对应地，若一个多项式的变量是方阵，而系数是数字，则称这样的多项式为方阵的多项式，例如，设 A 为方阵变量，则

$$3A^5 + 2A^2 + 7A - (3+8\mathrm{i})I$$

即为方阵 A 的多项式.

2. 数字方阵相似与其特征矩阵等价之间的关系

设 $A = (a_{ij})_{n\times n}$ 为 n 阶数字矩阵，$\lambda I - A$ 为 A 的特征矩阵，$f(\lambda) = |\lambda I - A|$ 为 A 的特征多项式.

对两个 n 阶方阵 A, B，若存在可逆的 n 阶方阵 P，使

$$A = PBP^{-1},$$

则称 A, B 相似，记为 $A \sim B$.

注意以下事实：

(1) 矩阵的相似关系是等价关系；

(2) 两个矩阵 A, B 相似，涉及第三个矩阵 P，称为相似变换矩阵，使 $A = PBP^{-1}$，相似变换矩阵 P 有无穷多个；

(3) A, B 相似，也可定义为存在可逆的 n 阶方阵 P，使

$$A = P^{-1}BP,$$

这样的 P 也称为相似变换矩阵. 采用哪种方式表示两个矩阵相似，以是否方便为准.

下面建立两个 n 阶相似方阵 A, B ，与它们的特征矩阵 $\lambda I - A, \lambda I - B$ 等价之间的关系.

定理 3.6 设 A, B 为两个 n 阶数字方阵，若存在 n 阶数字矩阵 P, Q，使

$$\lambda I - A = P(\lambda I - B)Q, \tag{3.24}$$

则 A 与 B 相似.

证明　由 (3.24) 知

$$\lambda I - A = \lambda PQ - PBQ,$$

故由多项式表示的 λ 矩阵相等的要求知

$$PQ = I, \tag{3.25}$$

$$A = PBQ. \tag{3.26}$$

由 (3.25) 知 P, Q 可逆，$P = Q^{-1}, Q = P^{-1}$. 由 (3.26) 知

$$A = PBP^{-1},$$

故 A 与 B 相似. 证毕.

定理 3.7　设 A 为 n 阶非 0 数字方阵，$C(\lambda), D(\lambda)$ 为两个 n 阶 λ 矩阵，则存在 n 阶 λ 矩阵 $E(\lambda), F(\lambda)$ 和数字矩阵 G, H，使

$$C(\lambda) = (\lambda I - A)E(\lambda) + G, \tag{3.27}$$

$$D(\lambda) = F(\lambda)(\lambda I - A) + H. \tag{3.28}$$

证明　仅证 (3.27)，(3.28) 的证明类似.

设

$$C(\lambda) = C_0\lambda^m + C_1\lambda^{m-1} + \cdots + C_{m-1}\lambda + C_m,$$

其中 $C_0, C_1, \cdots, C_m$ 皆为 n 阶数字矩阵且 $C_0 \neq 0$.

若 $m = 0$，则取 $E(\lambda) = 0, G = C_0$ 即可.

若 $m > 0$，用待定系数法求 $E(\lambda)$. 由于 $C(\lambda)$ 为关于 λ 的 m 次 (矩阵系数) 多项式，$\lambda I - A$ 为关于 λ 的 1 次 (矩阵系数) 多项式，故设 $E(\lambda)$ 为关于 λ 的 $m-1$ 次 (矩阵系数) 多项式：

$$E(\lambda) = E_0\lambda^{m-1} + E_1\lambda^{m-2} + \cdots + E_{m-2}\lambda + E_{m-1},$$

其中 $E_0, E_1, \cdots, E_{m-1}$ 为待定的 n 阶数字矩阵. 由

$$\begin{aligned}(\lambda I - A)E(\lambda) &= (\lambda I - A)[E_0\lambda^{m-1} + E_1\lambda^{m-2} + \cdots + E_{m-2}\lambda + E_{m-1}]\\ &= E_0\lambda^m + (E_1 - AE_0)\lambda^{m-1} + \cdots + (E_k - AE_{k-1})\lambda^{m-k}\\ &\quad + \cdots + (E_{m-1} - AE_{m-2})\lambda - AE_{m-1},\end{aligned}$$

解方程组

$$\begin{cases} E_0 = C_0, \\ E_1 - AE_0 = C_1, \\ \quad \cdots\cdots \\ E_k - AE_{k-1} = C_k, \\ \quad \cdots\cdots \\ E_{m-1} - AE_{m-2} = C_{m-1}, \\ G - AE_{m-1} = C_m, \end{cases}$$

得

$$\begin{cases} E_0 = C_0, \\ E_1 = C_1 + AC_0, \\ \qquad \cdots\cdots \\ E_k = C_k + AC_{k-1} + A^2C_{k-2} + \cdots + A^kC_0, \\ \qquad \cdots\cdots \\ E_{m-1} = C_{m-1} + AC_{m-2} + \cdots + A^{m-1}C_0, \\ G = C_m + AC_{m-1} + \cdots + A^mC_0. \end{cases}$$

故得到满足 (3.27) 的 $E(\lambda)$ 和 G. 证毕.

有了以上定理，即可证明以下 λ 矩阵理论中又一个特别重要的结果.

定理 3.8 设 A, B 为两个 n 阶数字方阵，则 A 与 B 相似的充要条件是它们的特征矩阵 $\lambda I - A, \lambda I - B$ 等价，即

$$A \sim B \Leftrightarrow \lambda I - A \cong \lambda I - B.$$

证明 注意以下结果:

(1) n 阶 λ 矩阵可逆的充要条件为其可表为一些初等矩阵的乘积;

(2) 初等矩阵的乘积为可逆方阵;

(3) 设 $A(\lambda), B(\lambda)$ 为 n 阶 λ 矩阵，则这两个矩阵等价的充要条件是存在 n 阶可逆方阵 $C(\lambda)$ 和 $D(\lambda)$ 使

$$A(\lambda) = C(\lambda)B(\lambda)D(\lambda).$$

必要性. 设 A 与 B 相似，则存在可逆方阵 P ，使

$$P^{-1}AP = B,$$

故

$$P^{-1}(\lambda I - A)P = \lambda I - B.$$

由以上 (3)，$\lambda I-A,\lambda I-B$ 等价.

充分性. 设 $\lambda I-A,\lambda I-B$ 等价，由以上 (3)，存在可逆矩阵 $C(\lambda),D(\lambda)$，使

$$\lambda I-A=C(\lambda)(\lambda I-B)D(\lambda). \tag{3.29}$$

由定理 3.7，存在 n 阶 λ 矩阵 $E(\lambda),F(\lambda)$ 和数字矩阵 G,H，使

$$C(\lambda)=(\lambda I-A)E(\lambda)+G, \tag{3.30}$$

$$D(\lambda)=F(\lambda)(\lambda I-A)+H. \tag{3.31}$$

由 (3.29) 得

$$C^{-1}(\lambda)(\lambda I-A)=(\lambda I-B)D(\lambda), \tag{3.32}$$

$$(\lambda I-A)D^{-1}(\lambda)=C(\lambda)(\lambda I-B). \tag{3.33}$$

由 (3.31) 与 (3.32) 得

$$C^{-1}(\lambda)(\lambda I-A)=(\lambda I-B)[F(\lambda)(\lambda I-A)+H],$$

$$[C^{-1}(\lambda)-(\lambda I-B)F(\lambda)](\lambda I-A)=(\lambda I-B)H, \tag{3.34}$$

式 (3.34) 左边第二个因子 $(\lambda I-A)$ 是 λ 的一次多项式，右边当 $H=0$ 时为 0 多项式，否则为 λ 的一次多项式，因此左边第一个因子 $[C^{-1}(\lambda)-(\lambda I-B)F(\lambda)]$ 是数字矩阵，记为 J，即

$$J=C^{-1}(\lambda)-(\lambda I-B)F(\lambda), \tag{3.35}$$

故式 (3.34) 成为

$$J(\lambda I-A)=(\lambda I-B)H, \tag{3.36}$$

比较 λ 的系数得

$$J=H,\quad JA=BH. \tag{3.37}$$

式 (3.35) 等式两边左乘 $C(\lambda)$ 得

$$C(\lambda)J=I-C(\lambda)(\lambda I-B)F(\lambda),$$

即

$$I=C(\lambda)J+C(\lambda)(\lambda I-B)F(\lambda). \tag{3.38}$$

式 (3.32) 等式两边先左乘 $C(\lambda)$，后右乘 $D^{-1}(\lambda)$ 得

$$(\lambda I-A)D^{-1}(\lambda)=C(\lambda)(\lambda I-B). \tag{3.39}$$

式 (3.30),(3.39) 代入式 (3.38) 得

$$\begin{aligned}I&=C(\lambda)J+C(\lambda)(\lambda I-B)F(\lambda)\\&=[(\lambda I-A)E(\lambda)+G]J+(\lambda I-A)D^{-1}(\lambda)F(\lambda)\\&=GJ+(\lambda I-A)[E(\lambda)J+D^{-1}(\lambda)F(\lambda)].\end{aligned}\tag{3.40}$$

若 $E(\lambda)J+D^{-1}(\lambda)F(\lambda)\neq 0$，则上式右边必为 λ 的 1 次以上多项式，而左边为数字矩阵 I，等式不能成立，故必有 $E(\lambda)J+D^{-1}(\lambda)F(\lambda)=0$，(3.40) 成为

$$I=GJ,\tag{3.41}$$

故 J 可逆，$J^{-1}=G$，(3.36) 成为

$$\lambda I-A=G(\lambda I-B)H.$$

由定理 3.6 知 A 与 B 相似. 证毕.

注意 1：在以上的证明中，对多项式表示的 λ 矩阵，即系数为矩阵的 λ 多项式，我们对其像对待系数为数字的多项式一样，得出必要的结论，如多项式相等的必要条件是关于 λ 的次数相等.

注意 2：在 (3.30) 中，$C(\lambda)$ 是给定多项式，$\lambda I-A$ 是 λ 的 1 次多项式，该式表明，用后者去除前者，得商 $F(\lambda)$ 和余式 G 是可行的. 这一事实在系数为数字的一般多项式情形是简单明确的. (3.31) 是 (3.30) 的对偶结果，对偶结果之所以有必要给出，是因为矩阵的乘法一般没有交换律，多项式相乘时左乘和右乘完全不同，那么，相除时左除 (即左乘逆矩阵) 右除 (即右乘逆矩阵) 也不相同，对“右”可得到的结果，对“左”也有一个对偶的结果.

本定理堪称 λ 矩阵、Jordan 标准形理论的中心结果之一. 3.2.2 节将会看到，任何一个矩阵 A 都可相似于一个 Jordan 标准形 J，而后者的矩阵函数计算结果奇巧，但是要想对给定矩阵 A 得到与其相似的 J，非有绝妙的方法不可. 本定理将这一困难的问题，转化为 A 与 J 的特征矩阵的等价问题，可以想象，与建立关系 $A=P^{-1}BP$ 相比，建立关系 $\lambda I-A\cong\lambda I-J$ 要简单得多.

3.2.2 Jordan 标准形的定义与存在定理

1. Jordan 标准形的定义

定义 3.6 形如

$$J_i=\begin{pmatrix}\lambda_i & 1 & & & \\ & \lambda_i & 1 & & \\ & & \ddots & \ddots & \\ & & & \lambda_i & 1\\ & & & & \lambda_i\end{pmatrix}_{m_i\times m_i}\tag{3.42}$$

的方阵称为 m_i 阶 Jordan 块，其中 $\lambda_i \in \mathbf{C}$. 1 阶 Jordan 块即任意复数，在不需强调 m_i 阶 Jordan 块的阶数或阶数明确时，简称一个 m_i 阶 Jordan 块为一个 Jordan 块.

例如,

$$\begin{pmatrix} 0 & 1 & & & \\ & 0 & 1 & & \\ & & 0 & 1 & \\ & & & 0 & 1 \\ & & & & 0 \end{pmatrix}, \quad \begin{pmatrix} -1 & 1 \\ 0 & -1 \end{pmatrix}, \quad \begin{pmatrix} 2-3\mathrm{i} & 1 & & \\ & 2-3\mathrm{i} & 1 & \\ & & 2-3\mathrm{i} & 1 \\ & & & 2-3\mathrm{i} \end{pmatrix}$$

分别为 5 阶、2 阶和 4 阶 Jordan 块.

定义 3.7　形如

$$J = \begin{pmatrix} J_1 & & & \\ & J_2 & & \\ & & \ddots & \\ & & & J_t \end{pmatrix}_{\sum\limits_{i=1}^{t} m_i \times \sum\limits_{i=1}^{t} m_i} \tag{3.43}$$

的方阵称为 $n = \sum\limits_{i=1}^{t} m_i$ 阶 Jordan 标准形，其中 J_i 为 m_i 阶 Jordan 块，$i = 1, 2, \cdots, t$. 例如，

$$J = \begin{pmatrix} 0 & 1 & & & & & & & & & \\ & 0 & 1 & & & & & & & & \\ & & 0 & 1 & & & & & & & \\ & & & 0 & 1 & & & & & & \\ & & & & 0 & & & & & & \\ & & & & & -1 & 1 & & & & \\ & & & & & 0 & -1 & & & & \\ & & & & & & & 2-3\mathrm{i} & 1 & & \\ & & & & & & & & 2-3\mathrm{i} & 1 & \\ & & & & & & & & & 2-3\mathrm{i} & 1 \\ & & & & & & & & & & 2-3\mathrm{i} \end{pmatrix}$$

为一个 11 阶 Jordan 标准形.

2. Jordan 标准形的存在定理

下列定理表明，任一 n 阶数字矩阵 A 都与一个 Jordan 标准形相似，无论这个矩阵是复数矩阵、实数矩阵还是 0 矩阵.

定理 3.9 设 A 为任一 n 阶数字矩阵，则 A 必与一个 n 阶 Jordan 标准形 J 相似，在不计 J 中 Jordan 块的排列顺序时，J 是唯一的.

证明 设 A 的特征矩阵为 $\lambda I - A$，其初等因子为

$$(\lambda-\lambda_1)^{m_1}, (\lambda-\lambda_2)^{m_2}, \cdots, (\lambda-\lambda_t)^{m_t}, \tag{3.44}$$

故 $\sum\limits_{i=1}^{t} m_i = n$.

由例 3.6 知，每一个初等因子 $(\lambda-\lambda_i)^{m_i}$ 对应一个 Jordan 块 J_i，其中 J_i 由 (3.42) 给出，$i=1,2,\cdots,t$. 将这些 Jordan 块随意排为分块对角阵 J，例如，排为式 (3.43) 所示 J，则因

$$\lambda I - J = \begin{pmatrix} \ddots & & & & & & \\ & \lambda-\lambda_i & -1 & & & & \\ & & \lambda-\lambda_i & -1 & & & \\ & & & \ddots & \ddots & & \\ & & & & \lambda-\lambda_i & -1 & \\ & & & & & \lambda-\lambda_i & \\ & & & & & & \ddots \end{pmatrix}_{n\times n}$$

$$= \begin{pmatrix} \lambda I_{m_1} - J_1 & & \\ & \ddots & \\ & & \lambda I_{m_t} - J_t \end{pmatrix}_{n\times n}, \tag{3.45}$$

故 $\lambda I - J$ 的初等因子也为 (3.44)，其中 I_{m_i} 为 m_i 阶单位矩阵，$i=1,2,\cdots,t$.

可以证明，若 λ 矩阵 $A(\lambda), B(\lambda)$ 的阶数、秩与初等因子相同，则 $A(\lambda), B(\lambda)$ 等价. 现在，$\lambda I - A$ 与 $\lambda I - J$ 的阶数与秩皆为 n，初等因子相同，故 $\lambda I - A$ 与 $\lambda I - J$ 等价. 由定理 3.8，A 与 J 相似.

设 J' 为另一个与 A 相似的 Jordan 标准形，则由定理 3.8 知 $\lambda I - A$ 与 $\lambda I - J'$ 等价. 后者为一分块对角 λ 矩阵，由例 3.6，其中每一块的初等因子形如 $(\lambda-\lambda_i)^{m_i}$，$\lambda-\lambda_i$ 为该块主对角线上的元素，m_i 为该块的阶数. 由于 $\lambda I - A$ 与 $\lambda I - J'$ 等价，两者初等因子相同，故前述全体形如 $(\lambda-\lambda_i)^{m_i}$ 的因子构成 $\lambda I - A$ 的全体初等因子，只是这些因子的排列顺序可能与 (3.44) 不同，从而 J' 与 J 只是 Jordan 块的排列顺序可能不同. 证毕.

推论 3.2 设 A 为 n 阶数字方阵，则 A 可对角化的充要条件是其特征矩阵的初等因子全是 1 次因子.

定义 3.8 设 A 为 n 阶数字方阵，称与 A 相似的 Jordan 标准形 J 为 A 的 Jordan 标准形.

3. Jordan 标准形的求法

至此，对任意 n 阶方阵 A，可以给出其 Jordan 标准型的求法步骤：

(1) 写出 $\lambda I - A$；

(2) 求出 $\lambda I - A$ 的初等因子，设为

$$(\lambda-\lambda_1)^{m_1},(\lambda-\lambda_2)^{m_2},\cdots,(\lambda-\lambda_t)^{m_t}.$$

注意这些因子中可能有完全相同的，不能把它们相乘而合并为一个因子；

(3) 根据 $(\lambda-\lambda_i)^{m_i}$ 直接写出 Jordan 块 J_i，λ_i 为 J_i 主对角线上的元素，m_i 为 J_i 的阶数，$i=1,2,\cdots,t$；

(4) 以任意顺序排列 Jordan 块 J_i，所得分块对角阵即为 J.

注意：若 1 次因子 $(\lambda-a)$ 为 $\lambda I - A$ 的一个初等因子，则对应的 Jordan 块为 1 阶矩阵 a.

例 3.9　求矩阵

$$A=\begin{pmatrix}2&-1&-1\\2&-1&-2\\-1&1&2\end{pmatrix}$$

的 Jordan 标准形.

解　$\lambda I - A=\begin{pmatrix}\lambda-2&1&1\\-2&\lambda+1&2\\1&-1&\lambda-2\end{pmatrix}$

$$\xrightarrow{c_2+c_1}\begin{pmatrix}\lambda-2&\lambda-1&1\\-2&\lambda-1&2\\1&0&\lambda-2\end{pmatrix}$$

$$\xrightarrow{r_2+2r_3}\begin{pmatrix}\lambda-2&\lambda-1&1\\0&\lambda-1&2\lambda-2\\1&0&\lambda-2\end{pmatrix}$$

$$\xrightarrow{r_1+(-\lambda+2)r_3}\begin{pmatrix}0&\lambda-1&-\lambda^2+4\lambda-3\\0&\lambda-1&2\lambda-2\\1&0&\lambda-2\end{pmatrix}$$

$$\xrightarrow{r_1-r_2}\begin{pmatrix}0&0&-\lambda^2+2\lambda-1\\0&\lambda-1&2\lambda-2\\1&0&\lambda-2\end{pmatrix}$$

$$\xrightarrow{r_1 \rightleftharpoons r_3, -r_3} \begin{pmatrix} 1 & 0 & \lambda-2 \\ 0 & \lambda-1 & 2\lambda-2 \\ 0 & 0 & \lambda^2-2\lambda+1 \end{pmatrix}.$$

由于上式最后矩阵的元素中有非 0 常数，故其 1 阶行列式因子为 $D_1=1$，其第 1 个不变因子为 $d_1=D_1=1$，又该矩阵非 0 的 2 阶子式

$$\begin{vmatrix} 1 & 0 \\ 0 & \lambda-1 \end{vmatrix} = \lambda-1, \quad \begin{vmatrix} 1 & \lambda-2 \\ 0 & 2\lambda-2 \end{vmatrix} = 2(\lambda-1),$$

$$\begin{vmatrix} 0 & \lambda-2 \\ \lambda-1 & 2\lambda-2 \end{vmatrix} = -(\lambda-2)(\lambda-1),$$

$$\begin{vmatrix} \lambda-1 & 2\lambda-2 \\ 0 & \lambda^2-2\lambda+1 \end{vmatrix} = (\lambda-1)^3,$$

$$\begin{vmatrix} 1 & \lambda-2 \\ 0 & \lambda^2-2\lambda+1 \end{vmatrix} = (\lambda-1)^2$$

有首一公因式 $(\lambda-1)$，故其 2 阶行列式因子 $D_2=(\lambda-1)$，由于该矩阵与 $\lambda I-A$ 等价，所以 $D_2=(\lambda-1)$ 也是 $\lambda I-A$ 的 2 阶行列式因子，$\lambda I-A$ 的第 2 个不变因子为

$$d_2=\frac{D_2}{D_1}=(\lambda-1).$$

前述最后矩阵的行列式

$$\begin{vmatrix} 1 & 0 & \lambda-2 \\ 0 & \lambda-1 & 2\lambda-2 \\ 0 & 0 & \lambda^2-2\lambda+1 \end{vmatrix} = (\lambda-1)^3$$

为首一多项式，故其 3 阶行列式因子 $D_3=(\lambda-1)^3$，后者也是 $\lambda I-A$ 的 3 阶行列式因子，$\lambda I-A$ 的第 3 个不变因子为

$$d_3=\frac{D_3}{D_2}=(\lambda-1)^2.$$

所以，$\lambda I-A$ 的初等因子为 $(\lambda-1),(\lambda-1)^2$, 对应的 Jordan 块分别为

$$J_1=1, \quad J_2=\begin{pmatrix} 1 & 1 \\ 0 & 1 \end{pmatrix},$$

故 A 的一个 Jordan 标准形为

$$J=\begin{pmatrix} 1 & 0 & 0 \\ 0 & 1 & 1 \\ 0 & 0 & 1 \end{pmatrix}.$$

当

$$A = \begin{pmatrix} A_1 & & & \\ & A_2 & & \\ & & \ddots & \\ & & & A_s \end{pmatrix}$$

时，由于

$$\lambda I - A = \begin{pmatrix} \lambda I - A_1 & & & \\ & \lambda I - A_2 & & \\ & & \ddots & \\ & & & \lambda I - A_s \end{pmatrix},$$

其中为简单起见未区分不同阶数的单位方阵记法，则由推论 3.1 知，只要求出每个 $\lambda I - A_i$ 的初等因子，合起来便得到 $\lambda I - A$ 的所有初等因子，从而可得到 A 的 Jordan 标准形 J.

例 3.10 求矩阵

$$A = \begin{pmatrix} 3 & 1 & 0 & 0 \\ -4 & -1 & 0 & 0 \\ 0 & 0 & 2 & 1 \\ 0 & 0 & -1 & 0 \end{pmatrix}$$

的 Jordan 标准形.

解 设

$$A_1 = \begin{pmatrix} 3 & 1 \\ -4 & -1 \end{pmatrix}, \quad A_2 = \begin{pmatrix} 2 & 1 \\ -1 & 0 \end{pmatrix},$$

则

$$\lambda I - A_1 = \begin{pmatrix} \lambda - 3 & -1 \\ 4 & \lambda + 1 \end{pmatrix}, \quad \lambda I - A_2 = \begin{pmatrix} \lambda - 2 & -1 \\ 1 & \lambda \end{pmatrix},$$

对 $\lambda I - A_1$，因其有非 0 元素，故 1 阶行列式因子为 $D_{11} = 1$，第 1 个不变因子为 $d_{11} = D_{11} = 1$，又

$$|\lambda I - A_1| = \begin{vmatrix} \lambda - 3 & -1 \\ 4 & \lambda + 1 \end{vmatrix} = (\lambda - 3)(\lambda + 1) + 4 = (\lambda - 1)^2,$$

为首一多项式，其 2 阶行列式因子为 $D_{12} = (\lambda - 1)^2$，所以第 2 个不变因子为 $d_{12} = \dfrac{D_{12}}{D_{11}} = (\lambda - 1)^2$，初等因子为 $(\lambda - 1)^2$.

对 $\lambda I-A_2$，因其有非 0 元素，故 1 阶行列式因子为 $D_{21}=1$，第 1 个不变因子为 $d_{21}=D_{21}=1$，又

$$|\lambda I-A_2|=\begin{vmatrix}\lambda-2 & -1\\ 1 & \lambda\end{vmatrix}=(\lambda-2)\lambda+1=(\lambda-1)^2$$

为首一多项式，其 2 阶行列式因子为 $D_{22}=(\lambda-1)^2$，第 2 个不变因子为 $d_{22}=\dfrac{D_{22}}{D_{21}}=(\lambda-1)^2$，初等因子为 $(\lambda-1)^2$.

由此知 $\lambda I-A$ 的初等因子为 $(\lambda-1)^2,(\lambda-1)^2$, 对应的 Jordan 块都为

$$J_1=J_2=\begin{pmatrix}1 & 1\\ 0 & 1\end{pmatrix}.$$

故 A 的一个 Jordan 标准形为

$$J=\begin{pmatrix}1 & 1 & & \\ & 1 & & \\ & & 1 & 1\\ & & & 1\end{pmatrix}.$$

由于该 Jordan 标准形的两个 Jordan 块是相等的，所以交换两个 Jordan 块的位置得到的仍为同一矩阵，A 的 Jordan 标准形仅有如上矩阵.

4. **相似变换矩阵 P 的求法**

上面介绍了对任意 n 阶方阵 A 求其 Jordan 标准形 J 的方法，即求使 $A=P^{-1}JP$ 的 Jordan 标准形 J 的方法，但是要想将 J 付诸应用，还需求出相似变换矩阵 P，下面介绍求 P 的方法.

方法一. 首先求出 A 的 Jordan 标准形 J. 由 $A=P^{-1}JP$ 知 $PA=JP$，这是一个关于 P 的元素的线性方程组，故将 P 的元素设为变量，直接解此方程组即可求得 P.

当方程组 $PA=JP$ 的解不唯一时，方程组的解由其基础解系元素的线性组合表示，后者的系数为自由变量，这些变量取不同的值，得到不同的 P，自由变量有无穷多种取法，故对应的 P 也可能是无穷多个. 但应注意，对有的自由变量取值，虽然所得解使 $PA=JP$ 成立，但 P 不可逆，P^{-1} 不存在，因而 $A=P^{-1}JP$ 不成立，此时，就必须重新取自由变量的值，直到 P 可逆.

这种方法虽然一定有效，但因对 n 阶方阵 A，P 也是一个 n 阶方阵，其元素有 n^2 个，$PA=JP$ 是一个有 n^2 个变量 n^2 个方程的方程组，在 n 较大时解这样的方程组计算量是很大的.

例 3.11　设

$$A=\begin{pmatrix}1&1\\1&1\end{pmatrix},$$

求 A 的 Jordan 标准形 J 及相似变换矩阵 P 使 $A=P^{-1}JP$.

解　由题意知

$$\lambda I-A=\begin{pmatrix}\lambda-1&-1\\-1&\lambda-1\end{pmatrix},$$

由于其元素中有非 0 常数，故其 1 阶行列式因子为 1, 第 1 个不变因子 $d_1=D_1=1$. 又

$$|\lambda I-A|=\begin{vmatrix}\lambda-1&-1\\-1&\lambda-1\end{vmatrix}=(\lambda-1)^2-1=\lambda(\lambda-2)$$

为首一多项式，$\lambda I-A$ 的 2 阶行列式因子 $D_2=\lambda(\lambda-2)$ ，第 2 个不变因子 $d_2=\dfrac{D_2}{D_1}=\lambda(\lambda-2)$，初等因子为 $\lambda,(\lambda-2)$，对应的 Jordan 块皆为 1 阶矩阵，分别为 0, 2, 故得 A 的 Jordan 标准形

$$J=\begin{pmatrix}0&0\\0&2\end{pmatrix}.$$

设

$$P=\begin{pmatrix}p_1&p_2\\p_3&p_4\end{pmatrix},$$

由 $PA=JP$ 即

$$\begin{pmatrix}p_1&p_2\\p_3&p_4\end{pmatrix}\begin{pmatrix}1&1\\1&1\end{pmatrix}=\begin{pmatrix}0&0\\0&2\end{pmatrix}\begin{pmatrix}p_1&p_2\\p_3&p_4\end{pmatrix}$$

得线性方程组

$$\begin{cases}p_1+p_2=0,\\p_3+p_4=2p_3,\\p_1+p_2=0,\\p_3+p_4=2p_4,\end{cases}$$

即方程组

$$\begin{cases}p_1+p_2=0,\\p_3=p_4,\end{cases}$$

其一般解为

$$\begin{pmatrix} p_1 \\ p_2 \\ p_3 \\ p_4 \end{pmatrix} = k_1 \begin{pmatrix} 1 \\ -1 \\ 0 \\ 0 \end{pmatrix} + k_2 \begin{pmatrix} 0 \\ 0 \\ 1 \\ 1 \end{pmatrix},$$

取 $k_1 = 1, k_2 = 2$, 得解

$$\begin{pmatrix} p_1 \\ p_2 \\ p_3 \\ p_4 \end{pmatrix} = \begin{pmatrix} 1 \\ -1 \\ 2 \\ 2 \end{pmatrix},$$

故得

$$P = \begin{pmatrix} 1 & -1 \\ 2 & 2 \end{pmatrix}.$$

由于

$$|P| = \begin{vmatrix} 1 & -1 \\ 2 & 2 \end{vmatrix} = 2 + 2 = 4 \neq 0,$$

P 可逆，则 P 为所求.

在实际应用中，还需要求出 P^{-1}，为此，对 (P, I)(将矩阵 P 与单位矩阵 I 左右横排得到的矩阵) 施行行的初等变换得

$$\begin{aligned}(P, I) &= \begin{pmatrix} 1 & -1 & 1 & 0 \\ 2 & 2 & 0 & 1 \end{pmatrix} \xrightarrow{(r_2 - 2r_1)} \begin{pmatrix} 1 & -1 & 1 & 0 \\ 0 & 4 & -2 & 1 \end{pmatrix} \\ &\xrightarrow{r_1 + \frac{1}{4} r_2} \begin{pmatrix} 1 & 0 & \dfrac{1}{2} & \dfrac{1}{4} \\ 0 & 4 & -2 & 1 \end{pmatrix} \\ &\xrightarrow{\frac{1}{4} r_2} \begin{pmatrix} 1 & 0 & \dfrac{1}{2} & \dfrac{1}{4} \\ 0 & 1 & -\dfrac{1}{2} & \dfrac{1}{4} \end{pmatrix} = (I, P^{-1}),\end{aligned}$$

即得

$$P^{-1} = \begin{pmatrix} \dfrac{1}{2} & \dfrac{1}{4} \\ -\dfrac{1}{2} & \dfrac{1}{4} \end{pmatrix}.$$

实际计算得知，$A = P^{-1}JP$ 成立.

方法二. 上面介绍的方法没有任何技巧，方法二考虑了 Jordan 标准形的结构. 给定 n 阶方阵 $A=(a_{ij})_{n\times n}$，假定已经求得 A 的 Jordan 标准形 J，设

$$P^{-1}AP = J = \begin{pmatrix} J_1 & & & \\ & J_2 & & \\ & & \ddots & \\ & & & J_t \end{pmatrix}, \tag{3.46}$$

其中 J_i 为 m_i 阶 Jordan 块，$i=1,2,\cdots,t$, $\sum\limits_{i=1}^{t} m_i = n$. 记

$$P = (P_1, P_2, \cdots, P_t). \tag{3.47}$$

其中 $P_i \in \mathbf{C}^{n\times m_i}$，$i=1,2,\cdots,t$, 则由 $AP=PJ$ 得

$$\begin{aligned} AP &= A(P_1,P_2,\cdots,P_t) = (AP_1, AP_2, \cdots, AP_t) \\ &= PJ = (P_1,P_2,\cdots,P_t)J = (P_1J_1, P_2J_2, \cdots, P_tJ_t), \\ AP_i &= P_iJ_i, \quad i=1,2,\cdots,t, \end{aligned} \tag{3.48}$$

(3.48) 因形式向量 (排成一排或一列的分块阵，形式上像行向量或列向量，称为形式向量，实际上是矩阵) 等式分量对应相等得到.

对 $i=1,2,\cdots,t$，设

$$P_i = \begin{pmatrix} p_{11} & p_{12} & \cdots & p_{1m_i} \\ p_{21} & p_{22} & \cdots & p_{2m_i} \\ \vdots & \vdots & & \vdots \\ p_{n1} & p_{n2} & \cdots & p_{nm_i} \end{pmatrix}, \quad p_j = \begin{pmatrix} p_{1j} \\ p_{2j} \\ \vdots \\ p_{nj} \end{pmatrix}, \quad j=1,2,\cdots,m_i,$$

这里的 p_{kl} 本应写作 $p_{kl}^{(i)}$，p_j 本应写作 $p_j^{(i)}$，以上为防止上下标太多影响理解而省去了上标 (i), 则

$$P_i = (p_1, p_2, \cdots, p_{m_i}).$$

(3.48) 即

$$
\begin{pmatrix} a_{11} & a_{12} & \cdots & a_{1n} \\ a_{21} & a_{22} & \cdots & a_{2n} \\ \vdots & \vdots & & \vdots \\ a_{n1} & a_{n2} & \cdots & a_{nn} \end{pmatrix} \begin{pmatrix} p_{11} & p_{12} & \cdots & p_{1m_i} \\ p_{21} & p_{22} & \cdots & p_{2m_i} \\ \vdots & \vdots & & \vdots \\ p_{n1} & p_{n2} & \cdots & p_{nm_i} \end{pmatrix}
$$

$$
= \begin{pmatrix} p_{11} & p_{12} & \cdots & p_{1m_i} \\ p_{21} & p_{22} & \cdots & p_{2m_i} \\ \vdots & \vdots & & \vdots \\ p_{n1} & p_{n2} & \cdots & p_{nm_i} \end{pmatrix} \begin{pmatrix} \lambda_i & 1 & & & \\ & \lambda_i & 1 & & \\ & & \ddots & \ddots & \\ & & & \lambda_i & 1 \\ & & & & \lambda_i \end{pmatrix}_{m_i \times m_i},
$$

将其改写为

$$
\begin{aligned}
A(p_1, p_2, \cdots, p_{m_i}) &= (Ap_1, Ap_2, Ap_3, \cdots, Ap_{m_i}) \\
&= (p_1, p_2, \cdots, p_{m_i}) \begin{pmatrix} \lambda_i & 1 & & & \\ & \lambda_i & 1 & & \\ & & \ddots & \ddots & \\ & & & \lambda_i & 1 \\ & & & & \lambda_i \end{pmatrix}_{m_i \times m_i} \\
&= (\lambda_i p_1, p_1 + \lambda_i p_2, p_2 + \lambda_i p_3, \cdots, p_{m_i-1} + \lambda_i p_{m_i}).
\end{aligned}
$$

形式向量等式分量对应相等，故得

$$
\begin{cases} Ap_1 = \lambda_i p_1, \\ Ap_2 = p_1 + \lambda_i p_2, \\ Ap_3 = p_2 + \lambda_i p_3, \\ \qquad \cdots\cdots \\ Ap_{m_i} = p_{m_i-1} + \lambda_i p_{m_i}. \end{cases} \tag{3.49}
$$

以上每个等式实际上都是线性方程组，例如，$Ap_2 = p_1 + \lambda_i p_2$ 即

$$
\begin{pmatrix} a_{11} & a_{12} & \cdots & a_{1n} \\ a_{21} & a_{22} & \cdots & a_{2n} \\ \vdots & \vdots & & \vdots \\ a_{n1} & a_{n2} & \cdots & a_{nn} \end{pmatrix} \begin{pmatrix} p_{12} \\ p_{22} \\ \vdots \\ p_{n2} \end{pmatrix} = \begin{pmatrix} p_{11} + \lambda_i p_{12} \\ p_{21} + \lambda_i p_{22} \\ \vdots \\ p_{n1} + \lambda_i p_{n2} \end{pmatrix},
$$

亦即

$$\begin{cases} a_{11}p_{12}+a_{12}p_{22}+\cdots+a_{1n}p_{n2}=p_{11}+\lambda_i p_{12}, \\ a_{21}p_{12}+a_{22}p_{22}+\cdots+a_{2n}p_{n2}=p_{21}+\lambda_i p_{22}, \\ \cdots\cdots \\ a_{n1}p_{12}+a_{n2}p_{22}+\cdots+a_{nn}p_{n2}=p_{n1}+\lambda_i p_{n2}. \end{cases} \tag{3.50}$$

该方程组有 n 个方程，(3.49) 共有 m_i 个这样的方程组，合起来有 $n\times m_i$ 个方程.

注意: 这还是对一个 i，这样的 i 共有 t 个，方程总数有

$$\sum_{i=1}^{t} n\times m_i = n\times\sum_{i=1}^{t} m_i = n\times n = n^2.$$

与方法一需要解的方程个数相同.

在式 (3.49) 中，第一个等式 $Ap_1=\lambda_i p_1$ 是一个没有常数项的线性方程组，即为齐次方程组，由于 λ_i 为特征值，即特征多项式 $f(\lambda)=|\lambda I-A|$ 的根，故 $f(\lambda_i)=|\lambda_i I-A|=0$，注意 $|\lambda_i I-A|$ 即所述方程组系数矩阵的行列式，其值为 0 说明此方程组不仅有 0 向量解，还有无穷多个非 0 向量解，后者称为属于特征值 λ_i 的特征向量.

属于特征值 λ_i 的特征向量 p_1 取定以后，(3.49) 中第二个等式即方程组 (3.50) 成为有常数项的线性方程组，如果其系数矩阵与增广矩阵秩不相等，则此方程组无解，而所述秩相等与否，取决于 p_1 的选取，因此，需选使所述秩相等的 p_1.

求得式 (3.49) 中第二个等式即方程组 (3.50) 的解 (或在解有无穷个而取定一个解)p_2 以后，便可解 (3.49) 中第三个等式，在此过程中，p_2 仍起关键作用，需选使所述等式可解的 p_2.

以此类推，直到求得 $P_i=(p_1,p_2,\cdots,p_{m_i})$, $i=1,2,\cdots,t$, 以致得到

$$P=(P_1,P_2,\cdots,P_t).$$

注意: 方法二中，A 与 J 的关系为 $A=PJP^{-1}$，而不是 $A=P^{-1}JP$. 请读者思考: 若采用关系 $A=P^{-1}JP$, 会导致什么不便?

例 3.12　求

$$A=\begin{pmatrix} 1 & 2 & 0 \\ 0 & 2 & 0 \\ -2 & -2 & 1 \end{pmatrix}$$

的 Jordan 标准形 J 和相似变换矩阵 P.

解　A 的特征矩阵为

$$\lambda I-A=\begin{pmatrix} \lambda-1 & -2 & 0 \\ 0 & \lambda-2 & 0 \\ 2 & 2 & \lambda-1 \end{pmatrix}.$$

由于其元素中有非 0 常数，故其 1 阶行列式因子为 1, 第 1 个不变因子

$$d_1 = D_1 = 1.$$

又该矩阵非 0 的 2 阶子式

$$\begin{vmatrix} \lambda-1 & -2 \\ 0 & \lambda-2 \end{vmatrix} = (\lambda-1)(\lambda-2),$$

$$\begin{vmatrix} \lambda-1 & -2 \\ 2 & 2 \end{vmatrix} = 2(\lambda-1)+4 = 2\lambda+2$$

没有公因式，故其 2 阶行列式因子 $D_2 = 1$，第 2 个不变因子为

$$d_2 = \frac{D_2}{D_1} = 1.$$

上述特征矩阵的行列式按最后一列展开得

$$\begin{vmatrix} \lambda-1 & -2 & 0 \\ 0 & \lambda-2 & 0 \\ 2 & 2 & \lambda-1 \end{vmatrix} = (\lambda-1)\begin{vmatrix} \lambda-1 & -2 \\ 0 & \lambda-2 \end{vmatrix} = (\lambda-1)^2(\lambda-2)$$

为首一多项式，故其 3 阶行列式因子 $D_3 = (\lambda-1)^2(\lambda-2)$，$\lambda I - A$ 的第 3 个不变因子为

$$d_3 = \frac{D_3}{D_2} = (\lambda-1)^2(\lambda-2).$$

所以，$\lambda I - A$ 的初等因子为 $(\lambda-2), (\lambda-1)^2$, 对应的 Jordan 块分别为

$$J_1 = 2, \quad J_2 = \begin{pmatrix} 1 & 1 \\ 0 & 1 \end{pmatrix},$$

故 A 的一个 Jordan 标准形为

$$J = \begin{pmatrix} 2 & 0 & 0 \\ 0 & 1 & 1 \\ 0 & 0 & 1 \end{pmatrix}.$$

因此存在 3 阶相似变换矩阵 P 使 $A = PJP^{-1}$, 即 $AP = PJ$. 令 $P = (P_1, P_2, P_3)$, $P_i = (p_{1i}, p_{2i}, p_{3i}), i = 1, 2, 3$, 即有

$$\begin{aligned} AP = A(P_1, P_2, P_3) &= (AP_1, AP_2, AP_3) = PJ = (P_1, P_2, P_3)J \\ &= (P_1, P_2, P_3)\begin{pmatrix} 2 & 0 & 0 \\ 0 & 1 & 1 \\ 0 & 0 & 1 \end{pmatrix} = (2P_1, P_2, P_2 + P_3), \end{aligned}$$

比较分量得

$$AP_1 = 2P_1, \quad AP_2 = P_2, \quad AP_3 = P_2 + P_3,$$

即

$$(2I - A)P_1 = 0, \quad (I - A)P_2 = 0, \quad (I - A)P_3 = -P_2,$$

明确写出，即得方程组

$$\left[\begin{pmatrix} 2 & 0 & 0 \\ 0 & 2 & 0 \\ 0 & 0 & 2 \end{pmatrix} - \begin{pmatrix} 1 & 2 & 0 \\ 0 & 2 & 0 \\ -2 & -2 & 1 \end{pmatrix}\right]\begin{pmatrix} p_{11} \\ p_{21} \\ p_{31} \end{pmatrix}$$

$$= \begin{pmatrix} 1 & -2 & 0 \\ 0 & 0 & 0 \\ 2 & 2 & 1 \end{pmatrix}\begin{pmatrix} p_{11} \\ p_{21} \\ p_{31} \end{pmatrix} = 0, \tag{3.51}$$

$$\left[\begin{pmatrix} 1 & 0 & 0 \\ 0 & 1 & 0 \\ 0 & 0 & 1 \end{pmatrix} - \begin{pmatrix} 1 & 2 & 0 \\ 0 & 2 & 0 \\ -2 & -2 & 1 \end{pmatrix}\right]\begin{pmatrix} p_{12} \\ p_{22} \\ p_{32} \end{pmatrix}$$

$$= \begin{pmatrix} 0 & -2 & 0 \\ 0 & -1 & 0 \\ 2 & 2 & 0 \end{pmatrix}\begin{pmatrix} p_{12} \\ p_{22} \\ p_{32} \end{pmatrix} = 0, \tag{3.52}$$

$$\begin{pmatrix} 0 & -2 & 0 \\ 0 & -1 & 0 \\ 2 & 2 & 0 \end{pmatrix}\begin{pmatrix} p_{13} \\ p_{23} \\ p_{33} \end{pmatrix} = \begin{pmatrix} -p_{12} \\ -p_{22} \\ -p_{32} \end{pmatrix}, \tag{3.53}$$

由 (3.51) 得方程组

$$\begin{cases} p_{11} - 2p_{21} = 0, \\ 2p_{11} + 2p_{21} + p_{31} = 0, \end{cases}$$

得一般解

$$\begin{pmatrix} p_{11} \\ p_{21} \\ p_{31} \end{pmatrix} = k_1 \begin{pmatrix} 1 \\ \dfrac{1}{2} \\ -3 \end{pmatrix},$$

注意方程组 (3.51) 与后两个方程组没有关系，其解和后两个方程组的解也没关系.

由 (3.52) 得方程组

$$\begin{cases} -2p_{22} = 0, \\ -p_{22} = 0, \\ 2p_{12} + 2p_{22} = 0, \end{cases}$$

得一般解

$$\begin{pmatrix} p_{12} \\ p_{22} \\ p_{32} \end{pmatrix} = k_2 \begin{pmatrix} 0 \\ 0 \\ 1 \end{pmatrix},$$

此解和后面的方程组有直接关系. 此方程组的解有无穷多个, 必须取定一个解, 才能求解后面的方程组. 究竟需取哪个解? 预先没法知道, 预取 k_2 为最简单的非 0 数 1, 得解 $(p_{12}, p_{22}, p_{32})^{\mathrm{T}} = (0,0,1)^{\mathrm{T}}$.

由 (3.53) 及 $(p_{12}, p_{22}, p_{32})^{\mathrm{T}} = (0,0,1)^{\mathrm{T}}$ 得方程组

$$\begin{cases} -2p_{23} = 0, \\ -p_{23} = 0, \\ 2p_{13} + 2p_{23} = -1, \end{cases}$$

此方程组的一般解为

$$\begin{pmatrix} p_{13} \\ p_{23} \\ p_{33} \end{pmatrix} = \begin{pmatrix} -\frac{1}{2} \\ 0 \\ k_3 \end{pmatrix}.$$

最后, 取 $k_1 = 2, k_3 = 0$, 得

$$p_1 = \begin{pmatrix} 2 \\ 1 \\ -6 \end{pmatrix}, \quad p_2 = \begin{pmatrix} 0 \\ 0 \\ 1 \end{pmatrix}, \quad p_3 = \begin{pmatrix} -\frac{1}{2} \\ 0 \\ 0 \end{pmatrix}, \quad P = \begin{pmatrix} 2 & 0 & -\frac{1}{2} \\ 1 & 0 & 0 \\ -6 & 1 & 0 \end{pmatrix}.$$

由于

$$|P| = \begin{vmatrix} 2 & 0 & -\frac{1}{2} \\ 1 & 0 & 0 \\ -6 & 1 & 0 \end{vmatrix} = -\frac{1}{2} \neq 0,$$

知 P 可逆, 为所求.

3.2.3 零化多项式与最小多项式

1. 零化多项式

定义 3.9 对 n 阶方阵 A, 使 $\varphi(A) = 0$ 的多项式 $\varphi(\lambda)$ 称为 A 的零化多项式.

对任意 n 阶方阵 A, 零化多项式一定存在吗? 下列 Cayley-Hamilton 定理回答了这一问题.

定理 3.10　设 A 为任一 n 阶方阵，$f(\lambda)=|\lambda I-A|$ 为其特征多项式，则 $f(A)=0$，即 A 的特征多项式为其自身的零化多项式.

证明　设

$$f(\lambda)=|\lambda I-A|=\lambda^n+a_1\lambda^{n-1}+a_2\lambda^{n-2}+\cdots+a_{n-1}\lambda+a_n$$

为 A 的特征多项式，$(\lambda I-A)^*$ 为 $\lambda I-A$ 的伴随矩阵. 由于伴随矩阵的元素为原矩阵元素的代数余子式，故为 λ 的 $n-1$ 次多项式，$(\lambda I-A)^*$ 可表为系数为 n 阶方阵而变量为 λ 的 $n-1$ 次多项式，设为

$$(\lambda I-A)^*=C_1\lambda^{n-1}+C_2\lambda^{n-2}+\cdots+C_{n-1}\lambda+C_n,$$

其中 $C_1,C_2,\cdots,C_{n-1},C_n$ 为 n 阶数字矩阵.

由伴随矩阵性质知

$$(\lambda I-A)(\lambda I-A)^*=f(\lambda)I,$$

即

$$\begin{aligned}&(\lambda I-A)(C_1\lambda^{n-1}+C_2\lambda^{n-2}+\cdots+C_{n-1}\lambda+C_n)\\=&C_1\lambda^n+(C_2-AC_1)\lambda^{n-1}+(C_3-AC_2)\lambda^{n-2}+\cdots\\&+(C_n-AC_{n-1})\lambda-AC_n\\=&I\lambda^n+a_1I\lambda^{n-1}+a_2I\lambda^{n-2}+\cdots+a_{n-1}I\lambda+a_nI,\end{aligned}$$

比较系数得

$$\begin{aligned}&C_1=I,\\&C_2-AC_1=a_1I,\\&C_3-AC_2=a_2I,\\&\qquad\cdots\cdots\\&C_n-AC_{n-1}=a_{n-1}I,\\&-AC_n=a_nI,\end{aligned}$$

用 $A^n,A^{n-1},\cdots,A,I$ 分别左乘以上各式，所得各式等号两边分别相加得

$$\begin{aligned}0=&A^nC_1+,A^{n-1}(C_2-AC_1)+A^{n-2}(C_3-AC_2)+\cdots\\&+A(C_n-AC_{n-1})-AC_n\\=&A^n+a_1A^{n-1}+a_2A^{n-2}+\cdots+a_{n-1}A+a_nI=f(A).\end{aligned}$$

证毕.

由此可见，对任意 n 阶方阵 A，零化多项式一定存在，那么，A 的零化多项式有多少个?

设 $f(\lambda)$ 为 A 的特征多项式，$g(\lambda)$ 为任意多项式，则 $g(A)f(A)=g(A)\cdot 0=0$，故 $g(\lambda)f(\lambda)$ 也为 A 的零化多项式，这就是说，A 的零化多项式有无穷个. 下面给出最小多项式的概念.

2. 最小多项式

定义 3.10 在方阵 A 的零化多项式中，次数最低的首一多项式称为 A 的最小多项式，记为 $m(\lambda)$.

关于最小多项式，有下列一系列结果.

定理 3.11 设 A 为任一 n 阶方阵，则

(1) A 的最小多项式 $m(\lambda)$ 为 A 的所有零化多项式的公因式，换言之，$m(\lambda)$ 整除 A 的任一零化多项式;

(2) $m(\lambda)$ 的根必为 A 的特征值，反之，A 的特征值必为 $m(\lambda)$ 的根;

(3) $m(\lambda)$ 是唯一的;

(4) 相似的矩阵有相同的最小多项式;

(5) Jordan 块

$$J_i=\begin{pmatrix}\lambda_i & 1 & & & \\ & \lambda_i & 1 & & \\ & & \ddots & \ddots & \\ & & & \lambda_i & 1 \\ & & & & \lambda_i\end{pmatrix}_{m_i\times m_i}$$

的最小多项式为 $n_i(\lambda)=(\lambda-\lambda_i)^{m_i}$;

(6) 设

$$A=\begin{pmatrix}A_1 & & & \\ & A_2 & & \\ & & \ddots & \\ & & & A_t\end{pmatrix},$$

$n_i(\lambda)$ 为 A_i 的最小多项式，$i=1,2,\cdots,t$，$m(\lambda)$ 为 A 的最小多项式，则 $m(\lambda)$ 为 $n_1(\lambda),n_2(\lambda),\cdots,n_t(\lambda)$ 的最小公倍式.

证明 (1) 设 $p(\lambda)$ 为 A 的任一零化多项式，因 A 的最小多项式 $m(\lambda)$ 为其零化多项式中次数最低的首一多项式，故 $p(\lambda)$ 的次数大于等于 $m(\lambda)$，用后者除前者，得

$$p(\lambda)=q(\lambda)m(\lambda)+r(\lambda), \tag{3.54}$$

其中 $r(\lambda)=0$ 或为次数比 $m(\lambda)$ 低的多项式.

若 $r(\lambda)=0$，则 $p(\lambda)=q(\lambda)m(\lambda)$，即 $m(\lambda)|p(\lambda)$，结论成立.

若 $r(\lambda)$ 不为 0，为次数比 $m(\lambda)$ 低的多项式，式 (3.54) 中将 λ 换为 A，得

$$p(A)=q(A)m(A)+r(A),$$

即

$$0=q(A)0+r(A),$$

即得 $r(A)=0$，因此 $r(\lambda)$ 为 A 的零化多项式，与 $m(\lambda)$ 为 A 的最小多项式的事实矛盾.

(2) 设 $f(\lambda)=|\lambda I-A|$ 为 A 的特征多项式，由 (1) 知 A 的最小多项式 $m(\lambda)$ 整除 $f(\lambda)$，即存在多项式 $q(\lambda)$ 使

$$f(\lambda)=q(\lambda)m(\lambda),$$

因此 $m(\lambda)$ 的根必为 $f(\lambda)$ 的根，即 $m(\lambda)$ 的根必为 A 的特征值.

反之，设 λ_i 为 A 的一个特征值，x 为属于 λ_i 的特征向量，即

$$(\lambda_i I-A)x=0,\quad Ax=\lambda_i x,$$

故

$$A^2x=A(Ax)=A(\lambda_i x)=\lambda_i(Ax)=\lambda_i(\lambda_i x)=\lambda_i^2 x,$$

其中注意 λ_i 为数字，数乘和其余类型的乘法可以交换次序.

一般地，有

$$A^k x=\lambda_i^k x,$$

由此得知对任意多项式 $p(\lambda)=p_0\lambda^k+p_1\lambda^{k-1}+\cdots+p_{k-1}\lambda+p_k$，有

$$\begin{aligned}p(A)x&=[p_0A^k+p_1A^{k-1}+\cdots+p_{k-1}A+p_kI]x\\&=p_0A^kx+p_1A^{k-1}x+\cdots+p_{k-1}Ax+p_kIx\\&=p_0\lambda_i^kx+p_1\lambda_i^{k-1}x+\cdots+p_{k-1}\lambda_ix+p_kx\\&=[p_0\lambda_i^k+p_1\lambda_i^{k-1}+\cdots+p_{k-1}\lambda_i+p_k]x=p(\lambda_i)x.\end{aligned}$$

对 A 的最小多项式 $m(\lambda)$，当然也有

$$m(A)x=m(\lambda_i)x,$$

因 $m(A)=0$，由上式得 $m(\lambda_i)x=0$，但特征向量不等于 0，故 $m(\lambda_i)=0$，即 A 的特征值为 $m(\lambda)$ 的根.

(3) 设 $m_1(\lambda), m_2(\lambda)$ 是 A 的两个不相等的最小多项式，故为次数相等的首一多项式，因而 $m_3(\lambda) = m_1(\lambda) - m_2(\lambda)$ 的次数比 $m_1(\lambda)$ 的次数 (同时也是 $m_2(\lambda)$ 的次数) 低. 设 $m_3(\lambda)$ 的首项系数为 $c \neq 0$，则

$$\begin{aligned}
&\frac{1}{c}m_3(\lambda) = \frac{1}{c}[m_1(\lambda) - m_2(\lambda)], \\
&\frac{1}{c}m_3(A) = \frac{1}{c}[m_1(A) - m_2(A)] = 0,
\end{aligned}$$

$\frac{1}{c}m_3(\lambda)$ 为 A 的首一零化多项式，次数比 $m_1(\lambda)$ 的次数 (同时也是 $m_2(\lambda)$ 的次数)低，与 $m_1(\lambda), m_2(\lambda)$ 为 A 的最小多项式的假定矛盾.

(4) 设 $B = P^{-1}AP$，则

$$B^2 = (P^{-1}AP)(P^{-1}AP) = P^{-1}A(PP^{-1})AP = P^{-1}AIAP = P^{-1}A^2P,$$

一般地，有

$$B^k = P^{-1}A^kP,$$

故对任意多项式 $p(\lambda) = p_0\lambda^k + p_1\lambda^{k-1} + \cdots + p_{k-1}\lambda + p_k$，有

$$\begin{aligned}
p(B) &= p_0B^k + p_1B^{k-1} + \cdots + p_{k-1}B + p_kI \\
&= p_0P^{-1}A^kP + p_1P^{-1}A^{k-1}P + \cdots + p_{k-1}P^{-1}AP + p_kP^{-1}IP \\
&= P^{-1}(p_0A^k + p_1A^{k-1} + \cdots + p_{k-1}A + p_kI)P \\
&= P^{-1}p(A)P.
\end{aligned}$$

由此可知，若 $p(\lambda)$ 为 A 的零化多项式，则 $p(\lambda)$ 也是 B 的零化多项式. 故若 $m(\lambda)$ 为 A 的最小多项式，即次数最低的 A 的零化多项式，则 $m(\lambda)$ 也为 B 的次数最低的零化多项式，即 B 的最小多项式，反之亦然.

(5) 对于 Jordan 块 J_i，

$$f(\lambda) = |\lambda I - J_i| = \begin{vmatrix} \lambda - \lambda_i & -1 & & & \\ & \lambda - \lambda_i & -1 & & \\ & & \ddots & \ddots & \\ & & & \lambda - \lambda_i & -1 \\ & & & & \lambda - \lambda_i \end{vmatrix}_{m_i \times m_i} = (\lambda - \lambda_i)^{m_i},$$

由 (2)，J_i 的最小多项式 $n_i(\lambda)$ 也只有 λ_i 这一个根，故 $n_i(\lambda) = (\lambda - \lambda_i)^k, 0 < k \leqslant m_i$. 因

$$J_i-\lambda_i I=\begin{pmatrix}\lambda_i-\lambda_i & 1 & & & \\ & \lambda_i-\lambda_i & 1 & & \\ & & \ddots & \ddots & \\ & & & \lambda_i-\lambda_i & 1 \\ & & & & \lambda_i-\lambda_i\end{pmatrix}_{m_i\times m_i}$$

$$=\begin{pmatrix}0 & 1 & & & \\ & 0 & 1 & & \\ & & \ddots & \ddots & \\ & & & 0 & 1 \\ & & & & 0\end{pmatrix}_{m_i\times m_i}\neq 0,$$

$$(J_i-\lambda_i I)^2=\begin{pmatrix}0 & 1 & & & \\ & 0 & 1 & & \\ & & \ddots & \ddots & \\ & & & 0 & 1 \\ & & & & 0\end{pmatrix}_{m_i\times m_i}^2$$

$$=\begin{pmatrix}0 & 0 & 1 & & & \\ & 0 & 0 & 1 & & \\ & & \ddots & \ddots & \ddots & \\ & & & 0 & 0 & 1 \\ & & & & 0 & 0 \\ & & & & & 0\end{pmatrix}_{m_i\times m_i}\neq 0,$$

$$\cdots\cdots$$

$$(J_i-\lambda_i I)^{m_i-1}=\begin{pmatrix}0 & 1 & & & \\ & 0 & 1 & & \\ & & \ddots & \ddots & \\ & & & 0 & 1 \\ & & & & 0\end{pmatrix}_{m_i\times m_i}^{m_i-1}$$

$$=\begin{pmatrix}0 & 0 & \cdots & 0 & 1 \\ 0 & 0 & \cdots & 0 & 0 \\ \vdots & \vdots & & \vdots & \vdots \\ 0 & 0 & \cdots & 0 & 0\end{pmatrix}_{m_i\times m_i}\neq 0,$$

$$
(J_i-\lambda_i I)^{m_i}=\begin{pmatrix}0&1&&&\\&0&1&&\\&&\ddots&\ddots&\\&&&0&1\\&&&&0\end{pmatrix}_{m_i\times m_i}^{m_i}
=\begin{pmatrix}0&0&\cdots&0&0\\0&0&\cdots&0&0\\\vdots&\vdots&&\vdots&\vdots\\0&0&\cdots&0&0\end{pmatrix}_{m_i\times m_i}=0,
$$

故知 $k=m_i$ 而 $n_i(\lambda)=(\lambda-\lambda_i)^{m_i}$.

(6) 直接计算可知

$$
A^k=\begin{pmatrix}A_1^k&&&\\&A_2^k&&\\&&\ddots&\\&&&A_t^k\end{pmatrix},
$$

故对任意多项式 $p(\lambda)=p_0\lambda^k+p_1\lambda^{k-1}+\cdots+p_{k-1}\lambda+p_k$，有

$$
\begin{aligned}
p(A)&=p_0A^k+p_1A^{k-1}+\cdots+p_{k-1}A+p_kI\\
&=p_0\begin{pmatrix}A_1^k&&&\\&A_2^k&&\\&&\ddots&\\&&&A_t^k\end{pmatrix}+p_1\begin{pmatrix}A_1^{k-1}&&&\\&A_2^{k-1}&&\\&&\ddots&\\&&&A_t^{k-1}\end{pmatrix}+\cdots\\
&\quad+p_{k-1}\begin{pmatrix}A_1&&&\\&A_2&&\\&&\ddots&\\&&&A_t\end{pmatrix}+p_k\begin{pmatrix}I&&&\\&I&&\\&&\ddots&\\&&&I\end{pmatrix}\\
&=\begin{pmatrix}p_0A_1^k&&&\\&p_0A_2^k&&\\&&\ddots&\\&&&p_0A_t^k\end{pmatrix}+\begin{pmatrix}p_1A_1^{k-1}&&&\\&p_1A_2^{k-1}&&\\&&\ddots&\\&&&p_1A_t^{k-1}\end{pmatrix}+\cdots
\end{aligned}
$$

$$+\begin{pmatrix} p_{k-1}A_1 & & & \\ & p_{k-1}A_2 & & \\ & & \ddots & \\ & & & p_{k-1}A_t \end{pmatrix}+\begin{pmatrix} p_kI & & & \\ & p_kI & & \\ & & \ddots & \\ & & & p_kI \end{pmatrix}$$

$$=\begin{pmatrix} p_0A_1^k+\cdots+p_{k-1}A_1+p_kI & & \\ & \ddots & \\ & & p_0A_t^k+\cdots+p_{k-1}A_t+p_kI \end{pmatrix}$$

$$=\begin{pmatrix} p(A_1) & & & \\ & p(A_2) & & \\ & & \ddots & \\ & & & p(A_t) \end{pmatrix}. \tag{3.55}$$

故若 $p(A)=0$，则 $p(A_i)=0, i=1,2,\cdots,t$，即 A 的零化多项式必为 A_i 的零化多项式. 由 (1)，$n_i(\lambda)|p(\lambda), i=1,2,\cdots,t$，即 $p(\lambda)$ 为 $n_1(\lambda),n_2(\lambda),\cdots,n_t(\lambda)$ 的公倍式.

反之，若 $p(\lambda)$ 为 $n_1(\lambda),n_2(\lambda),\cdots,n_t(\lambda)$ 的公倍式，则存在多项式 $q_i(\lambda)$，使 $p(\lambda)=q_i(\lambda)n_i(\lambda)$，因 $n_i(A_i)=0$，故 $p(A_i)=q_i(A_i)n_i(A_i)=0, i=1,2,\cdots,t$，由 (3.55) 知 $p(A)=0$，$p(\lambda)$ 为 A 的零化多项式.

这就是说，$p(\lambda)$ 为 A 的零化多项式的充要条件是 $p(\lambda)$ 为

$$n_1(\lambda),n_2(\lambda),\cdots,n_t(\lambda)$$

的公倍式，故这些公倍式中次数最小的首一多项式为 $m(\lambda)$, 为 A 的最小多项式. 由 (3) 即最小多项式的唯一性，A 的最小多项式，只有 $n_1(\lambda),n_2(\lambda),\cdots,n_t(\lambda)$ 的最小公倍式. 证毕.

下列定理给出求 A 的最小多项式的方法.

定理 3.12　设 A 为任一 n 阶方阵，则 A 的最小多项式为其特征矩阵的第 n 个不变因子.

证明　由定理 3.9，存在 Jordan 标准形

$$J=\begin{pmatrix} J_1 & & & \\ & J_2 & & \\ & & \ddots & \\ & & & J_t \end{pmatrix},$$

使 $A \sim J$. 由定理 3.8，

$$\lambda I - A \cong \lambda I - J = \begin{pmatrix} \lambda I - J_1 & & & \\ & \lambda I - J_2 & & \\ & & \ddots & \\ & & & \lambda I - J_t \end{pmatrix},$$

注意不同位置上的单位矩阵 I 阶数不一定相同.

设 $m(\lambda)$ 为 J 的最小多项式. 由定理 3.11 之 (5)，$(\lambda - \lambda_i)^{m_i}$ 为 J_i 的最小多项式，$i = 1, 2, \cdots, t$，由定理 3.11 之 (6)，$m(\lambda)$ 为 $(\lambda - \lambda_1)^{m_1}, (\lambda - \lambda_2)^{m_2}, \cdots, (\lambda - \lambda_t)^{m_t}$ 的最小公倍式. 由 3.1.2 节的“已知初等因子求不变因子”的方法知 $\lambda I - J$ 的第 n 个不变因子 $d_n(\lambda)$ 即为 $(\lambda - \lambda_1)^{m_1}, (\lambda - \lambda_2)^{m_2}, \cdots, (\lambda - \lambda_t)^{m_t}$ 的最小公倍式，故

$$m(\lambda) = d_n(\lambda).$$

由定理 3.4，$\lambda I - A$ 与 $\lambda I - J$ 有相同的不变因子，$\lambda I - A$ 的第 n 个不变因子也为 $d_n(\lambda)$.

由定理 3.11(4)，A 的最小多项式为其特征矩阵的第 n 个不变因子. 证毕.

习 题 3

1. 证明：n 阶 λ 方阵 $A(\lambda)$ 可逆的充要条件是其行列式 $|A(\lambda)|$ 等于一个非 0 常数.

2. 证明：n 阶 λ 方阵 $A(\lambda)$ 的行列式 $|A(\lambda)|$ 为 1 次及 1 次以上多项式，则 $A(\lambda)$ 必不可逆.

3. 证明：n 阶 λ 方阵 $A(\lambda)$ 可逆的充要条件是其可表为一些初等矩阵的乘积.

4. 证明：$A(\lambda)$ 的行列式 $|A(\lambda)|$ 与 $A(\lambda)$ 的 n 阶行列式因子 $D_n(\lambda)$ 最多差一个非 0 常数因子.

5. 证明：等价的 λ 矩阵的 n 阶行列式因子 $D_n(\lambda)$ 相同，而等价的 λ 矩阵的行列式之间，最多差一个非 0 常数因子，但与 $A(\lambda)$ 等价的矩阵，若其行列式为首一多项式，则必为 $A(\lambda)$ 的 n 阶行列式因子 $D_n(\lambda)$.

6. 证明：若 λ 矩阵 $A(\lambda), B(\lambda)$ 的阶数、秩与初等因子相同，则 $A(\lambda), B(\lambda)$ 等价.

7. 证明：任何 λ 矩阵的 n 阶行列式因子 $D_n(\lambda)$，为该矩阵所有初等因子的乘积.

8. 设 $A(\lambda), B(\lambda)$ 为 $m \times n$ 的 λ 矩阵，证明这两个矩阵等价的充要条件是存在 m 阶初等矩阵 $P_1(\lambda), P_2(\lambda), \cdots, P_i(\lambda)$ 和 n 阶初等矩阵 $Q_1(\lambda), Q_2(\lambda), \cdots, Q_j(\lambda)$, 使

$$A(\lambda) = P_i(\lambda)P_{i-1}(\lambda)\cdots P_1(\lambda)B(\lambda)Q_1(\lambda)Q_2(\lambda)\cdots Q_j(\lambda).$$

9. 求下列 λ 矩阵的 Smith 标准形:

(1) $\begin{pmatrix} \lambda-1 & 2 \\ 2 & \lambda+4 \end{pmatrix}$;　(2) $\begin{pmatrix} 3-\lambda & -1 & 2 \\ 6 & \lambda+1 & 0 \end{pmatrix}$;

(3) $\begin{pmatrix} 1 & 2 \\ 3 & 4 \end{pmatrix}$;　(4) $\begin{pmatrix} \lambda & 1 \\ 0 & \lambda \end{pmatrix}$;

(5) $\begin{pmatrix} 1-\lambda & \lambda^2 & \lambda \\ \lambda & \lambda & -\lambda \\ 1+\lambda^2 & \lambda^2 & -\lambda^2 \end{pmatrix}$;　(6) $\begin{pmatrix} \lambda(\lambda+1) & 0 & 0 \\ 0 & \lambda & 0 \\ 0 & 0 & (\lambda+1)^2 \end{pmatrix}$;

(7) $\begin{pmatrix} \lambda+1 & \lambda^2+1 & \lambda^2 \\ 3\lambda-1 & 3\lambda^2-1 & \lambda^2+2\lambda \\ \lambda-1 & \lambda^2-1 & \lambda \end{pmatrix}$.

10. 求下列 λ 矩阵的不变因子和初等因子:

(1) $\begin{pmatrix} \lambda & \lambda+2 \\ 1-\lambda & \lambda \end{pmatrix}$;　(2) $\begin{pmatrix} -1-\lambda & 2 & \lambda+2 \\ 0 & \lambda-1 & 0 \end{pmatrix}$;

(3) $\begin{pmatrix} \lambda+1 & \lambda+2 \\ \lambda+3 & \lambda+4 \end{pmatrix}$;　(4) $\begin{pmatrix} -\lambda+1 & \lambda^2 & \lambda \\ \lambda & \lambda & -\lambda \\ \lambda^2+1 & \lambda^2 & -\lambda^2 \end{pmatrix}$;

(5) $\begin{pmatrix} \lambda+4 & -2 & -10 \\ 4 & \lambda-3 & -7 \\ 3 & -1 & \lambda-7 \end{pmatrix}$;　(6) $\begin{pmatrix} \lambda-3 & -1 & 0 \\ 0 & \lambda-3 & -1 \\ 0 & 0 & \lambda-3 \end{pmatrix}$;

(7) $\begin{pmatrix} 3\lambda^2+2\lambda-3 & 2\lambda-1 & \lambda^2+2\lambda-3 \\ 4\lambda^2+3\lambda-5 & 3\lambda-2 & \lambda^2+3\lambda-4 \\ \lambda^2+\lambda-4 & \lambda-2 & \lambda-1 \end{pmatrix}$;　(8) $\begin{pmatrix} \lambda & -1 & 0 & 0 \\ 0 & \lambda & -1 & 0 \\ 0 & 0 & \lambda & -1 \\ 5 & 4 & 3 & \lambda+2 \end{pmatrix}$.

11. 求下列矩阵的 Jordan 标准形和相应的相似变换矩阵:

(1) $\begin{pmatrix} 0 & 0 \\ 0 & 0 \end{pmatrix}$;　(2) $\begin{pmatrix} 1 & 2 \\ 3 & 4 \end{pmatrix}$;　(3) $\begin{pmatrix} -1 & 1 \\ 3 & 0 \end{pmatrix}$;

(4) $\begin{pmatrix} 1 & 10 \\ 20 & 6 \end{pmatrix}$;　(5) $\begin{pmatrix} 1 & 0 \\ 5 & 2 \end{pmatrix}$;　(6) $\begin{pmatrix} 0 & 0 & 0 \\ 0 & 0 & 0 \\ 0 & 0 & 0 \end{pmatrix}$;

(7) $\begin{pmatrix} 1 & 2 & 3 & 4 \\ 0 & 1 & 2 & 3 \\ 0 & 0 & 1 & 2 \\ 0 & 0 & 0 & 1 \end{pmatrix}$；　(8) $\begin{pmatrix} 3 & -4 & 0 & 2 \\ 4 & -5 & -2 & 4 \\ 0 & 0 & 3 & -2 \\ 0 & 0 & 2 & -1 \end{pmatrix}$.

12. 设 A 为 n 阶数字方阵，证明 A 可对角化的充要条件是其特征矩阵的初等因子全是 1 次因子.

13. 设 A 为 n 阶数字方阵，证明 A 可对角化的充要条件是 A 的最小多项式没有重根.

14. 求下列矩阵的最小多项式：

(1) $\begin{pmatrix} 0 & 0 \\ 0 & 0 \end{pmatrix}$；　(2) $\begin{pmatrix} 1 & 2 \\ 3 & 4 \end{pmatrix}$；　(3) $\begin{pmatrix} 3 & 1 & -1 \\ 0 & 2 & 0 \\ 1 & 1 & 1 \end{pmatrix}$；

(4) $\begin{pmatrix} 4 & -2 & 2 \\ -5 & 7 & -5 \\ -5 & 7 & -4 \end{pmatrix}$；　(5) $\begin{pmatrix} 1 & 1 & 1 & 1 & 1 \\ 1 & 1 & 1 & 1 & 1 \\ 1 & 1 & 1 & 1 & 1 \\ 1 & 1 & 1 & 1 & 1 \\ 1 & 1 & 1 & 1 & 1 \end{pmatrix}$；　(6) $\begin{pmatrix} 2 & 2 & 2 \\ 2 & 2 & 2 \\ 2 & 2 & 2 \end{pmatrix}$；

(7) $\begin{pmatrix} 1 & 2 & 3 & 4 \\ 0 & 1 & 2 & 3 \\ 0 & 0 & 1 & 2 \\ 0 & 0 & 0 & 1 \end{pmatrix}$；　(8) $\begin{pmatrix} 3 & -4 & 0 & 2 \\ 4 & -5 & -2 & 4 \\ 0 & 0 & 3 & -2 \\ 0 & 0 & 2 & -1 \end{pmatrix}$.

第 4 章　矩 阵 分 析

元素为数字的矩阵称为数字矩阵，与数字矩阵对应，如果矩阵的元素为函数，则称其为函数矩阵.

数学分析是研究函数的极限、连续、导数、积分和级数等内容的数学分支，如果将函数换为函数矩阵，则研究类似内容的方向便称为矩阵分析.

矩阵函数是以矩阵为自变量、矩阵为值的函数，关于矩阵函数，最重要的内容之一是对给定函数和矩阵计算其值.

λ 矩阵为函数矩阵，而矩阵的多项式为矩阵函数. 由第 3 章知道，通过 λ 矩阵知识可以求数字方阵的 Jordan 标准形，本章中我们将看到，通过后者可以巧妙地计算矩阵函数的值.

本章首先介绍函数矩阵的极限、连续、导数和积分等分析内容，随后介绍矩阵级数、函数矩阵级数，最后介绍矩阵函数的计算.

4.1　函数矩阵的微积分

本节介绍函数矩阵的微积分. 在普通微积分或高等数学中，考虑的函数为常规函数，即自变量与函数值皆为实数的函数. 本节考虑的函数矩阵，是以实变复值函数(即自变量为实数，函数值为复数的函数) 为元素的矩阵.

再次强调，注意函数矩阵与矩阵函数的区别.

4.1.1　函数矩阵的极限与连续

定义 4.1　设 $E \subset \mathbf{C}^{k\times l}$，$a_{ij}(t) \in \mathbf{C}, t \in E$ 为函数，$1 \leqslant i \leqslant m, 1 \leqslant j \leqslant n$，则称

$$A(t) = (a_{ij}(t))_{m\times n} = \begin{pmatrix} a_{11}(t) & a_{12}(t) & \cdots & a_{1n}(t) \\ a_{21}(t) & a_{22}(t) & \cdots & a_{2n}(t) \\ \vdots & \vdots & & \vdots \\ a_{m1}(t) & a_{m2}(t) & \cdots & a_{mn}(t) \end{pmatrix}, \quad t \in E \tag{4.1}$$

为定义于 E 的函数矩阵.

由于自变量取值于 $\mathbf{C}^{k\times l}$，而函数值属于 $\mathbf{C}^{m\times n}$ 时，相应的函数矩阵称为多复变函数矩阵，相关内容属于多复变方向，后者是一个与自变量取值于 $\mathbf{R}^{k\times l}$，函数值属于 $\mathbf{C}^{m\times n}$ 时的情形，其研究内容与方法完全不同的数学分支，即使当自变量取值于 $\mathbf{C}$，函数值属于 $\mathbf{C}^{m\times n}$ 时，情况也较为复杂. 鉴于本书的目的，我们不准备讨论这种复杂

的情形，而仅讨论自变量取值于 $\mathbf{R}^{k\times l}$，函数值属于 $\mathbf{C}^{m\times n}$ 时的函数矩阵，这类函数矩阵与自变量取值于 $\mathbf{R}^{k\times l}$，函数值属于 $\mathbf{R}^{m\times n}$ 时的函数矩阵没有本质的区别. 可以看出，对于函数或函数矩阵，复杂性来自于自变量的取值是否与复数相关，而不是函数值是否与复数相关.

与自变量是实数还是复数的区别相比，自变量是实数单变量还是实数多变量，区别就不是特别大. 因此，以下为简单起见，许多情况下仅就自变量为一元实数的情形叙述和讨论.

设 $E=(c,d),(c,d],[c,d),[c,d],(-\infty,d),(c,\infty),(-\infty,\infty),[c,\infty),(-\infty,d]$ 为区间，E^o 为 E 的内部，即若 E 的端点为有限数，E^o 为 E 去掉这些端点后的集合，例如，$E=[-1,\infty),E^o=(-1,\infty);E=[1,2],E^o=(1,2)$.

定义 4.2 设 $E\subset\mathbf{R}$ 为区间，$a_{ij}(t)\in\mathbf{C},t\in E$ 为函数，若对任意 $t_0\in E^o$，

$$\lim_{t\to t_0}a_{ij}(t)=a_{ij},\quad 1\leqslant i\leqslant m,\quad 1\leqslant j\leqslant n,$$

则称函数矩阵

$$A(t)=(a_{ij}(t))_{m\times n}$$

在 t_0 点的极限为 $A=(a_{ij})_{m\times n}$，记为

$$\lim_{t\to t_0}A(t)=A. \tag{4.2}$$

注意 1：上述极限过程可以写为

$$\begin{aligned}\lim_{t\to t_0}A(t)&=\lim_{t\to t_0}(a_{ij}(t))_{m\times n}\\&=\begin{pmatrix}\lim\limits_{t\to t_0}a_{11}(t)&\lim\limits_{t\to t_0}a_{12}(t)&\cdots&\lim\limits_{t\to t_0}a_{1n}(t)\\\lim\limits_{t\to t_0}a_{21}(t)&\lim\limits_{t\to t_0}a_{22}(t)&\cdots&\lim\limits_{t\to t_0}a_{2n}(t)\\\vdots&\vdots&&\vdots\\\lim\limits_{t\to t_0}a_{m1}(t)&\lim\limits_{t\to t_0}a_{m2}(t)&\cdots&\lim\limits_{t\to t_0}a_{mn}(t)\end{pmatrix}\\&=A=\begin{pmatrix}a_{11}&a_{12}&\cdots&a_{1n}\\a_{21}&a_{22}&\cdots&a_{2n}\\\vdots&\vdots&&\vdots\\a_{m1}&a_{m2}&\cdots&a_{mn}\end{pmatrix}.\end{aligned}\tag{4.3}$$

也就是说，函数矩阵的极限是依位置的极限，由与定理 2.6 完全类似的讨论可知，该极限也可通过矩阵范数定义，只不过依位置取极限等价于依矩阵范数取极限.

通过矩阵范数定义上述极限的内容叙述如下：

$\forall \varepsilon > 0, \exists \delta > 0$，当 $0 < |t - t_0| < \delta$ 时，

$$\|A(t) - A\| < \varepsilon,$$

则称函数矩阵 $A(t) = (a_{ij}(t))_{m\times n}$ 在 t_0 点的极限为 $A = (a_{ij})_{m\times n}$，记为

$$\lim_{t\to t_0} A(t) = A,$$

其中 $\|\cdot\|$ 为 $\mathbf{C}^{m\times n}$ 上的任意一种范数. 由 1.5.2 节知，$\mathbf{C}^{m\times n}$ 上的范数彼此等价.

注意 2：对任意 $t_0 \in \overline{E}$(不是 $t_0 \in E^o$)，可定义函数矩阵在 t_0 的左或右极限，例如，设 $E = (c, d]$, $A = (a_{ij})_{m\times n}$ 为 $A(t) = (a_{ij}(t))_{m\times n}$ 在 $t_0 = d$ 点的左极限，则

$$\begin{aligned}
&\lim_{t\to d-0} A(t)\\
=&\begin{pmatrix}
\lim\limits_{t\to d-0} a_{11}(t) & \lim\limits_{t\to d-0} a_{12}(t) & \cdots & \lim\limits_{t\to d-0} a_{1n}(t)\\
\lim\limits_{t\to d-0} a_{21}(t) & \lim\limits_{t\to d-0} a_{22}(t) & \cdots & \lim\limits_{t\to d-0} a_{2n}(t)\\
\vdots & \vdots & & \vdots\\
\lim\limits_{t\to d-0} a_{m1}(t) & \lim\limits_{t\to d-0} a_{m2}(t) & \cdots & \lim\limits_{t\to d-0} a_{mn}(t)
\end{pmatrix}\\
=&A = (a_{ij})_{m\times n}.
\end{aligned}$$

可见，函数矩阵在一点的左右极限由常规函数的左右极限给出，后者的具体含义，数学分析或高等数学中都有介绍，在此不再赘述，以免使内容过于琐碎繁杂.

当 $t_0 \in E^o$ 时，$A(t) = (a_{ij}(t))_{m\times n}$ 在 t_0 点的极限存在，当且仅当其在该点的左右极限存在且相等.

例 4.1 求 $\lim\limits_{\lambda\to 2} A(\lambda)$，其中

$$A(\lambda) = \begin{pmatrix} \lambda & -1 & 0 & 0\\ 0 & \lambda & -1 & 0\\ 0 & 0 & \lambda & -1\\ 5 & 4 & 3 & \lambda+2 \end{pmatrix}.$$

解 $$\lim_{\lambda\to 2} A(\lambda) = \begin{pmatrix} 2 & -1 & 0 & 0\\ 0 & 2 & -1 & 0\\ 0 & 0 & 2 & -1\\ 5 & 4 & 3 & 4 \end{pmatrix}.$$

在以下的讨论中，若所涉及的概念与记号不会引起歧义，则采取简洁的叙述方式.

函数矩阵极限的运算性质，完全类似于函数极限情形.

定理 4.1 (1) 设同阶函数矩阵 $A(t), B(t)$ 在 t_0 点存在极限，则对任意 $\alpha, \beta \in \mathbf{C}$，函数矩阵 $\alpha A(t) + \beta B(t)$ 在 t_0 点也存在极限，且

$$\lim_{t \to t_0} (\alpha A(t) + \beta B(t)) = \alpha \lim_{t \to t_0} A(t) + \beta \lim_{t \to t_0} B(t).$$

(2) 设取值于 $\mathbf{C}^{m \times n}$ 的函数矩阵 $A(t) = (a_{ij}(t))_{m \times n}$ 与取值于 $\mathbf{C}^{n \times l}$ 的函数矩阵 $B(t) = (b_{ij}(t))_{n \times l}$ 在 t_0 点存在极限，则取值于 $\mathbf{C}^{m \times l}$ 的函数矩阵 $A(t)B(t)$ 在 t_0 点也存在极限，且

$$\lim_{t \to t_0} A(t)B(t) = \lim_{t \to t_0} A(t) \lim_{t \to t_0} B(t).$$

(3) 设 n 阶函数方阵 $A(t)$ 在 t_0 点存在极限，极限为 A，而 $A(t), A$ 皆可逆，$t \in (t_0 - \delta, t_0 + \delta), \delta > 0$，则 $A^{-1}(t)$ 在 t_0 点也存在极限且

$$\lim_{t \to t_0} A^{-1}(t) = A^{-1}.$$

函数矩阵连续的概念也和函数连续的概念完全类似.

定义 4.3 设 $E \subset \mathbf{R}$ 为区间，$A(t) = (a_{ij}(t))_{m \times n} \in \mathbf{C}^{m \times n}, t \in E$ 为函数矩阵，若对 $t_0 \in E$，

$$\lim_{t \to t_0} A(t) = A(t_0),$$

则称函数矩阵 $A(t)$ 在 t_0 点连续.

注意：当 E 的端点为有限数而 t_0 为该端点时，函数矩阵在 t_0 点连续意为左或右连续，左端点右连续，右端点左连续. 例如，设 $E = [c, d], t_0 = c$，则函数矩阵 $A(t) = (a_{ij}(t))_{m \times n}$ 在 c 点连续，意为

$$\lim_{t \to c+0} A(t) = A(c),$$

即 $A(t)$ 在 c 点右连续.

由极限的运算性质可知，连续的函数矩阵的线性组合、乘积都是连续的；自身可逆有关极限也可逆时，连续的函数矩阵的逆也是连续的.

4.1.2 函数矩阵的导数

导数是函数增量与自变量增量之比的极限，既然函数矩阵的极限依位置取，故对函数矩阵 $A(t) = (a_{ij}(t))_{m \times n}$，

$$\lim_{\Delta t\to 0}\frac{A(t+\Delta t)-A(t)}{\Delta t}$$

$$=\lim_{\Delta t\to 0}\frac{1}{\Delta t}\left[\begin{pmatrix} a_{11}(t+\Delta t) & \cdots & a_{1n}(t+\Delta t)\\ a_{21}(t+\Delta t) & \cdots & a_{2n}(t+\Delta t)\\ \vdots & & \vdots\\ a_{m1}(t+\Delta t) & \cdots & a_{mn}(t+\Delta t)\end{pmatrix}-\begin{pmatrix} a_{11}(t) & \cdots & a_{1n}(t)\\ a_{21}(t) & \cdots & a_{2n}(t)\\ \vdots & & \vdots\\ a_{m1}(t) & \cdots & a_{mn}(t)\end{pmatrix}\right]$$

$$=\lim_{\Delta t\to 0}\begin{pmatrix} \dfrac{a_{11}(t+\Delta t)-a_{11}(t)}{\Delta t} & \cdots & \dfrac{a_{1n}(t+\Delta t)-a_{1n}(t)}{\Delta t}\\ \dfrac{a_{21}(t+\Delta t)-a_{21}(t)}{\Delta t} & \cdots & \dfrac{a_{2n}(t+\Delta t)-a_{11}(t)}{\Delta t}\\ \vdots & & \vdots\\ \dfrac{a_{m1}(t+\Delta t)-a_{m1}(t)}{\Delta t} & \cdots & \dfrac{a_{mn}(t+\Delta t)-a_{mn}(t)}{\Delta t}\end{pmatrix}$$

$$=\begin{pmatrix} \lim\limits_{\Delta t\to 0}\dfrac{a_{11}(t+\Delta t)-a_{11}(t)}{\Delta t} & \cdots & \lim\limits_{\Delta t\to 0}\dfrac{a_{1n}(t+\Delta t)-a_{1n}(t)}{\Delta t}\\ \lim\limits_{\Delta t\to 0}\dfrac{a_{21}(t+\Delta t)-a_{21}(t)}{\Delta t} & \cdots & \lim\limits_{\Delta t\to 0}\dfrac{a_{2n}(t+\Delta t)-a_{2n}(t)}{\Delta t}\\ \vdots & & \vdots\\ \lim\limits_{\Delta t\to 0}\dfrac{a_{m1}(t+\Delta t)-a_{m1}(t)}{\Delta t} & \cdots & \lim\limits_{\Delta t\to 0}\dfrac{a_{mn}(t+\Delta t)-a_{mn}(t)}{\Delta t}\end{pmatrix}.$$

故可得以下定义.

定义 4.4 设 $E\subset\mathbf{R}$ 为区间，$A(t)=(a_{ij}(t))_{m\times n}\in\mathbf{C}^{m\times n}, t\in E$ 为函数矩阵，若对 $t\in E^o$，$a_{ij}(t)$ 在 t 点可导，$i=1,2,\cdots,m, j=1,2,\cdots,n$，则称 $A(t)$ 在 t 点可导，导数为

$$\frac{\mathrm{d}A(t)}{\mathrm{d}t}=\left(\frac{\mathrm{d}a_{ij}(t)}{\mathrm{d}t}\right)_{m\times n}=\begin{pmatrix} \dfrac{\mathrm{d}a_{11}(t)}{\mathrm{d}t} & \dfrac{\mathrm{d}a_{12}(t)}{\mathrm{d}t} & \cdots & \dfrac{\mathrm{d}a_{1n}(t)}{\mathrm{d}t}\\ \dfrac{\mathrm{d}a_{21}(t)}{\mathrm{d}t} & \dfrac{\mathrm{d}a_{22}(t)}{\mathrm{d}t} & \cdots & \dfrac{\mathrm{d}a_{2n}(t)}{\mathrm{d}t}\\ \vdots & \vdots & & \vdots\\ \dfrac{\mathrm{d}a_{m1}(t)}{\mathrm{d}t} & \dfrac{\mathrm{d}a_{m2}(t)}{\mathrm{d}t} & \cdots & \dfrac{\mathrm{d}a_{mn}(t)}{\mathrm{d}t}\end{pmatrix} \tag{4.4}$$

$$=A'(t)=(a'_{ij}(t))_{m\times n}=\begin{pmatrix} a'_{11}(t) & a'_{12}(t) & \cdots & a'_{1n}(t)\\ a'_{21}(t) & a'_{22}(t) & \cdots & a'_{2n}(t)\\ \vdots & \vdots & & \vdots\\ a'_{m1}(t) & a'_{m2}(t) & \cdots & a'_{mn}(t)\end{pmatrix}. \tag{4.5}$$

对任意 $t \in E$(不是 $t \in E^o$)，可定义函数矩阵在 t 的左或右导数，例如，$A = (a_{ij})_{m\times n}$ 为 $A(t) = (a_{ij}(t))_{m\times n}$ 在 t 点的右导数，则

$$A'(t+0) = \begin{pmatrix} a'_{11}(t+0) & a'_{12}(t+0) & \cdots & a'_{1n}(t+0) \\ a'_{21}(t+0) & a'_{22}(t+0) & \cdots & a'_{2n}(t+0) \\ \vdots & \vdots & & \vdots \\ a'_{m1}(t+0) & a'_{m2}(t+0) & \cdots & a'_{mn}(t+0) \end{pmatrix}. \tag{4.6}$$

可见，函数矩阵在一点的左右导数由常规函数的左右导数给出，后者的具体含义，数学分析或高等数学中都有介绍.

当 $t \in E^o$ 时，$A(t) = (a_{ij}(t))_{m\times n}$ 在 t 点的导数存在，当且仅当其在该点的左右导数存在且相等.

当 E 的端点为有限数且 t 为该端点时，函数矩阵在 t 可导意为左或右可导. 例如，设 $E = [c,d], t = c$，则函数矩阵 $A(t) = (a_{ij}(t))_{m\times n}$ 在 c 点可导，意为 $a'_{ij}(c+0)$ 存在，$i = 1,2,\cdots,m, j = 1,2,\cdots,n$，其在 c 点的导数即右导数.

若函数矩阵 $A(t)$ 在 $t \in E$ 每点可导，则称其在 E 上可导.

若对 $t \in E$，$a'_{ij}(t)$ 在 t 点可导，$i = 1,2,\cdots,m, j = 1,2,\cdots,n$，则称 $A(t)$ 在 t 点 2 阶可导，2 阶导数为

$$A''(t) = (A'(t))'.$$

以此类推，若对 $t \in E$，$a_{ij}^{(k-1)}(t)$ 在 t 点可导，$i = 1,2,\cdots,m, j = 1,2,\cdots,n$，则称 $A(t)$ 在 t 点 k 阶可导，k 阶导数为

$$A^{(k)}(t) = (A^{(k-1)}(t))'.$$

例 4.2 求 $A''(t)$，其中

$$A(t) = \begin{pmatrix} t^3 & -\sin t & 0 & 1 \\ 2 & t & -1 & 4 \\ 0 & t^3 & \cos t & -2 \\ t & 4 & 3 & t^4+2 \end{pmatrix}.$$

解 由题意知

$$A'(t) = \begin{pmatrix} 3t^2 & -\cos t & 0 & 0 \\ 0 & 1 & 0 & 0 \\ 0 & 3t^2 & -\sin t & 0 \\ 1 & 0 & 0 & 4t^3 \end{pmatrix},$$

$$A''(t)=\begin{pmatrix} 6t & \sin t & 0 & 0 \\ 0 & 0 & 0 & 0 \\ 0 & 6t & -\cos t & 0 \\ 0 & 0 & 0 & 12t^2 \end{pmatrix}.$$

关于导数的运算，有如下定理.

定理 4.2　(1) 设同阶函数矩阵 $A(t), B(t)$ 可导，则 $\forall \alpha, \beta \in \mathbf{C}$，$\alpha A(t)+\beta B(t)$ 可导，且

$$(\alpha A(t)+\beta B(t))'=\alpha A'(t)+\beta B'(t). \tag{4.7}$$

(2) 设函数矩阵 $A(t), B(t)$ 可导且可以相乘，则 $A(t)B(t)$ 可导，且

$$[A(t)B(t)]'=A'(t)B(t)+A(t)B'(t). \tag{4.8}$$

(3) 设函数方阵 $A(t)$ 可导且可逆，其逆矩阵 $A^{-1}(t)$ 也可导，则

$$[A^{-1}(t)]'=-A^{-1}(t)A'(t)A^{-1}(t). \tag{4.9}$$

(4) 设函数矩阵 $A(u)$ 关于 u 可导，而 $u=f(t)$ 关于 t 可导，则函数矩阵 $A(f(t))$ 关于 t 可导，且

$$[A(f(t))]'=A'(u)f'(t). \tag{4.10}$$

证明　仅证明 (3)，其余证明留作习题.

因为

$$A(t)A^{-1}(t)=I,$$

其中 I 为单位矩阵，上式等号两边求导得

$$A'(t)A^{-1}(t)+A(t)[A^{-1}(t)]'=0,$$

故

$$A(t)[A^{-1}(t)]'=-A'(t)A^{-1}(t),$$

上式等号两边同时左乘 $A^{-1}(t)$ 即得

$$[A^{-1}(t)]'=-A^{-1}(t)A'(t)A^{-1}(t).$$

证毕.

注意 1：对于常规函数 $f(t), [f^2(t)]'=2f(t)f'(t)$, 但对函数矩阵 $A(t)$,

$$A^2(t)=A(t)A(t), \quad [A^2(t)]'=[A(t)A(t)]'=A'(t)A(t)+A(t)A'(t),$$

由于矩阵乘法没有交换律，所以一般情况下 $A'(t)A(t)\neq A(t)'A(t)$，而

$$A'(t)A(t)+A(t)A'(t)\neq 2A(t)A'(t).$$

注意 2：对于常规函数 $f(t), [f^{-1}(t)]' = -\dfrac{f'(t)}{f^2(t)}$，后者当然可以写为

$$-f^{-1}(t)f'(t)f^{-1}(t),$$

形式上与函数矩阵逆函数的导数相同. 一个是函数的倒数的导数，另一个是函数矩阵的逆函数的导数，表示倒数和逆时都使用了符号 -1，形式相同，导数公式竟然也一样，十分有趣.

4.1.3 函数矩阵的定积分

对于常规函数，其在一个闭区间上的定积分为积分和式的极限. 我们已经知道，对于函数矩阵，无论求和还是求极限，都可依位置进行，所以，函数矩阵的定积分，也可以依位置求.

设 $A(t)=(a_{ij}(t))_{m\times n}$，$a_{ij}(t)$ 在 $[a,b]$ 上可积，$i=1,2,\cdots,m, j=1,2,\cdots,n$.

在 $[a,b]$ 中插入 $k-1$ 个分点：

$$a=t_0<t_1<\cdots<t_{k-1}<t_k=b,$$

将 $[a,b]$ 分为 k 个小区间，在小区间 $[t_{l-1},t_l]$ 上任取一点 ξ_l，$l=1,2,\cdots,k$，作积分和

$$\sum_{l=1}^{k}A(\xi_l)\Delta t_l,\quad \Delta t_l=t_l-t_{l-1}.$$

令 $\varDelta=\max\limits_{1\leqslant l\leqslant k}\Delta t_l$，则当 $\varDelta\to 0$ 时，

$$\begin{aligned}
&\lim_{\varDelta\to 0}\sum_{l=1}^{k}A(\xi_l)\Delta t_l\\
&=\lim_{\varDelta\to 0}\sum_{l=1}^{k}\begin{pmatrix} a_{11}(\xi_l) & a_{12}(\xi_l) & \cdots & a_{1n}(\xi_l)\\ a_{21}(\xi_l) & a_{22}(\xi_l) & \cdots & a_{2n}(\xi_l)\\ \vdots & \vdots & & \vdots\\ a_{m1}(\xi_l) & a_{m2}(\xi_l) & \cdots & a_{mn}(\xi_l)\end{pmatrix}\Delta t_l\\
&=\begin{pmatrix} \lim\limits_{\varDelta\to 0}\sum\limits_{l=1}^{k}a_{11}(\xi_l)\Delta t_l & \cdots & \lim\limits_{\varDelta\to 0}\sum\limits_{l=1}^{k}a_{1n}(\xi_l)\Delta t_l\\ \lim\limits_{\varDelta\to 0}\sum\limits_{l=1}^{k}a_{21}(\xi_l)\Delta t_l & \cdots & \lim\limits_{\varDelta\to 0}\sum\limits_{l=1}^{k}a_{2n}(\xi_l)\Delta t_l\\ \vdots & & \vdots\\ \lim\limits_{\varDelta\to 0}\sum\limits_{l=1}^{k}a_{m1}(\xi_l)\Delta t_l & \cdots & \lim\limits_{\varDelta\to 0}\sum\limits_{l=1}^{k}a_{mn}(\xi_l)\Delta t_l\end{pmatrix}.
\end{aligned}$$

由于 $a_{ij}(t)$ 在 $[a,b]$ 上可积，上式最后矩阵的项为 $\int_a^b a_{ij}(t)\mathrm{d}t$，$i=1,2,\cdots,m, j=1,2,\cdots,n$，故可给出 $A(t)$ 在 $[a,b]$ 上定积分的定义.

定义 4.5　设函数矩阵 $A(t)=(a_{ij}(t))_{m\times n}$ 定义于 $[a,b]$，$a_{ij}(t)$ 在 $[a,b]$ 上可积，$i=1,2,\cdots,m, j=1,2,\cdots,n$, 则称 $A(t)$ 在 $[a,b]$ 上可积，$A(t)$ 在 $[a,b]$ 上的积分为

$$\int_a^b A(t)\mathrm{d}t=\begin{pmatrix} \int_a^b a_{11}(t)\mathrm{d}t & \int_a^b a_{12}(t)\mathrm{d}t & \cdots & \int_a^b a_{1n}(t)\mathrm{d}t \\ \int_a^b a_{21}(t)\mathrm{d}t & \int_a^b a_{22}(t)\mathrm{d}t & \cdots & \int_a^b a_{2n}(t)\mathrm{d}t \\ \vdots & \vdots & & \vdots \\ \int_a^b a_{m1}(t)\mathrm{d}t & \int_a^b a_{m2}(t)\mathrm{d}t & \cdots & \int_a^b a_{mn}(t)\mathrm{d}t \end{pmatrix}.$$

例 4.3　求 $\int_0^1 A(t)\mathrm{d}t$，其中

$$A(t)=\begin{pmatrix} t^2 & \sin t & t & 1 \\ 2t & t-1 & -1 & 4t^3 \end{pmatrix}.$$

解　$$\int_0^1 A(t)\mathrm{d}t=\begin{pmatrix} \frac{1}{3} & 1-\cos 1 & \frac{1}{2} & 1 \\ 1 & -\frac{1}{2} & -1 & 1 \end{pmatrix}.$$

和常规函数的定积分一样，函数矩阵的定积分具有线性性质.

定理 4.3　设同阶函数矩阵 $A(t),B(t)$ 在 $[a,b]$ 上可积，则对任意 $\alpha,\beta\in\mathbf{C}$，$\alpha A(t)+\beta B(t)$ 在 $[a,b]$ 上可积，且

$$\int_a^b[\alpha A(t)+\beta B(t)]\mathrm{d}t=\alpha\int_a^b A(t)\mathrm{d}t+\beta\int_a^b B(t)\mathrm{d}t.$$

4.1.4　数值和向量值函数的导数

首先介绍几个概念.

定义 4.6　设 $E\subset\mathbf{R}^n$，$\|\cdot\|$ 是 $\mathbf{R}^n$ 上任意一种范数，若对 $x\in E$，存在 $\delta>0$，使

$$B(x,\delta)=\{t\in\mathbf{R}^n:\|t-x\|<\delta\}\subset E,$$

则称 x 为 E 的一个内点，E 中内点的全体构成的集合称为 E 的内部，记为 E^o，$E=E^o$ 时，称 E 为开集.

注意 1：$B(x,\delta)$ 称为以 x 为中心，δ 为半径的开球；E 的内部 E^o 与 4.1.1 节中的 E^o 概念和记号完全相同. 本定义中涉及的概念与记号在数学中是通用的.

注意 2：当 $\mathbf{R}^n$ 上赋予的范数不同时，$B(x,\delta)$ 也不同，但由于有限维空间上任何范数等价，故一个集合 E 在任何一种范数意义下的内部 E^o 都是一样的. 开集也一样，即在这一种范数意义下是开集，在另一种范数意义下也是开集. 因此对于 $\mathbf{R}^n$ 的子集 E 的内部 E^o，可以不指出通过何种范数给出.

1. 数值函数关于向量和矩阵的导数

定义 4.7 设 $f(X)$ 定义于 $E\subset\mathbf{R}^n$，取值于 $\mathbf{C}$，E^o 为 E 的内部，对 $X=(x_1,x_2,\cdots,x_n)^{\mathrm{T}}\in E^o$，$f$ 在 X 点关于 x_i 的偏导数存在，则称 $f(X)$ 在 X 点可导，称

$$\frac{\mathrm{d}f(X)}{\mathrm{d}X}=\left(\frac{\partial f}{\partial x_1},\frac{\partial f}{\partial x_2},\cdots,\frac{\partial f}{\partial x_n}\right)^{\mathrm{T}}=\mathrm{grad}f \tag{4.11}$$

为 f 对 X 在 X 点的导数. 称

$$\frac{\mathrm{d}f(X)}{\mathrm{d}X^{\mathrm{T}}}=\left(\frac{\partial f}{\partial x_1},\frac{\partial f}{\partial x_2},\cdots,\frac{\partial f}{\partial x_n}\right) \tag{4.12}$$

为 f 对 X^{T} 在 X 点的导数.

故有关系

$$\left(\frac{\mathrm{d}f(X)}{\mathrm{d}X}\right)^{\mathrm{T}}=\frac{\mathrm{d}f(X)}{\mathrm{d}X^{\mathrm{T}}}.$$

定义 4.8 设 $f(X)$ 定义于 $E\subset\mathbf{R}^{m\times n}$，取值于 $\mathbf{C}$，E^o 为 E 的内部，对 $X=(x_{ij})_{m\times n}\in E^o$，$f$ 在 X 点关于 x_{ij} 的偏导数存在，则称 $f(X)$ 在 X 点可导，称

$$\frac{\mathrm{d}f(X)}{\mathrm{d}X}=\begin{pmatrix}\dfrac{\partial f}{\partial x_{11}} & \dfrac{\partial f}{\partial x_{12}} & \cdots & \dfrac{\partial f}{\partial x_{1n}}\\ \dfrac{\partial f}{\partial x_{21}} & \dfrac{\partial f}{\partial x_{22}} & \cdots & \dfrac{\partial f}{\partial x_{2n}}\\ \vdots & \vdots & & \vdots\\ \dfrac{\partial f}{\partial x_{m1}} & \dfrac{\partial f}{\partial x_{m2}} & \cdots & \dfrac{\partial f}{\partial x_{mn}}\end{pmatrix} \tag{4.13}$$

为 f 对 X 在 X 点的导数.

注意 1：当 X 在 E^o 中变化时，导数成为导函数，以后若不特别声明，都认为导数即导函数.

注意 2：定义 4.7 为定义 4.8 的特殊情形.

由于 $f(X)$ 实为多元数值函数，所以关于上述导数的运算性质与多元函数微分学中介绍的内容无异，以下仅介绍导数的线性性质与乘积的求导公式.

定理 4.4 设数值函数 $f(X),g(X)$ 可导，则 $f(X)g(X)$ 可导，$\forall\alpha,\beta\in\mathbf{C}$，$\alpha f(X)+\beta g(X)$ 可导，且

$$\frac{\mathrm{d}(\alpha f(X)+\beta g(X))}{\mathrm{d}X}=\alpha\frac{\mathrm{d}f(X)}{\mathrm{d}X}+\beta\frac{\mathrm{d}g(X)}{\mathrm{d}X}, \tag{4.14}$$

$$\frac{\mathrm{d}(f(X)g(X))}{\mathrm{d}X}=f(X)\frac{\mathrm{d}g(X)}{\mathrm{d}X}+g(X)\frac{\mathrm{d}f(X)}{\mathrm{d}X}. \tag{4.15}$$

2. **向量值函数对向量的导数**

定义 4.9 设向量值函数 $f(X)=(f_1(X),f_2(X),\cdots,f_m(X))^{\mathrm{T}}$ 定义于 $E\subset\mathbf{R}^n$，取值于 $\mathbf{C}^m$，E^o 为 E 的内部，对 $X=(x_1,x_2,\cdots,x_n)^{\mathrm{T}}\in E^o$，$f_i$ 在 X 点关于 x_j 的偏导数存在，$i=1,2,\cdots,m,j=1,2,\cdots,n$，则称 $f(X)$ 在 X 点可导，称

$$\frac{\mathrm{d}f(X)}{\mathrm{d}X^{\mathrm{T}}}=\begin{pmatrix}\dfrac{\partial f_1}{\partial x_1} & \dfrac{\partial f_1}{\partial x_2} & \cdots & \dfrac{\partial f_1}{\partial x_n}\\ \dfrac{\partial f_2}{\partial x_1} & \dfrac{\partial f_2}{\partial x_2} & \cdots & \dfrac{\partial f_2}{\partial x_n}\\ \vdots & \vdots & & \vdots\\ \dfrac{\partial f_m}{\partial x_1} & \dfrac{\partial f_m}{\partial x_2} & \cdots & \dfrac{\partial f_m}{\partial x_n}\end{pmatrix} \tag{4.16}$$

为 f 对 X^{T} 在 X 点的导数. 称

$$\frac{\mathrm{d}f^{\mathrm{T}}(X)}{\mathrm{d}X}=\begin{pmatrix}\dfrac{\partial f_1}{\partial x_1} & \dfrac{\partial f_2}{\partial x_1} & \cdots & \dfrac{\partial f_m}{\partial x_1}\\ \dfrac{\partial f_1}{\partial x_2} & \dfrac{\partial f_2}{\partial x_2} & \cdots & \dfrac{\partial f_m}{\partial x_2}\\ \vdots & \vdots & & \vdots\\ \dfrac{\partial f_1}{\partial x_n} & \dfrac{\partial f_2}{\partial x_n} & \cdots & \dfrac{\partial f_m}{\partial x_n}\end{pmatrix} \tag{4.17}$$

为 f^{T} 对 X 在 X 点的导数.

注意不存在 f 对 X 的导数和 f^{T} 对 X^{T} 的导数.

这些导数的形式容易混淆，遵循“横横之，立立之”的原则，便不易混淆. 如在 (4.17) 中，f^{T} 是行向量，X 是列向量，(4.17) 等号右边的矩阵中，符号 f_j 横排，x_j 竖排，与 f^{T} 和 X 元素的排列方式分别相同.

对于这类导数，关于运算的求导法则相对复杂一些.

定理 4.5 设 $X\in\mathbf{R}^n$ 为列向量，$A=(a_{ij})_{l\times m}$ 为数字矩阵，$a(X)$ 为数值函数，$f(X),g(X)$ 为取值于 $\mathbf{C}^m$ 的向量值函数，则

1° $\forall \alpha, \beta \in \mathbf{C}$，

$$\frac{\mathrm{d}(\alpha f^{\mathrm{T}}(X)+\beta g^{\mathrm{T}}(X))}{\mathrm{d}X}=\alpha\frac{\mathrm{d}f^{\mathrm{T}}(X)}{\mathrm{d}X}+\beta\frac{\mathrm{d}g^{\mathrm{T}}(X)}{\mathrm{d}X}. \tag{4.18}$$

2°

$$\frac{\mathrm{d}(a(X)f^{\mathrm{T}}(X))}{\mathrm{d}X}=\frac{\mathrm{d}a(X)}{\mathrm{d}X}f^{\mathrm{T}}(X)+a(X)\frac{\mathrm{d}f^{\mathrm{T}}(X)}{\mathrm{d}X}. \tag{4.19}$$

3°

$$\frac{\mathrm{d}(Af(X))}{\mathrm{d}X^{\mathrm{T}}}=A\frac{\mathrm{d}f(X)}{\mathrm{d}X^{\mathrm{T}}}. \tag{4.20}$$

4°

$$\frac{\mathrm{d}(f^{\mathrm{T}}(X)g(X))}{\mathrm{d}X}=\frac{\mathrm{d}f^{\mathrm{T}}(X)}{\mathrm{d}X}g(X)+\frac{\mathrm{d}g^{\mathrm{T}}(X)}{\mathrm{d}X}f(X). \tag{4.21}$$

5°

$$\frac{\mathrm{d}(f^{\mathrm{T}}(X)g(X))}{\mathrm{d}X^{\mathrm{T}}}=g^{\mathrm{T}}(X)\frac{\mathrm{d}f(X)}{\mathrm{d}X^{\mathrm{T}}}+f^{\mathrm{T}}(X)\frac{\mathrm{d}g(X)}{\mathrm{d}X^{\mathrm{T}}}. \tag{4.22}$$

证明 仅证明 5°，其余留作习题. 由于

$$f^{\mathrm{T}}(X)g(X)=\sum_{j=1}^{m}f_j(X)g_j(X),$$

故

$$\begin{aligned}
&\frac{\mathrm{d}(f^{\mathrm{T}}(X)g(X))}{\mathrm{d}X^{\mathrm{T}}}\\
=&\left(\partial\left[\sum_{j=1}^{m}f_j(X)g_j(X)\right]\Big/\partial x_1,\partial\left[\sum_{j=1}^{m}f_j(X)g_j(X)\right]\Big/\partial x_2,\cdots,\right.\\
&\left.\partial\left[\sum_{j=1}^{m}f_j(X)g_j(X)\right]\Big/\partial x_n\right)\\
=&\left(\sum_{j=1}^{m}\frac{\partial f_j(X)g_j(X)}{\partial x_1},\sum_{j=1}^{m}\frac{\partial f_j(X)g_j(X)}{\partial x_2},\cdots,\sum_{j=1}^{m}\frac{\partial f_j(X)g_j(X)}{\partial x_n}\right)\\
=&\left(\sum_{j=1}^{m}\left[\frac{\partial f_j(X)}{\partial x_1}g_j(X)+f_j(X)\frac{\partial g_j(X)}{\partial x_1}\right],\sum_{j=1}^{m}\left[\frac{\partial f_j(X)}{\partial x_2}g_j(X)+f_j(X)\frac{\partial g_j(X)}{\partial x_2}\right],\cdots,\right.
\end{aligned}$$

$$\sum_{j=1}^{m}\left[\frac{\partial f_j(X)}{\partial x_n}g_j(X)+f_j(X)\frac{\partial g_j(X)}{\partial x_n}\right]\Bigg)$$

$$=\left(\sum_{j=1}^{m}\frac{\partial f_j(X)}{\partial x_1}g_j(X),\sum_{j=1}^{m}\frac{\partial f_j(X)}{\partial x_2}g_j(X),\cdots,\sum_{j=1}^{m}\frac{\partial f_j(X)}{\partial x_n}g_j(X)\right)$$

$$+\left(\sum_{j=1}^{m}f_j(X)\frac{\partial g_j(X)}{\partial x_1},\sum_{j=1}^{m}f_j(X)\frac{\partial g_j(X)}{\partial x_2},\cdots,\sum_{j=1}^{m}f_j(X)\frac{\partial g_j(X)}{\partial x_n}\right)$$

$$=\left((g_1(X),g_2(X),\cdots,g_m(X))\begin{pmatrix}\dfrac{\partial f_1(X)}{\partial x_1}\\ \dfrac{\partial f_2(X)}{\partial x_1}\\ \vdots\\ \dfrac{\partial f_m(X)}{\partial x_1}\end{pmatrix},\right.$$

$$(g_1(X),g_2(X),\cdots,g_m(X))\begin{pmatrix}\dfrac{\partial f_1(X)}{\partial x_2}\\ \dfrac{\partial f_2(X)}{\partial x_2}\\ \vdots\\ \dfrac{\partial f_m(X)}{\partial x_2}\end{pmatrix},\cdots,$$

$$\left.(g_1(X),g_2(X),\cdots,g_m(X))\begin{pmatrix}\dfrac{\partial f_1(X)}{\partial x_n}\\ \dfrac{\partial f_2(X)}{\partial x_n}\\ \vdots\\ \dfrac{\partial f_m(X)}{\partial x_n}\end{pmatrix}\right)$$

$$+\left((f_1(X),f_2(X),\cdots,f_m(X))\begin{pmatrix}\dfrac{\partial g_1(X)}{\partial x_1}\\ \dfrac{\partial g_2(X)}{\partial x_1}\\ \vdots\\ \dfrac{\partial g_m(X)}{\partial x_1}\end{pmatrix},\right.$$

$$(f_1(X), f_2(X), \cdots, f_m(X))\begin{pmatrix} \dfrac{\partial g_1(X)}{\partial x_2} \\ \dfrac{\partial g_2(X)}{\partial x_2} \\ \vdots \\ \dfrac{\partial g_m(X)}{\partial x_2} \end{pmatrix}, \cdots,$$

$$(f_1(X), f_2(X), \cdots, f_m(X))\begin{pmatrix} \dfrac{\partial g_1(X)}{\partial x_n} \\ \dfrac{\partial g_2(X)}{\partial x_n} \\ \vdots \\ \dfrac{\partial g_m(X)}{\partial x_n} \end{pmatrix}\Bigg)$$

$$=(g_1(X), g_2(X), \cdots, g_m(X))\begin{pmatrix} \dfrac{\partial f_1}{\partial x_1} & \dfrac{\partial f_1}{\partial x_2} & \cdots & \dfrac{\partial f_1}{\partial x_n} \\ \dfrac{\partial f_2}{\partial x_1} & \dfrac{\partial f_2}{\partial x_2} & \cdots & \dfrac{\partial f_2}{\partial x_n} \\ \vdots & \vdots & & \vdots \\ \dfrac{\partial f_m}{\partial x_1} & \dfrac{\partial f_m}{\partial x_2} & \cdots & \dfrac{\partial f_m}{\partial x_n} \end{pmatrix}$$

$$+(f_1(X), f_2(X), \cdots, f_m(X))\begin{pmatrix} \dfrac{\partial g_1}{\partial x_1} & \dfrac{\partial g_1}{\partial x_2} & \cdots & \dfrac{\partial g_1}{\partial x_n} \\ \dfrac{\partial g_2}{\partial x_1} & \dfrac{\partial g_2}{\partial x_2} & \cdots & \dfrac{\partial g_2}{\partial x_n} \\ \vdots & \vdots & & \vdots \\ \dfrac{\partial g_m}{\partial x_1} & \dfrac{\partial g_m}{\partial x_2} & \cdots & \dfrac{\partial g_m}{\partial x_n} \end{pmatrix}$$

$$= g^{\mathrm{T}}(X)\frac{\mathrm{d}f(X)}{\mathrm{d}X^{\mathrm{T}}} + f^{\mathrm{T}}(X)\frac{\mathrm{d}g(X)}{\mathrm{d}X^{\mathrm{T}}}.$$

证毕.

例 4.4 在数学分析中，求多元函数的积分时常进行变量代换，设

$$X = (x_1, x_2, \cdots, x_n)^{\mathrm{T}} \in \mathbf{R}^n, \quad Y = (y_1(X), y_2(X), \cdots, y_n(X))^{\mathrm{T}} \in \mathbf{R}^n,$$

在将 X 是变量的多元积分变为 Y 是变量的多元积分时，需计算体积微元变换系数

$$\frac{\partial(y_1, y_2, \cdots, y_n)}{\partial(x_1, x_2, \cdots, x_n)} = \begin{vmatrix} \dfrac{\partial y_1}{\partial x_1} & \dfrac{\partial y_1}{\partial x_2} & \cdots & \dfrac{\partial y_1}{\partial x_n} \\ \dfrac{\partial y_2}{\partial x_1} & \dfrac{\partial y_2}{\partial x_2} & \cdots & \dfrac{\partial y_2}{\partial x_n} \\ \vdots & \vdots & & \vdots \\ \dfrac{\partial y_n}{\partial x_1} & \dfrac{\partial y_n}{\partial x_2} & \cdots & \dfrac{\partial y_n}{\partial x_n} \end{vmatrix}.$$

试对 $Y=AX$ 计算体积微元变换系数，其中 A 是元素为实数的可逆矩阵.

解

$$\frac{\partial(y_1,y_2,\cdots,y_n)}{\partial(x_1,x_2,\cdots,x_n)}=\begin{vmatrix}\dfrac{\partial y_1}{\partial x_1} & \dfrac{\partial y_1}{\partial x_2} & \cdots & \dfrac{\partial y_1}{\partial x_n}\\ \dfrac{\partial y_2}{\partial x_1} & \dfrac{\partial y_2}{\partial x_2} & \cdots & \dfrac{\partial y_2}{\partial x_n}\\ \vdots & \vdots & & \vdots\\ \dfrac{\partial y_n}{\partial x_1} & \dfrac{\partial y_n}{\partial x_2} & \cdots & \dfrac{\partial y_n}{\partial x_n}\end{vmatrix}$$

$$=\left|\frac{\mathrm{d}Y}{\mathrm{d}X^{\mathrm{T}}}\right|=\left|\frac{\mathrm{d}AX}{\mathrm{d}X^{\mathrm{T}}}\right|=\left|A\frac{\mathrm{d}X}{\mathrm{d}X^{\mathrm{T}}}\right|=\left|AI\right|=|A|,$$

其中注意

$$\frac{\mathrm{d}X}{\mathrm{d}X^{\mathrm{T}}}=I.$$

4.2 矩 阵 级 数

本节首先介绍矩阵项级数，接着介绍函数矩阵序列，在此基础上介绍函数矩阵级数.

4.2.1 矩阵项级数

设 $\{A_k\}_{k=1}^{\infty}=\{(a_{ij}^{(k)})_{m\times n}\}_{k=1}^{\infty}\subset\mathbf{C}^{m\times n}$ 为矩阵序列，形式地将其中各个矩阵加起来，得

$$\sum_{k=1}^{\infty}A_k, \tag{4.23}$$

称为矩阵项级数，A_k 称为该级数的一般项，

$$S_k=\sum_{l=1}^{k}A_l \tag{4.24}$$

称为该级数的前 k 项部分和. 与数项级数一样，矩阵项级数 (4.23) 的敛散性，等价于矩阵序列 $\{S_k\}$ 的敛散性. 当此序列收敛于矩阵 S 时，称矩阵项级数 (4.23) 收敛于 S，记为

$$\sum_{k=1}^{\infty}A_k=S.$$

S 称为级数 (4.23) 的和.

设

$$S=\begin{pmatrix} s_{11} & s_{12} & \cdots & s_{1n} \\ s_{21} & s_{22} & \cdots & s_{2n} \\ \vdots & \vdots & & \vdots \\ s_{m1} & s_{m2} & \cdots & s_{mn} \end{pmatrix}. \tag{4.25}$$

则由

$$\begin{aligned} S_k &= \begin{pmatrix} a_{11}^{(1)} & a_{12}^{(1)} & \cdots & a_{1n}^{(1)} \\ a_{21}^{(1)} & a_{22}^{(1)} & \cdots & a_{2n}^{(1)} \\ \vdots & \vdots & & \vdots \\ a_{m1}^{(1)} & a_{m2}^{(1)} & \cdots & a_{mn}^{(1)} \end{pmatrix} + \begin{pmatrix} a_{11}^{(2)} & a_{12}^{(2)} & \cdots & a_{1n}^{(2)} \\ a_{21}^{(2)} & a_{22}^{(2)} & \cdots & a_{2n}^{(2)} \\ \vdots & \vdots & & \vdots \\ a_{m1}^{(2)} & a_{m2}^{(2)} & \cdots & a_{mn}^{(2)} \end{pmatrix} + \cdots \\ &\quad + \begin{pmatrix} a_{11}^{(k)} & a_{12}^{(k)} & \cdots & a_{1n}^{(k)} \\ a_{21}^{(k)} & a_{22}^{(k)} & \cdots & a_{2n}^{(k)} \\ \vdots & \vdots & & \vdots \\ a_{m1}^{(k)} & a_{m2}^{(k)} & \cdots & a_{mn}^{(k)} \end{pmatrix} \\ &= \begin{pmatrix} \sum\limits_{l=1}^{k} a_{11}^{(l)} & \sum\limits_{l=1}^{k} a_{12}^{(l)} & \cdots & \sum\limits_{l=1}^{k} a_{1n}^{(l)} \\ \sum\limits_{l=1}^{k} a_{21}^{(l)} & \sum\limits_{l=1}^{k} a_{22}^{(l)} & \cdots & \sum\limits_{l=1}^{k} a_{2n}^{(l)} \\ \vdots & \vdots & & \vdots \\ \sum\limits_{l=1}^{k} a_{m1}^{(l)} & \sum\limits_{l=1}^{k} a_{m2}^{(l)} & \cdots & \sum\limits_{l=1}^{k} a_{mn}^{(l)} \end{pmatrix}, \end{aligned} \tag{4.26}$$

以及 2.2 节关于讨论矩阵序列收敛时只考虑依位置收敛的原则, 级数 (4.23) 可以形式地写为

$$\sum_{k=1}^{\infty} A_k = \begin{pmatrix} \sum\limits_{k=1}^{\infty} a_{11}^{(k)} & \sum\limits_{k=1}^{\infty} a_{12}^{(k)} & \cdots & \sum\limits_{k=1}^{\infty} a_{1n}^{(k)} \\ \sum\limits_{k=1}^{\infty} a_{21}^{(k)} & \sum\limits_{k=1}^{\infty} a_{22}^{(k)} & \cdots & \sum\limits_{k=1}^{\infty} a_{2n}^{(k)} \\ \vdots & \vdots & & \vdots \\ \sum\limits_{k=1}^{\infty} a_{m1}^{(k)} & \sum\limits_{k=1}^{\infty} a_{m2}^{(k)} & \cdots & \sum\limits_{k=1}^{\infty} a_{mn}^{(k)} \end{pmatrix}, \tag{4.27}$$

该级数收敛于 S，等价于其每个位置上的级数对应地收敛于 S 每个位置上的元素：

$$\sum_{k=1}^{\infty} A_k = \begin{pmatrix} \sum\limits_{k=1}^{\infty} a_{11}^{(k)} & \sum\limits_{k=1}^{\infty} a_{12}^{(k)} & \cdots & \sum\limits_{k=1}^{\infty} a_{1n}^{(k)} \\ \sum\limits_{k=1}^{\infty} a_{21}^{(k)} & \sum\limits_{k=1}^{\infty} a_{22}^{(k)} & \cdots & \sum\limits_{k=1}^{\infty} a_{2n}^{(k)} \\ \vdots & \vdots & & \vdots \\ \sum\limits_{k=1}^{\infty} a_{m1}^{(k)} & \sum\limits_{k=1}^{\infty} a_{m2}^{(k)} & \cdots & \sum\limits_{k=1}^{\infty} a_{mn}^{(k)} \end{pmatrix} = \begin{pmatrix} s_{11} & s_{12} & \cdots & s_{1n} \\ s_{21} & s_{22} & \cdots & s_{2n} \\ \vdots & \vdots & & \vdots \\ s_{m1} & s_{m2} & \cdots & s_{mn} \end{pmatrix}.$$

可以像数项级数一样考虑矩阵项级数的绝对收敛问题. 如果式 (4.27) 中每个位置上的级数绝对收敛，则称该矩阵项级数绝对收敛，如果每个位置上的级数收敛，其中至少有一个级数条件收敛，则称该矩阵项级数条件收敛. 任意改变一个绝对收敛矩阵项级数项的次序，得到的仍为绝对收敛的矩阵项级数，和不变. 条件收敛的矩阵项级数却不可随意变动项的次序，不然，收敛级数可能变为发散级数.

例 4.5 讨论矩阵项级数 $\sum\limits_{k=1}^{\infty} A_k$ 的敛散性，其中

$$A_k = \begin{pmatrix} \dfrac{(-1)^k}{k} & \dfrac{1}{k^{1.1}} & \dfrac{k^2+1}{\mathrm{i}k^4} & \dfrac{\sin k}{k^4} \\ 0 & \dfrac{1}{k^2} & 0 & 0 \end{pmatrix}.$$

解 级数 $\sum\limits_{k=1}^{\infty} \dfrac{(-1)^k}{k}$ 为调和级数，条件收敛；

$$\sum_{k=1}^{\infty} \frac{1}{k^{1.1}}, \quad \sum_{k=1}^{\infty} \frac{k^2+1}{\mathrm{i}k^4}, \quad \sum_{k=1}^{\infty} \frac{\sin k}{k^4}, \quad \sum_{k=1}^{\infty} \frac{1}{k^2}$$

皆绝对收敛，故矩阵项级数 $\sum\limits_{k=1}^{\infty} A_k$ 条件收敛.

定理 4.6 设 $\{A_k\}_{k=1}^{\infty} = \{(a_{ij}^{(k)})_{m\times n}\}_{k=1}^{\infty} \subset \mathbf{C}^{m\times n}$ 为矩阵序列，则矩阵项级数 $\sum\limits_{k=1}^{\infty} A_k$ 绝对收敛的充要条件为数项级数

$$\sum_{k=1}^{\infty} \|A_k\| \tag{4.28}$$

收敛，其中 $\|\cdot\|$ 为 $\mathbf{C}^{m\times n}$ 上的任意一种范数.

证明 由有限维空间上范数的等价性，可对 $\mathbf{C}^{m\times n}$ 上的 1 范数进行证明.

必要性. 设 $\sum\limits_{k=1}^{\infty}A_k$ 绝对收敛，故每个级数 $\sum\limits_{k=1}^{\infty}a_{ij}^{(k)}$ 绝对收敛，即 $\sum\limits_{k=1}^{\infty}|a_{ij}^{(k)}|$ 收敛，其和是非负数，共有 $m\times n$ 个这样的数，设

$$\sum_{k=1}^{\infty}|a_{ij}^{(k)}|<M,\quad i=1,2,\cdots,m,\quad j=1,2,\cdots,n, \tag{4.29}$$

故

$$\sum_{k=1}^{\infty}\|A_k\|_1=\sum_{k=1}^{\infty}\sum_{i=1}^{m}\sum_{j=1}^{n}|a_{ij}^{(k)}|=\sum_{i=1}^{m}\sum_{j=1}^{n}\sum_{k=1}^{\infty}|a_{ij}^{(k)}|\leqslant\sum_{i=1}^{m}\sum_{j=1}^{n}M=mnM.$$

注意 $\sum\limits_{k=1}^{\infty}\|A_k\|_1$ 为正项级数，此级数收敛的充要条件为和有限，从而 $\sum\limits_{k=1}^{\infty}\|A_k\|_1$ 收敛.

充分性. 设 $\sum\limits_{k=1}^{\infty}\|A_k\|_1$ 收敛，则由于

$$|a_{ij}^{(k)}|\leqslant\sum_{q=1}^{m}\sum_{r=1}^{n}|a_{qr}^{(k)}|=\|A_k\|_1,\quad i=1,2,\cdots,m,\quad j=1,2,\cdots,n,$$

故

$$\sum_{k=1}^{\infty}|a_{ij}^{(k)}|\leqslant\sum_{k=1}^{\infty}\|A_k\|_1,\quad i=1,2,\cdots,m,\quad j=1,2,\cdots,n,$$

即 $\sum\limits_{k=1}^{\infty}a_{ij}^{(k)}$ 绝对收敛，从而 $\sum\limits_{k=1}^{\infty}A_k$ 绝对收敛. 证毕.

关于收敛的矩阵项级数的线性运算，有如下定理.

定理 4.7 设同阶矩阵项级数 $\sum\limits_{k=1}^{\infty}A_k,\sum\limits_{k=1}^{\infty}B_k$ 收敛，则对任意 $\alpha,\beta\in\mathbf{C}$，矩阵项级数 $\sum\limits_{k=1}^{\infty}(\alpha A_k+\beta B_k)$ 也收敛，且

$$\sum_{k=1}^{\infty}(\alpha A_k+\beta B_k)=\alpha\sum_{k=1}^{\infty}A_k+\beta\sum_{k=1}^{\infty}B_k.$$

关于收敛的矩阵项级数是否可以相乘的问题，情况较为复杂，下面对此给出一个结果.

定理 4.8 设 $\|\cdot\|_{m\times n},\|\cdot\|_{n\times l},\|\cdot\|_{m\times l}$ 三种范数相容，$\|A_k\|_{m\times n}\leqslant a_k,\|B_k\|_{n\times l}\leqslant b_k,k=1,2,\cdots$，正项级数 $\sum\limits_{k\to\infty}a_k,\sum\limits_{k\to\infty}b_k$ 收敛，令

$$C_k=A_1B_k+A_2B_{k-1}+A_3B_{k-2}+\cdots+A_kB_1, \tag{4.30}$$

则矩阵级数 $\sum\limits_{k=1}^{\infty} C_k$ 绝对收敛且

$$\sum_{k=1}^{\infty} C_k = \sum_{k=1}^{\infty} A_k \sum_{k=1}^{\infty} B_k. \tag{4.31}$$

定理 4.7 和定理 4.8 的证明是简单的，留作习题.

4.2.2　函数矩阵序列

设 $\{A_k(t)\}_{k=1}^{\infty} = \{(a_{ij}^{(k)}(t))_{m\times n}\}_{k=1}^{\infty}$ 为函数矩阵序列，其中 $(a_{ij}^{(k)}(t))_{m\times n}$ 的定义域为 $E \subset \mathbf{R}$，取值于 $\mathbf{C}^{m\times n}$，故称该序列为定义于 E 的函数矩阵序列.

此序列即

$$\begin{pmatrix} a_{11}^{(1)}(t) & a_{12}^{(1)}(t) & \cdots & a_{1n}^{(1)}(t) \\ a_{21}^{(1)}(t) & a_{22}^{(1)}(t) & \cdots & a_{2n}^{(1)}(t) \\ \vdots & \vdots & & \vdots \\ a_{m1}^{(1)}(t) & a_{m2}^{(1)}(t) & \cdots & a_{mn}^{(1)}(t) \end{pmatrix}, \begin{pmatrix} a_{11}^{(2)}(t) & a_{12}^{(2)}(t) & \cdots & a_{1n}^{(2)}(t) \\ a_{21}^{(2)}(t) & a_{22}^{(2)}(t) & \cdots & a_{2n}^{(2)}(t) \\ \vdots & \vdots & & \vdots \\ a_{m1}^{(2)}(t) & a_{m2}^{(2)}(t) & \cdots & a_{mn}^{(2)}(t) \end{pmatrix}, \cdots,$$
$$\begin{pmatrix} a_{11}^{(k)}(t) & a_{12}^{(k)}(t) & \cdots & a_{1n}^{(k)}(t) \\ a_{21}^{(k)}(t) & a_{22}^{(k)}(t) & \cdots & a_{2n}^{(k)}(t) \\ \vdots & \vdots & & \vdots \\ a_{m1}^{(k)}(t) & a_{m2}^{(k)}(t) & \cdots & a_{mn}^{(k)}(t) \end{pmatrix}, \cdots, \tag{4.32}$$

这些矩阵为同阶矩阵，将它们相同位置上的元素按序取出，得到 $m \times n$ 个函数列：

$$\begin{gathered} a_{11}^{(1)}(t),\cdots,a_{11}^{(k)}(t),\cdots;a_{12}^{(1)}(t),\cdots,a_{12}^{(k)}(t),\cdots;\cdots;a_{1n}^{(1)}(t),\cdots,a_{1n}^{(k)}(t),\cdots; \\ a_{21}^{(1)}(t),\cdots,a_{21}^{(k)}(t),\cdots;a_{22}^{(1)}(t),\cdots,a_{22}^{(k)}(t),\cdots;\cdots;a_{2n}^{(1)}(t),\cdots,a_{2n}^{(k)}(t),\cdots; \\ \cdots\cdots \\ a_{m1}^{(1)}(t),\cdots,a_{m1}^{(k)}(t),\cdots;a_{m2}^{(1)}(t),\cdots,a_{m2}^{(k)}(t),\cdots;\cdots;a_{mn}^{(1)}(t),\cdots,a_{mn}^{(k)}(t),\cdots. \end{gathered} \tag{4.33}$$

若这 $m \times n$ 个函数列全部收敛，分别收敛于

$$\begin{gathered} a_{11}(t);\cdots;a_{1n}(t); \\ a_{21}(t);\cdots;a_{2n}(t); \\ \cdots\cdots \\ a_{m1}(t);\cdots;a_{mn}(t), \end{gathered} \tag{4.34}$$

则称函数矩阵序列 $\{A_k(t)\}_{k=1}^{\infty} = \{(a_{ij}^{(k)}(t))_{m\times n}\}_{k=1}^{\infty}$ 依位置收敛于矩阵

$$A(t)=\begin{pmatrix} a_{11}(t) & \cdots & a_{1n}(t) \\ a_{21}(t) & \cdots & a_{2n(t)} \\ \vdots & & \vdots \\ a_{m1}(t) & \cdots & a_{mn}(t) \end{pmatrix}. \tag{4.35}$$

若式 (4.34) 中至少有一个数列发散,则称函数矩阵序列 $\{A_k(t)\}_{k=1}^{\infty}=\{(a_{ij}^{(k)}(t))_{m\times n}\}_{k=1}^{\infty}$ 依位置发散.

与数字矩阵序列一样，函数矩阵序列依位置的敛散性，等价于其依任何矩阵范数的敛散性. 因此，在讨论函数矩阵序列的敛散性时，可以只考虑它依位置的敛散性，而当函数矩阵序列 $\{A_k(t)\}_{k=1}^{\infty}=\{(a_{ij}^{(k)}(t))_{m\times n}\}_{k=1}^{\infty}$ 收敛于函数矩阵 $A(t)=(a_{ij}(t))_{m\times n}$ 时，有

$$\begin{aligned}\lim_{k\to\infty}A_k(t)&=\lim_{k\to\infty}\begin{pmatrix} a_{11}^{(k)}(t) & \cdots & a_{1n}^{(k)}(t) \\ a_{21}^{(k)}(t) & \cdots & a_{2n}^{(k)}(t) \\ \vdots & & \vdots \\ a_{m1}^{(k)}(t) & \cdots & a_{mn}^{(k)}(t) \end{pmatrix}\\ &=\begin{pmatrix} \lim\limits_{k\to\infty} a_{11}^{(k)}(t) & \cdots & \lim\limits_{k\to\infty} a_{1n}^{(k)}(t) \\ \lim\limits_{k\to\infty} a_{21}^{(k)}(t) & \cdots & \lim\limits_{k\to\infty} a_{2n}^{(k)}(t) \\ \vdots & & \vdots \\ \lim\limits_{k\to\infty} a_{m1}^{(k)}(t) & \cdots & \lim\limits_{k\to\infty} a_{mn}^{(k)}(t) \end{pmatrix}\\ &=\begin{pmatrix} a_{11}(t) & \cdots & a_{1n}(t) \\ a_{21}(t) & \cdots & a_{2n}(t) \\ \vdots & & \vdots \\ a_{m1}(t) & \cdots & a_{mn}(t) \end{pmatrix}.\end{aligned} \tag{4.36}$$

关于收敛函数矩阵序列的运算，有与数值矩阵序列类似的结果，如：和的极限等于极限的和，等等.

与常规函数列一样，关于函数矩阵序列，一个十分重要的概念是一致收敛. 设 $\{a_k(t)\}_{k=1}^{\infty}(t\in E\subset \mathbf{R})$ 为常规实或复值函数序列，$a(t)(t\in E)$ 为一函数，若 $\forall\varepsilon>0,\exists N$，当 $k>N$ 时，对所有 $t\in E$ 有

$$|a_k(t)-a(t)|<\varepsilon,$$

则称 $\{a_k(t)\}_{k=1}^{\infty}$ 在 E 上一致收敛于 $a(t)$.

函数列 $\{a_k(t)\}_{k=1}^{\infty}$ 在 E 上一致收敛于 $a(t)$ 的 Cauchy 准则为：$\{a_k(t)\}_{k=1}^{\infty}$ 在 E

上一致收敛于 $a(t)$ 当且仅当 $\forall\varepsilon>0,\exists N$，当 $k,l>N$ 时，对所有 $t\in E$ 有

$$|a_k(t)-a_l(t)|<\varepsilon.$$

根据函数矩阵序列收敛归结为按位置收敛的原则，可以给出如下定义.

定义 4.10　若 (4.33) 中的函数列 $\{a_{ij}^{(k)}(t)\}_{k=1}^{\infty}$ 在 E 上一致收敛于函数 $a_{ij}(t), i=1,2,\cdots,m, j=1,2,\cdots,n$, 则称函数矩阵序列 $\{A_k(t)\}_{k=1}^{\infty}$ 在 E 上一致收敛于函数矩阵 $A(t)$，其中 $\{A_k(t)\}_{k=1}^{\infty}=\{(a_{ij}^{(k)}(t))_{m\times n}\}_{k=1}^{\infty}$， $A(t)=(a_{ij}(t))_{m\times n}$.

作为练习，可以写出函数矩阵序列 $\{A_k(t)\}_{k=1}^{\infty}$ 在 $E=[a,b]$ 上一致收敛于函数矩阵 $A(t)$ 的 Cauchy 准则.

根据一致收敛函数列的性质，可以给出如下定理.

定理 4.9　函数矩阵序列 $\{A_k(t)\}_{k=1}^{\infty}$ 在 $E=[a,b]$ 上一致收敛于函数矩阵 $A(t)$，则

(1) 若每个 $A_k(t)$ 在 E 上连续，则 $A(t)$ 在 E 上连续；

(2) 若每个 $A_k(t)$ 在 E 上连续，则

$$\lim_{k\to\infty}\int_a^b A_k(t)\mathrm{d}t=\int_a^b\left(\lim_{k\to\infty}A_k(t)\right)\mathrm{d}t=\int_a^b A(t)\mathrm{d}t. \tag{4.37}$$

上述 (1) 称为一致收敛序列的连续性结果，(2) 称为一致收敛序列的逐项积分结果. 但关于收敛序列的逐项求导问题，却有点复杂，一致收敛序列并不一定能逐项求导，常规函数列如此，函数矩阵序列也是如此. 关于收敛序列逐项求导问题，许多资料都出现错误.

下面给出关于函数矩阵序列逐项求导的一个充分性定理.

定理 4.10　函数矩阵序列 $\{A_k(t)\}_{k=1}^{\infty}$ 在 $E=(a,b)$ 内收敛于函数矩阵 $A(t)$，且每个函数矩阵 $A_k(t)$ 在 E 内有连续导数 $A_k'(t)$，$\{A_k'(t)\}_{k=1}^{\infty}$ 在 E 内一致收敛，则 $A(t)$ 在 E 内可导，且

$$\lim_{k\to\infty}A_k'(t)=\left(\lim_{k\to\infty}A_k(t)\right)'=A'(t). \tag{4.38}$$

序列逐项求导，并不要求原序列一致收敛，而是要求求导以后的序列一致收敛.

4.2.3　函数矩阵级数

设 $\{A_k(t)\}_{k=1}^{\infty}=\{(a_{ij}^{(k)}(t))_{m\times n}\}_{k=1}^{\infty}$ 为定义于 E 的函数矩阵序列，形式地将其中各个矩阵加起来，得

$$\sum_{k=1}^{\infty}A_k(t), \tag{4.39}$$

称为函数矩阵级数，$A_k(t)$ 称为该级数的一般项，

$$S_k(t)=\sum_{l=1}^{k}A_l(t) \tag{4.40}$$

称为该级数的前 k 项部分和.

函数矩阵级数 (4.39) 的敛散性，等价于矩阵序列 $\{S_k(t)\}$ 的敛散性. 当此序列收敛于矩阵 $S(t)$ 时，称函数矩阵级数 (4.39) 收敛于 $S(t)$，记为

$$\sum_{k=1}^{\infty}A_k(t)=S(t).$$

$S(t)$ 称为级数 (4.39) 的和.

设

$$S(t)=\begin{pmatrix} s_{11}(t) & \cdots & s_{1n}(t) \\ s_{21}(t) & \cdots & s_{2n}(t) \\ \vdots & & \vdots \\ s_{m1}(t) & \cdots & s_{mn}(t) \end{pmatrix}. \tag{4.41}$$

则由

$$\begin{aligned} S_k(t)=&\begin{pmatrix} a_{11}^{(1)}(t) & \cdots & a_{1n}^{(1)}(t) \\ a_{21}^{(1)}(t) & \cdots & a_{2n}^{(1)}(t) \\ \vdots & & \vdots \\ a_{m1}^{(1)}(t) & \cdots & a_{mn}^{(1)}(t) \end{pmatrix}+\begin{pmatrix} a_{11}^{(2)}(t) & \cdots & a_{1n}^{(2)}(t) \\ a_{21}^{(2)}(t) & \cdots & a_{2n}^{(2)}(t) \\ \vdots & & \vdots \\ a_{m1}^{(2)}(t) & \cdots & a_{mn}^{(2)}(t) \end{pmatrix}+\cdots \\ &+\begin{pmatrix} a_{11}^{(k)}(t) & \cdots & a_{1n}^{(k)}(t) \\ a_{21}^{(k)}(t) & \cdots & a_{2n}^{(k)}(t) \\ \vdots & & \vdots \\ a_{m1}^{(k)}(t) & \cdots & a_{mn}^{(k)}(t) \end{pmatrix} \\ =&\begin{pmatrix} \sum_{l=1}^{k} a_{11}^{(l)}(t) & \cdots & \sum_{l=1}^{k} a_{1n}^{(l)}(t) \\ \sum_{l=1}^{k} a_{21}^{(l)}(t) & \cdots & \sum_{l=1}^{k} a_{2n}^{(l)}(t) \\ \vdots & & \vdots \\ \sum_{l=1}^{k} a_{m1}^{(l)}(t) & \cdots & \sum_{l=1}^{k} a_{mn}^{(l)}(t) \end{pmatrix}, \end{aligned} \tag{4.42}$$

根据矩阵序列收敛时只考虑依位置收敛的原则，级数 (4.39) 可以形式地写为

$$\sum_{k=1}^{\infty} A_k(t) = \begin{pmatrix} \sum\limits_{k=1}^{\infty} a_{11}^{(k)}(t) & \cdots & \sum\limits_{k=1}^{\infty} a_{1n}^{(k)}(t) \\ \sum\limits_{k=1}^{\infty} a_{21}^{(k)}(t) & \cdots & \sum\limits_{k=1}^{\infty} a_{2n}^{(k)}(t) \\ \vdots & & \vdots \\ \sum\limits_{k=1}^{\infty} a_{m1}^{(k)}(t) & \cdots & \sum\limits_{k=1}^{\infty} a_{mn}^{(k)}(t) \end{pmatrix}, \tag{4.43}$$

该级数收敛于 $S(t)$，等价于其每个位置上的级数对应地收敛于 $S(t)$ 每个位置上的元素：

$$\sum_{k=1}^{\infty} A_k(t) = \begin{pmatrix} \sum\limits_{k=1}^{\infty} a_{11}^{(k)}(t) & \cdots & \sum\limits_{k=1}^{\infty} a_{1n}^{(k)}(t) \\ \sum\limits_{k=1}^{\infty} a_{21}^{(k)}(t) & \cdots & \sum\limits_{k=1}^{\infty} a_{2n}^{(k)}(t) \\ \vdots & & \vdots \\ \sum\limits_{k=1}^{\infty} a_{m1}^{(k)}(t) & \cdots & \sum\limits_{k=1}^{\infty} a_{mn}^{(k)}(t) \end{pmatrix} = \begin{pmatrix} s_{11}(t) & \cdots & s_{1n}(t) \\ s_{21}(t) & \cdots & s_{2n}(t) \\ \vdots & & \vdots \\ s_{m1}(t) & \cdots & s_{mn}(t) \end{pmatrix}.$$

如果式 (4.43) 中每个位置上的函数项级数绝对收敛，则称该函数矩阵级数绝对收敛; 如果每个位置上的函数项级数收敛，其中至少有一个级数条件收敛，则称该函数矩阵级数条件收敛. 任意改变一个绝对收敛函数矩阵级数项的次序，得到的仍为绝对收敛的函数矩阵级数，和不变. 条件收敛的函数矩阵级数却不可随意变动项的次序，不然，收敛级数可能变为发散级数.

如果式 (4.43) 中每个位置上的函数项级数在 E 上一致收敛，则称该函数矩阵级数在 E 上一致收敛，如果每个位置上的函数项级数收敛，其中至少有一个级数在 E 上不一致收敛，则称该函数矩阵级数在 E 上不一致收敛.

所以，要判断一个 $m \times n$ 函数矩阵级数是否收敛、绝对收敛和一致收敛，只需判断同一位置上的元素构成的 $m \times n$ 个常规函数项级数是否全部收敛、绝对收敛和一致收敛即可.

判断一个常规函数项级数是否一致收敛，有两个重要的工具，一个是 Cauchy 准则：

E 上定义的函数项级数 $\sum_{k=1}^{\infty} a_k(t)$ 在 E 上一致收敛，当且仅当 $\forall \varepsilon > 0, \exists N$，当 $q > p > N$ 时，对任意 $t \in E$ 有

$$\left|\sum_{k=p}^{q} a_k(t)\right| < \varepsilon.$$

另一个是 Weierstrass 判别法：

若

$$|a_k(t)| \leqslant a_k, \quad t \in E, \quad k = 1, 2, \cdots,$$

而正项级数 $\sum_{k=1}^{\infty} a_k$ 收敛，则 $\sum_{k=1}^{\infty} a_k(t)$ 在 E 上绝对收敛且一致收敛.

利用 Cauchy 准则，理论上可以判断一个函数项级数是否一致收敛，但该准则实际上很难使用. 利用 Weierstrass 判别法，只能确定满足其条件的函数项级数一致收敛，而不能确定不满足其条件的函数项级数是否一致收敛. 显然，这两个工具也是判断函数矩阵级数一致收敛性的有效工具，只是需要 $m \times n$ 次使用这两个工具.

关于函数矩阵级数连续性和逐项积分结果，有如下定理.

定理 4.11 函数矩阵级数 $\sum_{k=1}^{\infty} A_k(t)$ 在 $[a, b]$ 上一致收敛于函数矩阵 $A(t)$，则

(1) 若每个 $A_k(t)$ 在 $[a, b]$ 上连续，则 $A(t)$ 在 $[a, b]$ 上连续；

(2) 若每个 $A_k(t)$ 在 $[a, b]$ 上连续，则

$$\int_a^b A(t)\mathrm{d}t = \int_a^b \left(\sum_{k=1}^{\infty} A_k(t)\right)\mathrm{d}t = \sum_{k=1}^{\infty}\int_a^b A_k(t)\mathrm{d}t. \tag{4.44}$$

上述 (1) 称为一致收敛级数的连续性结果，(2) 称为一致收敛级数的逐项积分结果.

下列例子表明，一个一致收敛的函数项级数并不一定能逐项求导.

例 4.6 函数项级数 $\sum_{k=1}^{\infty} \frac{\sin k^2 t}{k^2}$ 是否可以逐项求导？

解 因为

$$\left|\frac{\sin k^2 t}{k^2}\right| \leqslant \frac{1}{k^2}, \quad t \in \mathbf{R}, \quad k = 1, 2, \cdots,$$

而正项级数 $\sum_{k=1}^{\infty} \frac{1}{k^2}$ 收敛，故 $\sum_{k=1}^{\infty} \frac{\sin k^2 t}{k^2}$ 在 $\mathbf{R}$ 上一致收敛，但

$$\left(\frac{\sin k^2 t}{k^2}\right)' = \cos k^2 t,$$

级数 $\sum_{k=1}^{\infty} \cos k^2 t$ 在 $\mathbf{R}$ 上有无穷个发散点，例如，当 $t=0$ 时，

$$\sum_{k=1}^{\infty} \cos k^2 0 = \sum_{k=1}^{\infty} 1 = \infty,$$

所以 $\sum_{k=1}^{\infty} \frac{\sin k^2 t}{k^2}$ 尽管一致收敛但不可逐项求导.

函数项级数只是 1×1 函数矩阵级数，所以，一个一致收敛的函数矩阵级数也不一定能逐项求导.

下面给出关于函数矩阵级数逐项求导的一个充分性定理.

定理 4.12　函数矩阵级数 $\sum_{k=1}^{\infty} A_k(t)$ 在 (a,b) 内收敛于函数矩阵 $A(t)$，且每个函数矩阵 $A_k(t)$ 在 (a,b) 内有连续导数 $A'_k(t)$，$\sum_{k=1}^{\infty} A'_k(t)$ 在 (a,b) 内一致收敛，则 $A(t)$ 在 (a,b) 内可导，且

$$A'(t) = \left(\sum_{k=1}^{\infty} A_k(t)\right)' = \sum_{k=1}^{\infty} A'_k(t). \tag{4.45}$$

级数逐项求导，并不要求原级数一致收敛，而是要求求导以后的级数一致收敛.

注意本定理中的开区间 (a,b) 不可随意改为闭区间 $[a,b]$，这为定理的应用有时带来极大的麻烦.

4.3　矩 阵 函 数

函数矩阵是以函数为元素的矩阵，而矩阵函数则是以矩阵为变量的函数，如 $\sin A$，其中 A 为方阵. 两者是不同的概念，不要混淆.

矩阵函数理论的一个重要内容是如何计算矩阵函数，我们将看到，λ 矩阵理论与数字矩阵的 Jordan 标准形理论结合，为此类计算提供了奇妙的方法.

4.3.1　矩阵函数的定义及基本初等矩阵函数的性质

一般来说，矩阵函数是将常规函数特别是初等函数中的自变量换为方阵得到的，那么，矩阵函数怎么定义与计算？或者说怎么通过提供有效的计算途径来定义矩阵函数？因为如果只是形式地将自变量换为方阵给出矩阵函数的定义，而不知道如何计算，则这样的定义是无效的.

回顾数学分析内容，计算初等函数的值，是将其展为幂级数，再取有限项 (成为多项式) 而进行近似计算的. 多项式只涉及加法和乘法两种运算，对于矩阵，我们本

质上也仅定义过这两种运算，计算矩阵为变量的多项式是可行的，进而，以幂级数形式定义矩阵函数，看来也是可行的.

1. 矩阵函数的定义

为了给出矩阵函数的定义，先建立如下定理.

定理 4.13 设幂级数

$$f(x)=\sum_{k=0}^{\infty}c_kx^k$$

的收敛半径为 r，则当 $\|A\|<r$ 时，

$$f(A)=\sum_{k=1}^{\infty}c_kA^k \tag{4.46}$$

绝对收敛，其中 A 为 n 阶数字矩阵，$\|\cdot\|$ 为任意一种相容矩阵范数 (见定义 2.1).

证明 幂级数在其收敛圆内绝对收敛，故因 $\|A\|<r$，正项级数 $\sum\limits_{k=0}^{\infty}|c_k|\|A\|^k$ 收敛，而

$$\|c_kA^k\|=|c_k|\|A^k\|\leqslant|c_k|\|A\|^k,$$

故 $\sum\limits_{k=0}^{\infty}\|c_kA^k\|$ 收敛，由定理 4.6，级数 (4.46) 绝对收敛. 证毕.

由此可以给出如下定义.

定义 4.11 设 A 为 n 阶数字矩阵，$\|\cdot\|$ 为任意一种矩阵范数，幂级数 $\sum\limits_{k=1}^{\infty}c_kx^k$ 的收敛半径为 r，则当 $\|A\|<r$ 时，称由式 (4.46) 定义的 $f(A)$ 为 A 的矩阵函数.

因为

$$\begin{aligned}
\mathrm{e}^x&=\sum_{k=0}^{\infty}\frac{x^k}{k!}=1+x+\frac{x^2}{2!}+\cdots+\frac{x^k}{k!}+\cdots,\quad |x|<\infty,\\
\sin x&=\sum_{k=0}^{\infty}(-1)^k\frac{x^{2k+1}}{(2k+1)!}\\
&=x-\frac{x^3}{3!}+\frac{x^5}{5!}-\cdots+(-1)^k\frac{x^{2k+1}}{(2k+1)!}+\cdots,\quad |x|<\infty,\\
\cos x&=\sum_{k=0}^{\infty}(-1)^k\frac{x^{2k}}{(2k)!}\\
&=1-\frac{x^2}{2!}+\frac{x^4}{4!}-\cdots+(-1)^k\frac{x^{2k}}{(2k)!}+\cdots,\quad |x|<\infty,
\end{aligned}$$

故对任意数字方阵 A，都可定义

$$\mathrm{e}^A=\sum_{k=0}^{\infty}\frac{A^k}{k!}=I+A+\frac{A^2}{2!}+\cdots+\frac{A^k}{k!}+\cdots,$$

$$\begin{aligned}\sin A&=\sum_{k=0}^{\infty}(-1)^k\frac{A^{2k+1}}{(2k+1)!}\\&=A-\frac{A^3}{3!}+\frac{A^5}{5!}-\cdots+(-1)^k\frac{A^{2k+1}}{(2k+1)!}+\cdots,\\ \cos A&=\sum_{k=0}^{\infty}(-1)^k\frac{A^{2k}}{(2k)!}\\&=I-\frac{A^2}{2!}+\frac{A^4}{4!}-\cdots+(-1)^k\frac{A^{2k}}{(2k)!}+\cdots,\end{aligned}$$

其中 I 为与 A 同阶的单位方阵.

2. 基本初等矩阵函数的性质

定理 4.14　对任意 n 阶方阵 $A,B,\alpha,\beta\in\mathbf{C}$，

(1) $\mathrm{e}^{\alpha A}\mathrm{e}^{\beta A}=\mathrm{e}^{(\alpha+\beta)A}$;

(2) $\left(\mathrm{e}^A\right)^{-1}=\mathrm{e}^{-A}$;

(3) $AB=BA$ 时，$\mathrm{e}^A\mathrm{e}^B=\mathrm{e}^{A+B}$;

(4) $\dfrac{\mathrm{d}(\mathrm{e}^{At})}{\mathrm{d}t}=A\mathrm{e}^{At}=\mathrm{e}^{At}A$;

(5) $\dfrac{\mathrm{d}(\sin At)}{\mathrm{d}t}=A\cos At=\cos At\cdot A$;

(6) $\dfrac{\mathrm{d}(\cos At)}{\mathrm{d}t}=-A\sin At=-\sin At\cdot A$.

证明　$\mathrm{e}^{\alpha A}\mathrm{e}^{\beta A}=\left(\displaystyle\sum_{k=0}^{\infty}\frac{(\alpha A)^k}{k!}\right)\left(\displaystyle\sum_{k=0}^{\infty}\frac{(\beta A)^k}{k!}\right)$

$$\begin{aligned}&=\left(I+(\alpha A)+\frac{(\alpha A)^2}{2!}+\cdots+\frac{(\alpha A)^k}{k!}+\cdots\right)\\&\quad\times\left(I+(\beta A)+\frac{(\beta A)^2}{2!}+\cdots+\frac{(\beta A)^k}{k!}+\cdots\right)\\&=\left(I+\alpha A+\frac{\alpha^2A^2}{2!}+\cdots+\frac{\alpha^kA^k}{k!}+\cdots\right)\\&\quad\times\left(I+\beta A+\frac{\beta^2A^2}{2!}+\cdots+\frac{\beta^kA^k}{k!}+\cdots\right)\end{aligned}$$

$$\begin{aligned}
&= I + (\alpha+\beta)A + \frac{(\alpha^2+2\alpha\beta+\beta^2)A^2}{2!} \\
&\quad + \frac{(\alpha^3+3\alpha^2\beta+3\alpha\beta^2+\beta^3)A^3}{3!} + \cdots \\
&= I + (\alpha+\beta)A + \frac{(\alpha+\beta)^2A^2}{2!} + \frac{(\alpha+\beta)^3A^3}{3!} + \cdots \\
&= \mathrm{e}^{(\alpha+\beta)A}.
\end{aligned}$$

证毕.

可以看出，定理 4.14 中所列性质在函数的自变量为复数时是成立的，现在将自变量换为方阵，这些性质也基本成立，仅需注意矩阵的乘法没有交换律，有些需要假定乘法可交换时成立的性质，必须如是假定. 一些性质的成立初看平常，但仔细观察，可以发现奇巧，如性质 (2)，此式等号左边是 e^A 的逆矩阵 $\left(\mathrm{e}^A\right)^{-1}$，右边 e^{-A} 是在原展开式中将 A 换为 $-A$ 的结果，两者相等，是符号与内容协调的反映. 数学中有一个现象：形式对的就是对的，这一现象在这里得到体现.

4.3.2 矩阵函数的计算

1. 递推计算法

这种计算法通过 $f(A)=0, f(A)=I$ 等给出递推公式，达到计算矩阵函数值的目的.

例 4.7 方阵 A 的特征值为 $0,1$，求 A^{100}.

解 设 $f(\lambda)=|\lambda I-A|$，则 $f(\lambda)=\lambda(\lambda-1)=\lambda^2-\lambda$，由 $f(A)=0$，得 $f(A)=A^2-A=0$，则 $A^2=A$，故

$$\begin{aligned}
A^{100} &= (A^2)^{50} = A^{50} = (A^2)^{25} = A^{25} = (A^2)^{12}A \\
&= A^{12}A = (A^2)^6A = A^6A = (A^2)^3A \\
&= A^3A = (A^2)^2 = A^2 = A.
\end{aligned}$$

2. 对角矩阵与可对角化矩阵函数的计算

(1) 对角矩阵函数的计算.

设

$$f(x)=\sum_{k=0}^{\infty} c_k x^k,$$

$$A=\begin{pmatrix} a_1 & & & \\ & a_2 & & \\ & & \ddots & \\ & & & a_n \end{pmatrix},$$

则

$$A^k = \begin{pmatrix} a_1^k & & & \\ & a_2^k & & \\ & & \ddots & \\ & & & a_n^k \end{pmatrix},$$

$$\begin{aligned} f(A) &= \sum_{k=0}^{\infty} c_k A^k \\ &= c_0 I + c_1 \begin{pmatrix} a_1 & & & \\ & a_2 & & \\ & & \ddots & \\ & & & a_n \end{pmatrix} + c_2 \begin{pmatrix} a_1^2 & & & \\ & a_2^2 & & \\ & & \ddots & \\ & & & a_n^2 \end{pmatrix} + \cdots \\ &\quad + c_k \begin{pmatrix} a_1^k & & & \\ & a_2^k & & \\ & & \ddots & \\ & & & a_n^k \end{pmatrix} + \cdots \\ &= \begin{pmatrix} c_0 & & & \\ & c_0 & & \\ & & \ddots & \\ & & & c_0 \end{pmatrix} + \begin{pmatrix} c_1 a_1 & & & \\ & c_1 a_2 & & \\ & & \ddots & \\ & & & c_1 a_n \end{pmatrix} \\ &\quad + \begin{pmatrix} c_2 a_1^2 & & & \\ & c_2 a_2^2 & & \\ & & \ddots & \\ & & & c_2 a_n^2 \end{pmatrix} + \cdots + \begin{pmatrix} c_k a_1^k & & & \\ & c_k a_2^k & & \\ & & \ddots & \\ & & & c_k a_n^k \end{pmatrix} \\ &\quad + \cdots \\ &= \begin{pmatrix} \sum\limits_{k=0}^{\infty} c_k a_1^k & & & \\ & \sum\limits_{k=0}^{\infty} c_k a_2^k & & \\ & & \ddots & \\ & & & \sum\limits_{k=0}^{\infty} c_k a_n^k \end{pmatrix} \end{aligned}$$

$$
= \begin{pmatrix} f(a_1) & & & \\ & f(a_2) & & \\ & & \ddots & \\ & & & f(a_n) \end{pmatrix}.
$$

(2) 可对角化矩阵函数的计算.

设

$$
f(x) = \sum_{k=0}^{\infty} c_k x^k,
$$

$A = P^{-1}BP$，$B = \mathrm{diag}(b_1, b_2, \cdots, b_n)$，则

$$
\begin{aligned}
f(A) &= c_0 I + c_1 A + c_2 A^2 + \cdots \\
&= c_0 P^{-1} I P + c_1 P^{-1} B P + c_2 P^{-1} B P P^{-1} B P + \cdots \\
&= c_0 P^{-1} I P + c_1 P^{-1} B P + c_2 P^{-1} B^2 P + \cdots \\
&= P^{-1}[c_0 I + c_1 B + c_2 B^2 + \cdots] P = P^{-1} f(B) P \\
&= P^{-1} \begin{pmatrix} f(b_1) & & & \\ & f(b_2) & & \\ & & \ddots & \\ & & & f(b_n) \end{pmatrix} P.
\end{aligned}
$$

3. 一般矩阵函数的计算

一般矩阵函数的计算方法建立在如下两个定理的基础上.

定理 4.15 设

$$
f(\lambda) = \sum_{k=0}^{\infty} c_k \lambda^k,
$$

收敛半径为 r.

对任意 n 阶方阵 A，$\|A\| < r$，其 Jordan 标准形为

$$
J = \begin{pmatrix} J_1 & & & \\ & J_2 & & \\ & & \ddots & \\ & & & J_t \end{pmatrix}_{\sum\limits_{i=1}^{t} m_i \times \sum\limits_{i=1}^{t} m_i}, \tag{4.47}
$$

其中 $\sum_{i=1}^{t} m_i = n$，Jordan 块

$$J_i = \begin{pmatrix} \lambda_i & 1 & & & \\ & \lambda_i & 1 & & \\ & & \ddots & \ddots & \\ & & & \lambda_i & 1 \\ & & & & \lambda_i \end{pmatrix}_{m_i \times m_i}, \quad i = 1, 2, \cdots, t, \tag{4.48}$$

又相应相似变换矩阵为 P，即有

$$A = P^{-1} J P,$$

则

$$f(A) = P^{-1} \mathrm{diag}(f(J_1), f(J_2), \cdots, f(J_t)) P. \tag{4.49}$$

本定理的证明留作习题.

由本定理得知，计算 $f(A)$ 的关键是计算 $f(J_i), i = 1, 2, \cdots, t$.

定理 4.16　设 λ_i 为式 (4.48) 所示 Jordan 块 J_i 主对角线上的元素，函数 f 在 λ_i 点的 Taylor 展式为

$$f(\lambda) = \sum_{k=0}^{\infty} \frac{f^{(k)}(\lambda_i)}{k!} (\lambda - \lambda_i)^k, \tag{4.50}$$

则

$$f(J_i) = \begin{pmatrix} f(\lambda_i) & \frac{f'(\lambda_i)}{1!} & \frac{f''(\lambda_i)}{2!} & \cdots & \frac{f^{(m_i-1)}(\lambda_i)}{(m_i-1)!} \\ & f(\lambda_i) & \frac{f'(\lambda_i)}{1!} & \cdots & \frac{f^{(m_i-2)}(\lambda_i)}{(m_i-2)!} \\ & & \ddots & \ddots & \vdots \\ & & & & \frac{f'(\lambda_i)}{1!} \\ & & & & f(\lambda_i) \end{pmatrix}_{m_i \times m_i}. \tag{4.51}$$

证明　令

$$H_i = \begin{pmatrix} 0 & 1 & & \\ & 0 & \ddots & \\ & & \ddots & 1 \\ & & & 0 \end{pmatrix}_{m_i \times m_i}.$$

则

$$\lambda_i I + H_i = \begin{pmatrix} \lambda_i & & & \\ & \lambda_i & & \\ & & \ddots & \\ & & & \lambda_i \end{pmatrix}_{m_i \times m_i} + \begin{pmatrix} 0 & 1 & & \\ & 0 & \ddots & \\ & & \ddots & 1 \\ & & & 0 \end{pmatrix}_{m_i \times m_i}$$

$$= \begin{pmatrix} \lambda_i & 1 & & & \\ & \lambda_i & 1 & & \\ & & \ddots & \ddots & \\ & & & \lambda_i & 1 \\ & & & & \lambda_i \end{pmatrix}_{m_i \times m_i} = J_i,$$

故

$$H_i = J_i - \lambda_i I,$$

而

$$H_i^2 = \begin{pmatrix} 0 & 0 & 1 & & \\ & 0 & \ddots & \ddots & \\ & & \ddots & \ddots & 1 \\ & & & \ddots & 0 \\ & & & & 0 \end{pmatrix}_{m_i \times m_i},$$

$$H_i^3 = \begin{pmatrix} 0 & 0 & 0 & 1 & \cdots & 0 \\ & \ddots & \ddots & \ddots & \ddots & \vdots \\ & & \ddots & \ddots & \ddots & 1 \\ & & & \ddots & \ddots & 0 \\ & & & & \ddots & 0 \\ & & & & & 0 \end{pmatrix}_{m_i \times m_i}, \cdots, H_i^{m_i-1} = \begin{pmatrix} 0 & 0 & \cdots & 0 & 1 \\ 0 & 0 & \cdots & 0 & 0 \\ \vdots & \vdots & & \vdots & \vdots \\ 0 & 0 & \cdots & 0 & 0 \end{pmatrix}_{m_i \times m_i},$$

$H_i^k = 0, \quad k \geqslant m_i.$

所以,

$$\begin{aligned} f(J_i) &= \sum_{k=0}^{\infty} \frac{f^{(k)}(\lambda_i)}{k!}(J_i - \lambda_i I)^k = \sum_{k=0}^{\infty} \frac{f^{(k)}(\lambda_i)}{k!} H_i^k \\ &= f(\lambda_i)I + \frac{f'(\lambda_i)}{1!}H_i + \frac{f''(\lambda_i)}{2!}H_i^2 + \cdots + \frac{f^{(m_i-1)}(\lambda_i)}{(m_i-1)!}H_i^{m_i-1} + 0 + \cdots \end{aligned}$$

$$=\begin{pmatrix} f(\lambda_i) & \dfrac{f'(\lambda_i)}{1!} & \dfrac{f''(\lambda_i)}{2!} & \cdots & \dfrac{f^{(m_i-1)}(\lambda_i)}{(m_i-1)!} \\ & f(\lambda_i) & \dfrac{f'(\lambda_i)}{1!} & \cdots & \dfrac{f^{(m_i-2)}(\lambda_i)}{(m_i-2)!} \\ & & \ddots & \ddots & \vdots \\ & & & & \dfrac{f'(\lambda_i)}{1!} \\ & & & & f(\lambda_i) \end{pmatrix}_{m_i\times m_i}.$$

证毕.

至此，对任意 n 阶方阵 A，结合其 Jordan 标准型的求法步骤，可以给出求 $f(A)$ 的步骤：

(1) 写出 $\lambda I-A$;

(2) 求出 $\lambda I-A$ 的初等因子，设为

$$(\lambda-\lambda_1)^{m_1},(\lambda-\lambda_2)^{m_2},\cdots,(\lambda-\lambda_t)^{m_t}.$$

注意这些因子中可能有完全相同的，不能把它们相乘而合并为一个因子；

(3) 根据 $(\lambda-\lambda_i)^{m_i}$ 直接写出 Jordan 块 J_i，λ_i 为 J_i 主对角线上的元素，m_i 为 J_i 的阶数，$i=1,2,\cdots,t$;

(4) 按序排列 Jordan 块 J_i，所得分块对角阵即为 J;

(5) 求 $f(\lambda)$ 直到 m_i-1 阶导数；

(6) 通过式 (4.51) 计算 $f(J_i)$;

(7) 写出 $f(J)=\operatorname{diag}(f(J_1),f(J_2),\cdots,f(J_t))$;

(8) 求出 P,P^{-1};

(9) 计算 $f(A)=P^{-1}f(J)P$.

例 4.8　设

$$A=\begin{pmatrix} 0 & 1 \\ 3 & 2 \end{pmatrix},$$

求 e^{At}.

解　A 的特征矩阵为

$$\lambda I-A=\begin{pmatrix} \lambda & -1 \\ -3 & \lambda-2 \end{pmatrix},$$

因其元素中有非 0 常数，故 1 阶行列式因子和 1 阶不变因子皆为 1，即 $D_1=d_1=1$.

$$|\lambda I-A|=\lambda(\lambda-2)-3=(\lambda-3)(\lambda+1)$$

为首一多项式，故

$$D_2=(\lambda-3)(\lambda+1),\quad d_2=D_2/D_1=D_2=(\lambda-3)(\lambda+1),$$

初等因子为

$$(\lambda-3),(\lambda+1),$$

对应的 Jordan 块分别为 $J_1=3, J_2=-1$，Jordan 标准形为

$$J=\begin{pmatrix}3&0\\0&-1\end{pmatrix}.$$

因为 $f(\lambda)=\mathrm{e}^{\lambda t}$，故

$$f(J)=\mathrm{e}^{Jt}=\begin{pmatrix}f(3)&0\\0&f(-1)\end{pmatrix}=\begin{pmatrix}\mathrm{e}^{3t}&0\\0&\mathrm{e}^{-t}\end{pmatrix}.$$

设

$$P=\begin{pmatrix}p_1&p_2\\p_3&p_4\end{pmatrix},$$

由 $PA=JP$ 即

$$\begin{pmatrix}p_1&p_2\\p_3&p_4\end{pmatrix}\begin{pmatrix}0&1\\3&2\end{pmatrix}=\begin{pmatrix}3&0\\0&-1\end{pmatrix}\begin{pmatrix}p_1&p_2\\p_3&p_4\end{pmatrix},$$

得

$$\begin{cases}3p_2=3p_1,\\p_1+2p_2=3p_2,\\3p_4=-p_3,\\p_3+2p_4=-p_4,\end{cases}$$

简化得

$$\begin{cases}p_2=p_1,\\p_4=-\dfrac{1}{3}p_3.\end{cases}$$

此方程组的一个基础解系为

$$P_1=\begin{pmatrix}1\\1\\0\\0\end{pmatrix},\quad P_2=\begin{pmatrix}0\\0\\1\\-\dfrac{1}{3}\end{pmatrix},$$

故其一般解为 $P'=k_1P_1+k_2P_2$, 取 $k_1=1,k_2=3$，得可逆矩阵

$$P=\begin{pmatrix}1 & 1\\ 3 & -1\end{pmatrix}.$$

下面求 P^{-1}，对 (P,I) 施行行的初等变换，

$$\begin{aligned}(P,I)&=\begin{pmatrix}1 & 1 & 1 & 0\\ 3 & -1 & 0 & 1\end{pmatrix}\xrightarrow{r_2+r_1}\begin{pmatrix}1 & 1 & 1 & 0\\ 4 & 0 & 1 & 1\end{pmatrix}\\ &\xrightarrow{r_1-\frac{1}{4}r_2}\begin{pmatrix}0 & 1 & \dfrac{3}{4} & -\dfrac{1}{4}\\ 4 & 0 & 1 & 1\end{pmatrix}\xrightarrow{\frac{1}{4}r_2}\begin{pmatrix}0 & 1 & \dfrac{3}{4} & -\dfrac{1}{4}\\ 1 & 0 & \dfrac{1}{4} & \dfrac{1}{4}\end{pmatrix}\\ &\xrightarrow{r_1\rightleftharpoons r_2}\begin{pmatrix}1 & 0 & \dfrac{1}{4} & \dfrac{1}{4}\\ 0 & 1 & \dfrac{3}{4} & -\dfrac{1}{4}\end{pmatrix},\end{aligned}$$

得

$$P^{-1}=\begin{pmatrix}\dfrac{1}{4} & \dfrac{1}{4}\\ \dfrac{3}{4} & -\dfrac{1}{4}\end{pmatrix}.$$

最后得

$$\begin{aligned}f(A)=P^{-1}f(J)P&=\begin{pmatrix}\dfrac{1}{4} & \dfrac{1}{4}\\ \dfrac{3}{4} & -\dfrac{1}{4}\end{pmatrix}\begin{pmatrix}\mathrm{e}^{3t} & 0\\ 0 & \mathrm{e}^{-t}\end{pmatrix}\begin{pmatrix}1 & 1\\ 3 & -1\end{pmatrix}\\ &=\frac{1}{4}\begin{pmatrix}\mathrm{e}^{3t}+3\mathrm{e}^{-t} & \mathrm{e}^{3t}-\mathrm{e}^{-t}\\ 3\mathrm{e}^{3t}-3\mathrm{e}^{-t} & 3\mathrm{e}^{3t}+\mathrm{e}^{-t}\end{pmatrix}.\end{aligned}$$

注意：求解这类题目时，$\sin At$ 中的 t 要看作常数，此时，$f(\lambda)=\mathrm{e}^{\lambda t}$，变量为 λ 而不是 t.

例 4.9　设

$$A=\begin{pmatrix}-1 & -2 & 6\\ -1 & 0 & 3\\ -1 & -1 & 4\end{pmatrix},$$

求 $\cos A$.

解 A 的特征矩阵为

$$\lambda I - A = \begin{pmatrix} \lambda+1 & 2 & -6 \\ 1 & \lambda & -3 \\ 1 & 1 & \lambda-4 \end{pmatrix} \cong \begin{pmatrix} 1 & 0 & 0 \\ 0 & \lambda-1 & 0 \\ 0 & 0 & (\lambda-1)^2 \end{pmatrix},$$

故 A 的初等因子为

$$(\lambda-1), (\lambda-1)^2,$$

对应的 Jordan 块分别为

$$J_1 = 1, \quad J_2 = \begin{pmatrix} 1 & 1 \\ 0 & 1 \end{pmatrix},$$

A 的 Jordan 标准形为

$$J = \begin{pmatrix} 1 & 0 & 0 \\ 0 & 1 & 1 \\ 0 & 0 & 1 \end{pmatrix}.$$

因为 $f(\lambda) = \cos\lambda$，故

$$f(J) = \cos J = \begin{pmatrix} f(J_1) & 0 \\ 0 & f(J_2) \end{pmatrix}.$$

又

$$f(J_1) = f(1) = \cos 1,$$
$$f(J_2) = \cos J_2 = \begin{pmatrix} f(\lambda_2) & f'(\lambda_2) \\ 0 & f(\lambda_2) \end{pmatrix} = \begin{pmatrix} \cos 1 & -\sin 1 \\ 0 & \cos 1 \end{pmatrix},$$

故

$$f(J) = \cos J = \begin{pmatrix} f(J_1) & 0 \\ 0 & f(J_2) \end{pmatrix} = \begin{pmatrix} \cos 1 & 0 & 0 \\ 0 & \cos 1 & -\sin 1 \\ 0 & 0 & \cos 1 \end{pmatrix}.$$

A 的 Jordan 标准形为 J 意味着存在可逆矩阵 P 使得

$$P^{-1}AP = J,$$

记 $P = (p_1, p_2, p_3)$, 则

$$AP = (Ap_1, Ap_2, Ap_3) = PJ = (p_1, p_2, p_3)\begin{pmatrix} 1 & 0 & 0 \\ 0 & 1 & 1 \\ 0 & 0 & 1 \end{pmatrix}.$$

比较得

$$\begin{cases} Ap_1 = p_1, \\ Ap_2 = p_2, \\ Ap_3 = p_2 + p_3. \end{cases} \tag{4.52}$$

由 $Ap_1 = p_1, Ap_2 = p_2$，即 $(I-A)p_1 = 0, (I-A)p_2 = 0$ 知 p_1, p_2 为属于 A 的特征值 1 的两个线性无关的特征向量. 解方程组 $(I-A)X = 0$，即

$$(I-A)X = \begin{pmatrix} 2 & 2 & -6 \\ 1 & 1 & -3 \\ 1 & 1 & -3 \end{pmatrix} \begin{pmatrix} x_1 \\ x_2 \\ x_3 \end{pmatrix} = 0,$$

仅得一个有效方程

$$x_1 + x_2 - 3x_3 = 0,$$

此方程的一个基础解系为

$$X_1 = \begin{pmatrix} -1 \\ 1 \\ 0 \end{pmatrix}, \quad X_2 = \begin{pmatrix} 3 \\ 0 \\ 1 \end{pmatrix},$$

故一般解为

$$X = k_1X_1 + k_2X_2 = k_1 \begin{pmatrix} -1 \\ 1 \\ 0 \end{pmatrix} + k_2 \begin{pmatrix} 3 \\ 0 \\ 1 \end{pmatrix} = \begin{pmatrix} -k + 3k_2 \\ k_1 \\ k_2 \end{pmatrix}.$$

注意 p_1, p_2 是其中两个解，本来，取定 k_1, k_2 就可得到 p_1, p_2，但观察发现，p_1 的选取和后面的方程无关，可以相对自由地选取，试取 p_1 为基础解系中一元，例如，取 $p_1 = X_2$，即取 $k_1 = 0, k_2 = 1$. 但 p_2 不能随便取，p_2 需满足 (4.52) 第 3 个方程，即 $(I-A)p_3 = -p_2$，由此得方程组

$$(I-A)X = \begin{pmatrix} 2 & 2 & -6 \\ 1 & 1 & -3 \\ 1 & 1 & -3 \end{pmatrix} \begin{pmatrix} x_1 \\ x_2 \\ x_3 \end{pmatrix} = -p_2 = \begin{pmatrix} k_1 - 3k_2 \\ -k_1 \\ -k_2 \end{pmatrix},$$

取 k_1, k_2 使上述方程组有解，例如，取 $k_1 = k_2 = 1$，此时 p_2 得以确定，为

$$p_2 = \begin{pmatrix} 2 \\ 1 \\ 1 \end{pmatrix},$$

同时得方程组

$$\begin{pmatrix} 2 & 2 & -6 \\ 1 & 1 & -3 \\ 1 & 1 & -3 \end{pmatrix}\begin{pmatrix} x_1 \\ x_2 \\ x_3 \end{pmatrix}=\begin{pmatrix} -2 \\ -1 \\ -1 \end{pmatrix},$$

仅得一个有效方程

$$x_1+x_2-3x_3=-1,$$

此方程有两个自由变量，取 $x_2=0, x_3=1$，得 $x_1=2$，即得解

$$p_3=\begin{pmatrix} 2 \\ 0 \\ 1 \end{pmatrix}.$$

至此，已得到

$$P=(p_1,p_2,p_3)=\begin{pmatrix} 3 & 2 & 2 \\ 0 & 1 & 0 \\ 1 & 1 & 1 \end{pmatrix},$$

计算得知 P 的行列式不为 0，故 P 为可逆矩阵. 以下求 P^{-1}：对 (P,I) 施行行的初等变换，有

$$\begin{aligned}(P,I)&=\begin{pmatrix} 3 & 2 & 2 & 1 & 0 & 0 \\ 0 & 1 & 0 & 0 & 1 & 0 \\ 1 & 1 & 1 & 0 & 0 & 1 \end{pmatrix}\\
&\xrightarrow{r_1-3r_3}\begin{pmatrix} 0 & -1 & -1 & 1 & 0 & -3 \\ 0 & 1 & 0 & 0 & 1 & 0 \\ 1 & 1 & 1 & 0 & 0 & 1 \end{pmatrix}\\
&\xrightarrow{r_3+r_1}\begin{pmatrix} 0 & -1 & -1 & 1 & 0 & -3 \\ 0 & 1 & 0 & 0 & 1 & 0 \\ 1 & 0 & 0 & 1 & 0 & -2 \end{pmatrix}\\
&\xrightarrow{r_1+r_2}\begin{pmatrix} 0 & 0 & -1 & 1 & 1 & -3 \\ 0 & 1 & 0 & 0 & 1 & 0 \\ 1 & 0 & 0 & 1 & 0 & -2 \end{pmatrix}\\
&\xrightarrow{-r_1}\begin{pmatrix} 0 & 0 & 1 & -1 & -1 & 3 \\ 0 & 1 & 0 & 0 & 1 & 0 \\ 1 & 0 & 0 & 1 & 0 & -2 \end{pmatrix}\end{aligned}$$

$$\xrightarrow{r_1 \rightleftharpoons r_3} \begin{pmatrix} 1 & 0 & 0 & 1 & 0 & -2 \\ 0 & 1 & 0 & 0 & 1 & 0 \\ 0 & 0 & 1 & -1 & -1 & 3 \end{pmatrix},$$

故

$$P^{-1} = \begin{pmatrix} 1 & 0 & -2 \\ 0 & 1 & 0 \\ -1 & -1 & 3 \end{pmatrix}.$$

最后得

$$\begin{aligned} & f(A) = Pf(J)P^{-1} = \cos A \\ = & \begin{pmatrix} 3 & 2 & 2 \\ 0 & 1 & 0 \\ 1 & 1 & 1 \end{pmatrix} \begin{pmatrix} \cos 1 & 0 & 0 \\ 0 & \cos 1 & -\sin 1 \\ 0 & 0 & \cos 1 \end{pmatrix} \begin{pmatrix} 1 & 0 & -2 \\ 0 & 1 & 0 \\ -1 & -1 & 3 \end{pmatrix} \\ = & \begin{pmatrix} \cos 1 + 2\sin 1 & 2\sin 1 & -6\sin 1 \\ \sin 1 & \cos 1 + \sin 1 & -3\sin 1 \\ \sin 1 & \sin 1 & \cos 1 - 3\sin 1 \end{pmatrix}. \end{aligned}$$

注意 1：在本题的求解过程中，几处出现自主选取自由变量值的情况. 自由变量取值不同，P 必然不同，那么，最后结果会不会也不同？事实是，对这类题目，P 确有无穷多种选择，但最后结果 (即 $f(A)$) 却一定是相同的.

注意 2：自由变量的选取原则是：① 使以下的方程组可解；② 使 P 可逆. 在许多情况下，自由变量的选取不能使这两条满足，此时，就必须重新选取自由变量，直到这两条满足为止.

习　题　4

1. 证明定理 4.2(1)，(2)，(4).
2. 证明定理 4.5 的 $1^\circ \sim 4^\circ$.
3. 证明

$$\frac{\mathrm{d}X}{\mathrm{d}X^{\mathrm{T}}} = I.$$

4. 证明定理 4.7 的 (2)~(6).
5. 证明定理 4.8.
6. 写出函数矩阵序列 $\{A_k(t)\}_{k=1}^{\infty}$ 在 $E = [a, b]$ 上一致收敛于函数矩阵 $A(t)$ 的 Cauchy 准则.

7. 设

(1) $A(t)=\begin{pmatrix}\sin t^2 & 2t & 2\ln t\\ t\cos t & 1 & 3t+4\\ \arctan t & 4t^3+2t & 1\end{pmatrix}$,

(2) $A(t)=\begin{pmatrix}\sin t & 2t\ln t & 4t\\ t^2\sin t & t^3+6t^2+t+2 & t+6\end{pmatrix}$,

求 $A'(t), A''(t)$.

8. 设

(1) $A(t)=\begin{pmatrix}t\sin t^2 & 3t^2 & \cos t\\ t+3 & 0 & 3\\ t & t^3+2t & 1\end{pmatrix}$,

(2) $A(t)=\begin{pmatrix}t & 2t\cos t & 4\\ t^{1.2} & t^2+3t+2 & t-8\end{pmatrix}$,

求 $\int_0^1 A(t)\mathrm{d}t$.

9. 讨论矩阵级数 $\sum\limits_{k=1}^{\infty}A_k$ 的敛散性，其中

$$A_k=\begin{pmatrix}\dfrac{(-1)^k}{k} & 0 & \dfrac{k^2+1}{\mathrm{i}k^4} & 0\\ \dfrac{\sin k}{k^4} & \dfrac{1}{k^2} & 0 & \dfrac{1}{k^{1.1}}\end{pmatrix}.$$

10. 设 A, B 为 n 阶方阵，证明

(1) $\sin^2 A+\cos^2 A=I$;

(2) $\sin(A\pm B)=\sin A\cos B\pm\cos A\sin B$;

(3) $\mathrm{e}^{A+2\pi\mathrm{i}I=\mathrm{e}^A}$.

11. 设方阵 A 满足 $A^2=A$，求 $\sin A, \cos A, \mathrm{e}^A$.

12. 设

(1) $A=\begin{pmatrix}0 & 0\\ 0 & 0\end{pmatrix}$;　　(2) $A=\begin{pmatrix}1 & 1\\ 1 & 1\end{pmatrix}$;

(3) $A=\begin{pmatrix}1 & 2\\ 3 & 4\end{pmatrix}$;　　(4) $A=\begin{pmatrix}1 & 1 & 1\\ 1 & 1 & 1\\ 1 & 1 & 1\end{pmatrix}$;

(5) $A=\begin{pmatrix}2 & 0 & 0\\ 0 & 1 & 0\\ 0 & 1 & 1\end{pmatrix}$;　　(6) $A=\begin{pmatrix}0 & -1 & 0\\ 1 & 0 & 1\\ 0 & 1 & 0\end{pmatrix}$,

求 $\mathrm{e}^{At}, \cos At$.

13. 设

(1) $A=\begin{pmatrix}1&0\\0&1\end{pmatrix}$;　　(2) $A=\begin{pmatrix}\mathrm{i}&1\\1&\mathrm{i}\end{pmatrix}$;

(3) $A=\begin{pmatrix}1&2\mathrm{i}\\3\mathrm{i}&4\end{pmatrix}$;　　(4) $A=\begin{pmatrix}1&0&0\\0&1&0\\0&0&1\end{pmatrix}$;

(5) $A=\begin{pmatrix}0&1&0\\0&0&1\\-6&-11&-6\end{pmatrix}$;　　(6) $A=\begin{pmatrix}2&2&1\\1&3&1\\1&2&2\end{pmatrix}$,

求 $\mathrm{e}^A, \sin A$.

14. 设

(1) $A=\begin{pmatrix}0&-1\\4&4\end{pmatrix}$;　　(2) $A=\begin{pmatrix}16&8\\8&4\end{pmatrix}$;　　(3) $A=\begin{pmatrix}1&2\\2&4\end{pmatrix}$,

讨论是否可以求出下列矩阵函数的幂级数，若是，求其值：

(1) $\arcsin\dfrac{A}{4}$;　　(2) $(I+A)^{-1}$;　　(3) $A^{\frac{1}{2}}$;

(4) $\sinh A$;　　(5) $\ln(I+A)$;　　(6) $\arctan A$.

第 5 章　矩阵微分方程

与矩阵和线性方程组的关系类似，矩阵微分方程和微分方程组关系密切，而后者大量出现在系统工程和控制论问题中. 因矩阵微分方程的求解大力借助于矩阵函数的计算技术，所以，矩阵函数理论成为系统工程和控制论的重要研究工具. 本章主要介绍利用矩阵函数求解矩阵微分方程组的内容.

5.1　线性常系数微分方程组

本节中，先介绍有关微分方程和方程组的一些概念，然后介绍线性常系数齐次微分方程组，线性常系数非齐次微分方程组，在此基础上介绍 n 阶常系数齐次线性微分方程，n 阶常系数非齐次线性微分方程. 本节介绍的主要内容，皆有关微分方程和方程组的具体求解方法，不涉及定性与稳定性等微分方程的相关理论.

5.1.1　微分方程与方程组的基本概念

含有未知函数及其若干阶导数和自变量的已知函数的等式，称为微分方程，方程中出现的导数的最高阶数称为微分方程的阶，如

$$\sin t \sin y^{(3)} + y' + \cos(ty) = 3$$

是一个 3 阶微分方程.

如果在一个微分方程中，关于未知函数及其导数的关系是线性关系，则称其为线性微分方程，如上述微分方程不是线性微分方程，而

$$\sin t y^{(3)} + y' + \cos t = 3$$

是一个线性微分方程. 注意线性微分方程的概念中，强调“关于未知函数及其导数的关系是线性关系”，在上式中，尽管 $\sin t, \cos t$ 是非线性函数，但该方程仍为线性微分方程，这是因为它们不是“关于未知函数及其导数的”非线性函数，而仅是“未知函数及其导数”的系数和非齐次部分.

如果在一个线性微分方程中，未知函数及其导数的系数是常数，而不是自变量的已知函数，则称其为线性常系数微分方程，如上述微分方程不是线性常系数微分方程，而

$$2.3y^{(3)} + y' + \cos t = 3$$

是一个线性常系数微分方程.

如果在一个线性常系数微分方程中，没有自变量的已知函数以及非 0 常数项，则称其为线性常系数齐次微分方程，如上述微分方程不是线性常系数齐次微分方程，而

$$2.3y^{(3)} + y' + y = 0$$

是一个线性常系数齐次微分方程.

如果自变量是同一个而未知函数以及方程有若干个，这些方程联立，形成微分方程组.

求解微分方程或微分方程组，即求满足所述方程或方程组的未知函数.

5.1.2　线性常系数齐次微分方程组

设 A 为 n 阶数字方阵：

$$A = \begin{pmatrix} a_{11} & a_{12} & \cdots & a_{1n} \\ a_{21} & a_{22} & \cdots & a_{2n} \\ \vdots & \vdots & & \vdots \\ a_{n1} & a_{n2} & \cdots & a_{nn} \end{pmatrix}, \tag{5.1}$$

$x(t)$ 为一 $n \times m$ 函数矩阵：

$$x(t) = \begin{pmatrix} x_{11}(t) & x_{12}(t) & \cdots & x_{1m}(t) \\ x_{21}(t) & x_{22}(t) & \cdots & x_{2m}(t) \\ \vdots & \vdots & & \vdots \\ x_{n1}(t) & x_{n2}(t) & \cdots & x_{nm}(t) \end{pmatrix}, \tag{5.2}$$

$$x(t)|_{t=t_0} = \begin{pmatrix} x_{11}(t_0) & x_{12}(t_0) & \cdots & x_{1m}(t_0) \\ x_{21}(t_0) & x_{22}(t_0) & \cdots & x_{2m}(t_0) \\ \vdots & \vdots & & \vdots \\ x_{n1}(t_0) & x_{n2}(t_0) & \cdots & x_{nm}(t_0) \end{pmatrix}, \tag{5.3}$$

则

$$\begin{cases} \dfrac{\mathrm{d}x(t)}{\mathrm{d}t} = Ax, \\ x(t)|_{t=t_0} = x(t_0), \end{cases} \tag{5.4}$$

称为线性常系数齐次微分方程组的定解问题，其中 $x(t)|_{t=t_0}=x(t_0)$ 称为初始条件或定解条件. 由于这类微分方程的表达式中出现矩阵，其求解过程又用到矩阵函数的计算，所以统称其为矩阵微分方程.

当 $m=1$ 时，得最常见的线性常系数齐次微分方程组的定解问题，此时，$x(t)=(x_1(t),x_2(t),\cdots,x_n(t))^{\mathrm{T}}$，所述定解问题成为

$$\begin{cases}\dfrac{\mathrm{d}x_1(t)}{\mathrm{d}t}=a_{11}x_1+a_{12}x_2+\cdots+a_{1n}x_n,\\ \dfrac{\mathrm{d}x_2(t)}{\mathrm{d}t}=a_{21}x_1+a_{22}x_2+\cdots+a_{2n}x_n,\\ \qquad\qquad\cdots\cdots\\ \dfrac{\mathrm{d}x_n(t)}{\mathrm{d}t}=a_{n1}x_1+a_{n2}x_2+\cdots+a_{nn}x_n,\\ x_1(t)|_{t=t_0}=x_1(t_0),x_2(t)|_{t=t_0}=x_2(t_0),\cdots,x_n(t)|_{t=t_0}=x_n(t_0).\end{cases}\tag{5.5}$$

下面讨论定解问题 (5.4) 的求解.

考虑 (5.4) 中的 $x(t)$ 为常规函数，A 为普通常数的情形. 此时 (5.4) 中的方程可变形为

$$\frac{\mathrm{d}x(t)}{x(t)}=A\mathrm{d}t,$$

上式等号两边积分得

$$\ln|x(t)|=At+c_1,$$

故

$$|x(t)|=\mathrm{e}^{At+c_1},$$

考虑到 c_1 可以为复数，令 $c=\mathrm{e}^{c_1}$，去掉等式左边的绝对值符号得

$$x(t)=\mathrm{e}^{At}c.$$

为利用 (5.4) 中的 $x(t)|_{t=t_0}=x(t_0)$ 求常数 c，上式中令 $t=t_0$ 得

$$x(t_0)=\mathrm{e}^{At_0}c,$$

故

$$c=\mathrm{e}^{-At_0}x(t_0),$$

最后得解

$$x(t) = \mathrm{e}^{A(t-t_0)}x(t_0).$$

回到 (5.4)，猜测其解也有类似的形式，事实确实如此，我们有如下定理.

定理 5.1　(1) 定解问题 (5.4) 有唯一解

$$x(t) = \mathrm{e}^{A(t-t_0)}x(t_0); \tag{5.6}$$

(2) 解 $x(t)$ 的秩与 t 无关.

证明　(1) 先验证 (5.6) 为 (5.4) 的解.

$$\begin{aligned}\frac{\mathrm{d}x(t)}{\mathrm{d}t} &= \frac{\mathrm{d}}{\mathrm{d}t}\mathrm{e}^{A(t-t_0)}x(t_0)\\ &= A\mathrm{e}^{A(t-t_0)}x(t_0) = Ax(t),\\ x(t)|_{t=t_0} &= [\mathrm{e}^{A(t-t_0)}x(t_0)]|_{t=t_0} = \mathrm{e}^{A(t_0-t_0)}x(t_0)\\ &= \mathrm{e}^0x(t_0) = Ix(t_0) = x(t_0).\end{aligned}$$

故 $x(t) = \mathrm{e}^{A(t-t_0)}x(t_0)$ 为 (5.4) 的解.

下面证明解的唯一性.

设 $y(t)$ 也是 (5.4) 的解，令

$$z(t) = \mathrm{e}^{-At}y(t),$$

$$\begin{aligned}\frac{\mathrm{d}z(t)}{\mathrm{d}t} &= \mathrm{e}^{-At}(-A)y(t) + \mathrm{e}^{-At}\frac{\mathrm{d}}{\mathrm{d}t}[y(t)]\\ &= -\mathrm{e}^{-At}Ay(t) + \mathrm{e}^{-At}Ay(t) = 0,\end{aligned}$$

由于导数为 0 的函数矩阵为常数矩阵，故对任意 $t \in \mathbf{C}$，

$$z(t) = c$$

为常数，从而对 t_0 也有

$$z(t_0) = c.$$

注意 x 与 y 同为 (5.4) 的解，故 $x(t_0) = y(t_0)$，所以

$$z(t_0) = \mathrm{e}^{-At_0}y(t_0) = \mathrm{e}^{-At_0}x(t_0) = c = z(t) = \mathrm{e}^{-At}y(t),$$

由此得

$$y(t) = \mathrm{e}^{A(t-t_0)}x(t_0),$$

$y(t)$ 也是 $x(t)$ 的形式，(5.4) 的解是唯一的.

(2) 由于

$$\mathrm{e}^{-A(t-t_0)}\mathrm{e}^{A(t-t_0)}=\mathrm{e}^{-A(t-t_0)+A(t-t_0)}=\mathrm{e}^0=I,$$

$\mathrm{e}^{A(t-t_0)}$ 为可逆矩阵，而 $x(t)=\mathrm{e}^{A(t-t_0)}x(t_0)$，即 $x(t)$ 为 $x(t_0)$ 与可逆矩阵 $\mathrm{e}^{A(t-t_0)}$ 的乘积，所以 $x(t)$ 与 $x(t_0)$ 的秩相同，$x(t)$ 的秩与 t 无关. 证毕.

明显地，求解 (5.4) 的关键是计算 $\mathrm{e}^{A(t-t_0)}$，回顾矩阵函数的计算，可以给出 (5.4) 的求解步骤:

(1) 写出 $\lambda I-A$ 并求初等因子，设为

$$(\lambda-\lambda_1)^{m_1},(\lambda-\lambda_2)^{m_2},\cdots,(\lambda-\lambda_k)^{m_k};$$

(2) 根据 $(\lambda-\lambda_i)^{m_i}$ 直接写出 Jordan 块 J_i，$i=1,2,\cdots,k$，并按序排列得 A 的 Jordan 标准形 J；

(3) 求 $\mathrm{e}^{\lambda(t-t_0)}$ 关于变量 λ 直到 m_i-1 阶的导数:

$$\begin{gathered}\left(\mathrm{e}^{\lambda(t-t_0)}\right)'=(t-t_0)\mathrm{e}^{\lambda(t-t_0)},\\ \left(\mathrm{e}^{\lambda(t-t_0)}\right)''=(t-t_0)^2\mathrm{e}^{\lambda(t-t_0)},\\ \cdots\cdots\\ \left(\mathrm{e}^{\lambda(t-t_0)}\right)^{(m_i-1)}=(t-t_0)^{m_i-1}\mathrm{e}^{\lambda(t-t_0)},\end{gathered}$$

并通过式 (4.51) 计算

$$\mathrm{e}^{J_i(t-t_0)};$$

(4) 写出

$$\mathrm{e}^{J(t-t_0)}=\mathrm{diag}(\mathrm{e}^{J_1(t-t_0)},\mathrm{e}^{J_2(t-t_0)},\cdots,\mathrm{e}^{J_k(t-t_0)});$$

(5) 根据 $A=P^{-1}JP$(或 $A=PJP^{-1}$), 求出 P 和 P^{-1}, 并计算

$$\mathrm{e}^{A(t-t_0)}=P^{-1}\mathrm{e}^{J(t-t_0)}P(\text{或 }\mathrm{e}^{A(t-t_0)}=P\mathrm{e}^{J(t-t_0)}P^{-1});$$

(6) 计算

$$x(t)=\mathrm{e}^{A(t-t_0)}x(t_0).$$

例 5.1　设

$$\begin{cases} x'_{11}(t) = -x_{11}(t) - 2x_{21}(t) + 6x_{31}(t), \\ x'_{12}(t) = -x_{12}(t) - 2x_{22}(t) + 6x_{32}(t), \\ x'_{13}(t) = -x_{13}(t) - 2x_{23}(t) + 6x_{33}(t), \\ x'_{14}(t) = -x_{14}(t) - 2x_{24}(t) + 6x_{34}(t), \\ x'_{15}(t) = -x_{15}(t) - 2x_{25}(t) + 6x_{35}(t), \\ x'_{21}(t) = -x_{11}(t) - 3x_{31}(t), \\ x'_{22}(t) = -x_{12}(t) - 3x_{32}(t), \\ x'_{23}(t) = -x_{13}(t) - 3x_{33}(t), \\ x'_{24}(t) = -x_{14}(t) - 3x_{34}(t), \\ x'_{25}(t) = -x_{15}(t) - 3x_{35}(t), \\ x'_{31}(t) = -x_{11}(t) - x_{21}(t) + 4x_{31}(t), \\ x'_{32}(t) = -x_{12}(t) - x_{22}(t) + 4x_{32}(t), \\ x'_{33}(t) = -x_{13}(t) - x_{23}(t) + 4x_{33}(t), \\ x'_{34}(t) = -x_{14}(t) - x_{24}(t) + 4x_{34}(t), \\ x'_{35}(t) = -x_{15}(t) - x_{25}(t) + 4x_{35}(t) \end{cases}$$

为齐次线性微分方程组，写为矩阵微分方程形式，即

$$\begin{pmatrix} x'_{11}(t) & x'_{12}(t) & x'_{13}(t) & x'_{14}(t) & x'_{15}(t) \\ x'_{21}(t) & x'_{22}(t) & x'_{23}(t) & x'_{24}(t) & x'_{25}(t) \\ x'_{31}(t) & x'_{32}(t) & x'_{33}(t) & x'_{34}(t) & x'_{35}(t) \end{pmatrix}$$

$$= \begin{pmatrix} -1 & -2 & 6 \\ -1 & 0 & -3 \\ -1 & -1 & 4 \end{pmatrix} \begin{pmatrix} x_{11}(t) & x_{12}(t) & x_{13}(t) & x_{14}(t) & x_{15}(t) \\ x_{21}(t) & x_{22}(t) & x_{23}(t) & x_{24}(t) & x_{25}(t) \\ x_{31}(t) & x_{32}(t) & x_{33}(t) & x_{34}(t) & x_{35}(t) \end{pmatrix},$$

或即

$$\frac{\mathrm{d}x(t)}{\mathrm{d}t} = Ax,$$

其中

$$A = \begin{pmatrix} -1 & -2 & 6 \\ -1 & 0 & -3 \\ -1 & -1 & 4 \end{pmatrix},$$

$$x(t) = \begin{pmatrix} x_{11}(t) & x_{12}(t) & x_{13}(t) & x_{14}(t) & x_{15}(t) \\ x_{21}(t) & x_{22}(t) & x_{23}(t) & x_{24}(t) & x_{25}(t) \\ x_{31}(t) & x_{32}(t) & x_{33}(t) & x_{34}(t) & x_{35}(t) \end{pmatrix},$$

又设初始条件或定解条件为

$$x(t)|_{t=0}=\begin{pmatrix} x_{11}(0) & x_{12}(0) & x_{13}(0) & x_{14}(0) & x_{15}(0) \\ x_{21}(0) & x_{22}(0) & x_{23}(0) & x_{24}(0) & x_{25}(0) \\ x_{31}(0) & x_{32}(0) & x_{33}(0) & x_{34}(0) & x_{35}(0) \end{pmatrix}=\begin{pmatrix} 1 & 0 & 1 & 0 & 1 \\ 0 & 1 & 0 & 1 & 0 \\ 1 & 0 & 1 & 0 & 1 \end{pmatrix},$$

则得定解问题

$$\begin{cases} \dfrac{\mathrm{d}x(t)}{\mathrm{d}t}=Ax, \\ x(t)|_{t=0}=x(0). \end{cases}$$

求其解.

解　由例 4.9 知 A 的特征矩阵为

$$\lambda I-A=\begin{pmatrix} \lambda+1 & 2 & -6 \\ 1 & \lambda & -3 \\ 1 & 1 & \lambda-4 \end{pmatrix}\cong\begin{pmatrix} 1 & 0 & 0 \\ 0 & \lambda-1 & 0 \\ 0 & 0 & (\lambda-1)^2 \end{pmatrix},$$

初等因子为

$$(\lambda-),(\lambda-1)^2,$$

对应的 Jordan 块分别为

$$J_1=1,\quad J_2=\begin{pmatrix} 1 & 1 \\ 0 & 1 \end{pmatrix},$$

A 的 Jordan 标准形为

$$J=\begin{pmatrix} 1 & 0 & 0 \\ 0 & 1 & 1 \\ 0 & 0 & 1 \end{pmatrix}.$$

设 $f(\lambda)=\mathrm{e}^{\lambda(t-t_0)}=\mathrm{e}^{\lambda t}$，故

$$f(J)=\mathrm{e}^{Jt}=\begin{pmatrix} \mathrm{e}^{J_1t} & 0 \\ 0 & \mathrm{e}^{J_2t} \end{pmatrix}.$$

又

$$\begin{aligned} &f(J_1)=f(1)=\mathrm{e}^t, \\ &f(J_2)=\mathrm{e}^{J_2t}=\begin{pmatrix} f(\lambda_2) & f'(\lambda_2) \\ 0 & f(\lambda_2) \end{pmatrix}=\begin{pmatrix} \mathrm{e}^t & t\mathrm{e}^t \\ 0 & \mathrm{e}^t \end{pmatrix}, \end{aligned}$$

故

$$f(J)=\mathrm{e}^{Jt}=\begin{pmatrix} \mathrm{e}^t & 0 & 0 \\ 0 & \mathrm{e}^t & t\mathrm{e}^t \\ 0 & 0 & \mathrm{e}^t \end{pmatrix}=\mathrm{e}^t\begin{pmatrix} 1 & 0 & 0 \\ 0 & 1 & t \\ 0 & 0 & 1 \end{pmatrix}.$$

由例 4.9, 根据 $A=PJP^{-1}$, 知相似变换矩阵及其逆矩阵

$$P=\begin{pmatrix} 3 & 2 & 2 \\ 0 & 1 & 0 \\ 1 & 1 & 1 \end{pmatrix},\quad P^{-1}=\begin{pmatrix} 1 & 0 & -2 \\ 0 & 1 & 0 \\ -1 & -1 & 3 \end{pmatrix}.$$

故

$$\begin{aligned} f(A)&=Pf(J)P^{-1}=\mathrm{e}^{At} \\ &=\begin{pmatrix} 3 & 2 & 2 \\ 0 & 1 & 0 \\ 1 & 1 & 1 \end{pmatrix}\mathrm{e}^t\begin{pmatrix} 1 & 0 & 0 \\ 0 & 1 & t \\ 0 & 0 & 1 \end{pmatrix}\begin{pmatrix} 1 & 0 & -2 \\ 0 & 1 & 0 \\ -1 & -1 & 3 \end{pmatrix} \\ &=\mathrm{e}^t\begin{pmatrix} 1-2t & -2t & 6t \\ -t & 1-t & 3t \\ -t & -t & 1-3t \end{pmatrix}. \end{aligned}$$

最后得定解问题的解

$$\begin{aligned} x(t)&=\mathrm{e}^{At}x(0) \\ &=\mathrm{e}^t\begin{pmatrix} 1-2t & -2t & 6t \\ -t & 1-t & 3t \\ -t & -t & 1-3t \end{pmatrix}\begin{pmatrix} 1 & 0 & 1 & 0 & 1 \\ 0 & 1 & 0 & 1 & 0 \\ 1 & 0 & 1 & 0 & 1 \end{pmatrix} \\ &=\mathrm{e}^t\begin{pmatrix} 1+4t & -2t & 1+4t & -2t & 1+4t \\ 2t & 1-t & 2t & 1-t & 2t \\ 1-4t & -t & 1-4t & -t & 1-4t \end{pmatrix}. \end{aligned}$$

矩阵微分方程内容的表述可以有多种形式，例如，本段的主要结果可以表述如下：

设 $A=(a_{ij})_{n\times n}$ 为数字矩阵，$x(t)=(x_{kl}(t))_{n\times m}$ 为未知函数矩阵，则定解问题

$$\begin{cases} (x'_{kl}(t))_{n\times m}=(a_{ij})_{n\times n}(x_{kl}(t))_{n\times m}, \\ (x_{kl}(t)|_{t=t_0})_{n\times m}=(x_{kl}(t_0))_{n\times m} \end{cases}$$

有唯一解

$$(x_{kl}(t))_{n\times m}=\mathrm{e}^{(a_{ij})_{n\times n}(t-t_0)}(x_{kl}(t_0))_{n\times m},$$

解 $(x_{kl}(t))_{n\times m}$ 的秩与 t 无关.

这些表述有简有繁，繁的使用符号多，一般呈现内容的原始状态，结构表现清楚，但篇幅大，易掩盖本质特征；简单书写方便，本质特征表现巧妙，但需明确简化符号的含义，不然会使形式与真正的内容脱节. 注意虽然由简而得的结果最后还要回归原始状态，但简化过程充满抽象类比等手段，可以得到由繁的形式不便表示的结果.

不同的表述可以帮助了解所述内容的各个方面，真正掌握知识与方法.

5.1.3 线性常系数非齐次微分方程组

设 A 为 n 阶数字方阵:

$$A=\begin{pmatrix} a_{11} & a_{12} & \cdots & a_{1n}\\ a_{21} & a_{22} & \cdots & a_{2n}\\ \vdots & \vdots & & \vdots\\ a_{n1} & a_{n2} & \cdots & a_{nn}\end{pmatrix},$$

B 为 $n\times m$ 数字矩阵:

$$B=\begin{pmatrix} b_{11} & b_{12} & \cdots & b_{1m}\\ b_{21} & b_{22} & \cdots & b_{2m}\\ \vdots & \vdots & & \vdots\\ b_{n1} & a_{n2} & \cdots & a_{nm}\end{pmatrix},$$

$x(t)$ 为一 $n\times m$ 函数矩阵:

$$x(t)=\begin{pmatrix} x_{11}(t) & x_{12}(t) & \cdots & x_{1m}(t)\\ x_{21}(t) & x_{22}(t) & \cdots & x_{2m}(t)\\ \vdots & \vdots & & \vdots\\ x_{n1}(t) & x_{n2}(t) & \cdots & x_{nm}(t)\end{pmatrix},$$

$u(t)$ 为一 $m\times m$ 函数矩阵:

$$u(t)=\begin{pmatrix} u_{11}(t) & u_{12}(t) & \cdots & u_{1m}(t)\\ u_{21}(t) & u_{22}(t) & \cdots & u_{2m}(t)\\ \vdots & \vdots & & \vdots\\ u_{m1}(t) & u_{m2}(t) & \cdots & u_{mm}(t)\end{pmatrix},$$

$$x(t)|_{t=t_0}=\begin{pmatrix} x_{11}(t_0) & x_{12}(t_0) & \cdots & x_{1m}(t_0) \\ x_{21}(t_0) & x_{22}(t_0) & \cdots & x_{2m}(t_0) \\ \vdots & \vdots & & \vdots \\ x_{n1}(t_0) & x_{n2}(t_0) & \cdots & x_{nm}(t_0) \end{pmatrix},$$

则

$$\begin{cases} \dfrac{\mathrm{d}x(t)}{\mathrm{d}t}=Ax(t)+Bu(t), \\ x(t)|_{t=t_0}=x(t_0) \end{cases} \tag{5.7}$$

称为线性常系数非齐次微分方程组的定解问题.

完全仿照常规线性常系数非齐次微分方程 (不是方程组) 的定解问题的求解过程, 采用常数变易法求解 (5.7).

(1) 写出与 (5.7) 对应的线性常系数齐次微分方程组

$$\frac{\mathrm{d}x(t)}{\mathrm{d}t}=Ax(t), \tag{5.8}$$

其通解为

$$x(t)=\mathrm{e}^{At}c, \tag{5.9}$$

其中 c 为 $n\times m$ 常数矩阵.

(2) 将 c 变为 $n\times m$ 函数矩阵 $c(t)$.

设

$$x(t)=\mathrm{e}^{At}c(t), \tag{5.10}$$

求导得

$$x'(t)=A\mathrm{e}^{At}c(t)+\mathrm{e}^{At}c'(t). \tag{5.11}$$

(3) 代入原方程, 求 $c(t)$ 及 $x(t)$ 的表达式.

分别将式 (5.11),(5.10) 代入 (5.7) 第 1 式得

$$A\mathrm{e}^{At}c(t)+\mathrm{e}^{At}c'(t)=A\mathrm{e}^{At}c(t)+Bu(t),$$

化简得

$$c'(t)=\mathrm{e}^{-At}Bu(t),$$

故

$$c(t)=\int_{t_0}^{t}\mathrm{e}^{-Av}Bu(v)\mathrm{d}v+c, \tag{5.12}$$

再代入 (5.10) 得

$$x(t)=\mathrm{e}^{At}\int_{t_0}^{t}\mathrm{e}^{-Av}Bu(v)\mathrm{d}v+\mathrm{e}^{At}c, \tag{5.13}$$

(4) 求常数 c.

(5.13) 中令 $t=t_0$ 得

$$x(t_0)=\mathrm{e}^{At_0}\int_{t_0}^{t_0}\mathrm{e}^{-Av}Bu(v)\mathrm{d}v+\mathrm{e}^{At_0}c=0+\mathrm{e}^{At_0}c=\mathrm{e}^{At_0}c,$$

得

$$c=\mathrm{e}^{-At_0}x(t_0), \tag{5.14}$$

其中注意无论对常规函数还是函数矩阵，当积分上下限相等时，积分值为 0; 对常规函数，积分值为常数 0; 对函数矩阵，积分值为与被积函数同阶的 0 矩阵.

(5) 得解.

式 (5.14) 代入 (5.13) 得 (5.7) 的解

$$x(t)=\mathrm{e}^{A(t-t_0)}x(t_0)+\int_{t_0}^{t}\mathrm{e}^{A(t-v)}Bu(v)\mathrm{d}v. \tag{5.15}$$

与线性常系数齐次微分方程组的定解问题一样，上述结果是仿照常规微分方程情形推出来的，要想应用该结果，还需给出证明.

定理 5.2 (1) 定解问题 (5.7) 有唯一解 (5.15);

(2) 解 $x(t)$ 的秩与 t 无关.

证明 仅证明式 (5.15) 为定解问题 (5.7) 的解，解的唯一性与 (2) 的证明留作习题.

由于函数矩阵的积分和求导是按位置进行的，函数矩阵每个位置上的元素为常规函数，故微积分学基本定理对函数矩阵仍适用，即对函数矩阵 $f(t)$,

$$\left(\int_{t_0}^{t}f(v)\mathrm{d}v\right)'=f(t).$$

(5.15) 即

$$x(t)=\mathrm{e}^{A(t-t_0)}x(t_0)+\mathrm{e}^{At}\int_{t_0}^{t}\mathrm{e}^{-Av}Bu(v)\mathrm{d}v,$$

求导得

$$\begin{aligned}x'(t) &= Ae^{A(t-t_0)}x(t_0) + Ae^{At}\int_{t_0}^{t} e^{-Av}Bu(v)dv + e^{At}e^{-At}Bu(t)\\&= A\left(e^{A(t-t_0)}x(t_0) + e^{At}\int_{t_0}^{t} e^{-Av}Bu(v)dv\right) + Bu(t)\\&= Ax(t) + Bu(t).\end{aligned}$$

(5.15) 中令 $t = t_0$ 得

$$\begin{aligned}x(t)|_{t=t_0} &= e^{A(t_0-t_0)}x(t_0) + \int_{t_0}^{t_0} e^{A(t-v)}Bu(v)dv\\&= e^0x(t_0) + 0 = Ix(t_0) = x(t_0),\end{aligned}$$

其中注意当积分上下限相等时，积分值为 0.

式 (5.15) 满足式 (5.7) 的关系，故为其解. 证毕.

求解 (5.7)，关键仍然是求 $e^{A(t-t_0)}, e^{A(t-v)}$. 下面简介 (5.7) 的求解步骤:

(1) 求 A 的 Jordan 标准形 J, 并由 $A = PJP^{-1}$ (或 $A = P^{-1}JP$) 求相似变换矩阵 P 及 P^{-1}，计算

$$\begin{aligned}&e^{A(t-t_0)} = Pe^{J(t-t_0)}P^{-1}, \quad e^{A(t-v)} = Pe^{J(t-v)}P^{-1}\\&(\text{或 } e^{A(t-t_0)} = P^{-1}e^{J(t-t_0)}P, \quad e^{A(t-v)} = P^{-1}e^{J(t-v)}P);\end{aligned}$$

(2) 计算矩阵乘积 $e^{A(t-v)}Bu(v)$，然后在区间 $[t_0, t]$ 上积分，得

$$\int_{t_0}^{t} e^{A(t-v)}Bu(v)dv;$$

(3) 计算矩阵乘积 $e^{A(t-t_0)}x(t_0)$ 并与上述结果相加即得 (5.7) 的解

$$x(t) = e^{A(t-t_0)}x(t_0) + \int_{t_0}^{t} e^{A(t-v)}Bu(v)dv.$$

本段的主要结果当然也可用多种方式表述，不再赘述.

例 5.2　设

$$\begin{cases}\dfrac{dx(t)}{dt} = Ax + Bu(t),\\x(t)|_{t=0} = C,\end{cases}$$

其中

$$A=\begin{pmatrix}-1&-2&6\\-1&0&-3\\-1&-1&4\end{pmatrix},\quad B=\begin{pmatrix}1&0&2&1&-1\\-1&0&-2&0&2\\1&0&3&-1&2\end{pmatrix},$$

$$C=\begin{pmatrix}1&0&1&0&1\\0&1&0&1&0\\1&0&1&0&1\end{pmatrix},\quad x(t)=(x_{ij}(t))_{3\times5},$$

$$u(t)=\begin{pmatrix}1&t&0&t-1&0\\0&t^2&0&t&3\\2&0&0&2&t+2\\1-t&0&1&0&t\\2&-t&0&t&2\end{pmatrix}.$$

求其解.

解 由例 4.9 知 A 的特征矩阵为

$$\lambda I-A=\begin{pmatrix}\lambda+1&2&-6\\1&\lambda&-3\\1&1&\lambda-4\end{pmatrix}\cong\begin{pmatrix}1&0&0\\0&\lambda-1&0\\0&0&(\lambda-1)^2\end{pmatrix},$$

初等因子为

$$(\lambda-),(\lambda-1)^2,$$

对应的 Jordan 块分别为

$$J_1=1,\quad J_2=\begin{pmatrix}1&1\\0&1\end{pmatrix},$$

A 的 Jordan 标准形为

$$J=\begin{pmatrix}1&0&0\\0&1&1\\0&0&1\end{pmatrix}.$$

设 $f(\lambda)=\mathrm{e}^{\lambda t}$，故

$$f(J)=\mathrm{e}^{Jt}=\begin{pmatrix}\mathrm{e}^{J_1t}&0\\0&\mathrm{e}^{J_2t}\end{pmatrix},$$

又

$$f(J_1)=f(1)=\mathrm{e}^t,$$

$$f(J_2)=\mathrm{e}^{J_2 t}=\begin{pmatrix} f(\lambda_2) & f'(\lambda_2) \\ 0 & f(\lambda_2) \end{pmatrix}=\begin{pmatrix} \mathrm{e}^t & t\mathrm{e}^t \\ 0 & \mathrm{e}^t \end{pmatrix},$$

故

$$f(J)=\mathrm{e}^{Jt}=\begin{pmatrix} \mathrm{e}^t & 0 & 0 \\ 0 & \mathrm{e}^t & t\mathrm{e}^t \\ 0 & 0 & \mathrm{e}^t \end{pmatrix}=\mathrm{e}^t\begin{pmatrix} 1 & 0 & 0 \\ 0 & 1 & t \\ 0 & 0 & 1 \end{pmatrix}.$$

由例 4.9, 根据 $A=PJP^{-1}$ 知相似变换矩阵及其逆矩阵

$$P=\begin{pmatrix} 3 & 2 & 2 \\ 0 & 1 & 0 \\ 1 & 1 & 1 \end{pmatrix},\quad P^{-1}=\begin{pmatrix} 1 & 0 & -2 \\ 0 & 1 & 0 \\ -1 & -1 & 3 \end{pmatrix}.$$

故

$$\begin{aligned} f(A)&=Pf(J)P^{-1}=\mathrm{e}^{At} \\ &=\mathrm{e}^t\begin{pmatrix} 1-2t & -2t & 6t \\ -t & 1-t & 3t \\ -t & -t & 1-3t \end{pmatrix}. \end{aligned}$$

式 (5.15) 即

$$x(t)=\mathrm{e}^{A(t-t_0)}x(t_0)+\int_{t_0}^{t}\mathrm{e}^{A(t-v)}Bu(v)\mathrm{d}v,$$

第 1 项为

$$\begin{aligned} \mathrm{e}^{At}x(0)&=\mathrm{e}^t\begin{pmatrix} 1-2t & -2t & 6t \\ -t & 1-t & 3t \\ -t & -t & 1-3t \end{pmatrix}\begin{pmatrix} 1 & 0 & 1 & 0 & 1 \\ 0 & 1 & 0 & 1 & 0 \\ 1 & 0 & 1 & 0 & 1 \end{pmatrix} \\ &=\mathrm{e}^t\begin{pmatrix} 1+4t & -2t & 1+4t & -2t & 1+4t \\ 2t & 1-t & 2t & 1-t & 2t \\ 1-4t & -t & 1-4t & -t & 1-4t \end{pmatrix}. \end{aligned} \tag{5.16}$$

第 2 项中积分的被积函数为

$$\mathrm{e}^{A(t-v)}Bu(v)$$

$$
=\mathrm{e}^{t-v}\begin{pmatrix} 1-2(t-v) & -2(t-v) & 6(t-v) \\ -(t-v) & 1-(t-v) & 3(t-v) \\ -(t-v) & -(t-v) & 1-3(t-v) \end{pmatrix}
$$

$$
\cdot\begin{pmatrix} 1 & 0 & 2 & 1 & -1 \\ -1 & 0 & -2 & 0 & 2 \\ 1 & 0 & 3 & -1 & 2 \end{pmatrix}\begin{pmatrix} 1 & v & 0 & v-1 & 0 \\ 0 & v^2 & 0 & v & 3 \\ 2 & 0 & 0 & 2 & v+2 \\ 1-v & 0 & 1 & 0 & v \\ 2 & -v & 0 & v & 2 \end{pmatrix}
$$

$$
\triangleq y=(y_{ij})_{3\times 5},
$$

其中

$$
\begin{cases}
y_{11}(v)=(4+34t-35v+8tv-8v^2)\mathrm{e}^{t-v}, \\
y_{12}(v)=(2v-4tv+4v^2)\mathrm{e}^{t-v}, \\
y_{13}(v)=(1-8t+8v)\mathrm{e}^{t-v}, \\
y_{14}(v)=(3+42t+6v+16tv-16v^2)\mathrm{e}^{t-v}, \\
y_{15}(v)=(4+56t-53v+2tv-2v^2)\mathrm{e}^{t-v}, \\
y_{21}(v)=(-1+27t-27v+4tv-4v^2)\mathrm{e}^{t-v}, \\
y_{22}(v)=(-3v-2tv+2v^2)\mathrm{e}^{t-v}, \\
y_{23}(v)=(-4t+4v^2)\mathrm{e}^{t-v}, \\
y_{24}(v)=(-3+15t-14v+8tv-8v^2)\mathrm{e}^{t-v}, \\
y_{25}(v)=(28t-30v+5tv-5v^2)\mathrm{e}^{t-v}, \\
y_{31}(v)=(10-33t+34v-2tv+2v^2)\mathrm{e}^{t-v}, \\
y_{32}(v)=(-v+4tv-4v^2)\mathrm{e}^{t-v}, \\
y_{33}(v)=(-1+2t-2v)\mathrm{e}^{t-v}, \\
y_{34}(v)=(5-15t+18v-10tv+10v^2)\mathrm{e}^{t-v}, \\
y_{35}(v)=(9-27t+31v-8tv+8v^2)\mathrm{e}^{t-v}.
\end{cases}
$$

由

$$
\int_0^t v\mathrm{e}^{-v}\mathrm{d}v=(-v-1)\mathrm{e}^{-v}|_0^t=-(t+1)\mathrm{e}^{-t}+1,
$$

$$
\int_0^t v^2\mathrm{e}^{-v}\mathrm{d}v=(-v^2-2v-2)\mathrm{e}^{-v}|_0^t=-(t^2+2t+2)\mathrm{e}^{-t}+2,
$$

$$
\int_0^t v^3\mathrm{e}^{-v}\mathrm{d}v=-v^3\mathrm{e}^{-v}-3(v^2+2v+2)\mathrm{e}^{-v}|_0^t=-(t^3+3t^2+6t+6)\mathrm{e}^{-t}+6,
$$

$$
\int_0^t \mathrm{e}^{-v}\mathrm{d}v=-\mathrm{e}^{-v}|_0^t=-\mathrm{e}^{-t}+1,
$$

在 $[0,t]$ 上积分得

$$\begin{cases} z_{11}(t)=\int_0^t y_{11}(v)\mathrm{d}v=47+10t-(47-44t)\mathrm{e}^t,\\ z_{12}(t)=\int_0^t y_{12}(v)\mathrm{d}v=-10-6t+(10-4t)\mathrm{e}^t,\\ z_{13}(t)=\int_0^t y_{13}(v)\mathrm{d}v=-9+(9-8t)\mathrm{e}^t,\\ z_{14}(t)=\int_0^t y_{14}(v)\mathrm{d}v=-23-32t-(23-58t)\mathrm{e}^t,\\ z_{15}(t)=\int_0^t y_{15}(v)\mathrm{d}v=53-t-(53-58t)\mathrm{e}^t,\\ z_{21}(t)=\int_0^t y_{21}(v)\mathrm{d}v=36+4t-(36-31t)\mathrm{e}^t,\\ z_{22}(t)=\int_0^t y_{22}(v)\mathrm{d}v=-1+t+(1-2t)\mathrm{e}^t,\\ z_{23}(t)=\int_0^t y_{23}(v)=-4+(4-4t)\mathrm{e}^t,\\ z_{24}(t)=\int_0^t y_{24}(v)\mathrm{d}v=33+7t-(33-23t)\mathrm{e}^t,\\ z_{25}(t)=\int_0^t y_{25}(v)\mathrm{d}v=40+7t-(40-33t)\mathrm{e}^t,\\ z_{31}(t)=\int_0^t y_{31}(v)\mathrm{d}v=-48-3t+(48-35t)\mathrm{e}^t,\\ z_{32}(t)=\int_0^t y_{32}(v)\mathrm{d}v=9+5t-(9-4t)\mathrm{e}^t,\\ z_{33}(t)=\int_0^t y_{33}(v)\mathrm{d}v=3-(3-2t)\mathrm{e}^t,\\ z_{34}(t)=\int_0^t y_{34}(v)\mathrm{d}v=-43-13t+(43-25t)\mathrm{e}^t,\\ z_{35}(t)=\int_0^t y_{35}(v)\mathrm{d}v=-56-12t+(56-35t)\mathrm{e}^t. \end{cases}$$

即得

$$\begin{aligned} &\int_0^t \mathrm{e}^{A(t-v)}Bu(v)\mathrm{d}v=(z_{ij}(t))_{3\times 5}\\ =&\mathrm{e}^t\begin{pmatrix} -47+44t & 10-4t & 9-8t & 23+58t & -53+58t\\ -36t+31t & 1-2t & 4-4t & -33+23t & -40+33t\\ 48-35t & -9+4t & -3+2t & 43-25t & 56-35t \end{pmatrix}\\ &+\begin{pmatrix} 47+10t & -10-6t & -9 & 23-32t & 53-t\\ 36+4t & -1+t & -4 & 33+7t & 40+7t\\ -48-3t & 9+5t & 3 & -43-13t & -56-12t \end{pmatrix}. \end{aligned}$$

上述矩阵与 (5.16) 相加即得解

$$x(t)=\mathrm{e}^{At}x(0)+\int_0^t \mathrm{e}^{A(t-v)}Bu(v)\mathrm{d}v.$$

注意：上述解题过程采用如下程序.

计算 $\mathrm{e}^{A(t-v)}Bu(v)\to$ 计算 $\int_{t_0}^t \mathrm{e}^{A(t-v)}Bu(v)\mathrm{d}v.$

最后得

$$x(t)=\mathrm{e}^{A(t-t_0)}x(t_0)+\int_{t_0}^t \mathrm{e}^{A(t-v)}Bu(v)\mathrm{d}v.$$

程序：

计算 $\mathrm{e}^{-Av}Bu(v)\to$ 计算 $\int_{t_0}^t \mathrm{e}^{-Av}Bu(v)\mathrm{d}v\to$ 计算 $\mathrm{e}^{At}\int_{t_0}^t \mathrm{e}^{-Av}Bu(v)\mathrm{d}v.$

最后得

$$x(t)=\mathrm{e}^{A(t-t_0)}x(t_0)+\mathrm{e}^{At}\int_{t_0}^t \mathrm{e}^{-Av}Bu(v)\mathrm{d}v.$$

两者相比，后者中，虽然积分相对简单一些，但多了两个矩阵 e^{At} 与 $\int_{t_0}^t \mathrm{e}^{-Av}Bu(v)\mathrm{d}v$ 相乘的计算，还是增加了更多麻烦.

5.1.4 n 阶常系数齐次线性微分方程

称

$$\begin{cases} y^{(n)}+a_1y^{(n-1)}+a_2y^{(n-2)}+\cdots+a_ny=0, \\ y^{(i)}(t)|_{t=t_0}=y_0^{(i)}, \quad i=0,1,\cdots,n-1 \end{cases} \tag{5.17}$$

为 n 阶常系数齐次线性微分方程的定解问题. 设

$$\begin{cases} x_1(t)=y(t), \\ x_2(t)=x_1'(t)=y'(t), \\ \qquad\cdots\cdots \\ x_n(t)=x_{n-1}'(t)=y^{(n-1)}(t), \end{cases} \tag{5.18}$$

则

$$\begin{cases} x_1'(t)=x_2(t), \\ x_2'(t)=x_3(t), \\ \qquad\cdots\cdots \\ x_{n-1}'(t)=x_n(t), \\ x_n'(t)=y^{(n)}(t)=-a_1y^{(n-1)}-a_2y^{(n-2)}-\cdots-a_ny \\ \qquad =-a_1x_n(t)-a_2x_{n-1}(t)+\cdots-a_nx_1(t), \end{cases} \tag{5.19}$$

即

$$\begin{pmatrix} x_1'(t) \\ x_2'(t) \\ \vdots \\ x_n'(t) \end{pmatrix} = \begin{pmatrix} 0 & 1 & 0 & \cdots & 0 \\ 0 & 0 & 1 & \cdots & 0 \\ \vdots & \vdots & \vdots & & \vdots \\ 0 & 0 & 0 & \cdots & 1 \\ -a_n & -a_{n-1} & -a_{n-2} & \cdots & -a_1 \end{pmatrix} \begin{pmatrix} x_1(t) \\ x_2(t) \\ \vdots \\ x_n(t) \end{pmatrix}. \tag{5.20}$$

令

$$x(t) = \begin{pmatrix} x_1(t) \\ x_2(t) \\ \vdots \\ x_n(t) \end{pmatrix}, \tag{5.21}$$

$$A = \begin{pmatrix} 0 & 1 & 0 & \cdots & 0 \\ 0 & 0 & 1 & \cdots & 0 \\ \vdots & \vdots & \vdots & & \vdots \\ 0 & 0 & 0 & \cdots & 1 \\ -a_n & -a_{n-1} & -a_{n-2} & \cdots & -a_1 \end{pmatrix}, \tag{5.22}$$

并注意

$$y^{(i)}(t)|_{t=t_0} = y_0^{(i)}, \quad i = 0, 1, \cdots, n-1,$$

即

$$x_i(t_0) = x_i(t)|_{t=t_0} = y_0^{(i-1)}, \quad i = 1, 2, \cdots, n,$$

亦即

$$x(t_0) = \begin{pmatrix} x_1(t_0) \\ x_2(t_0) \\ \vdots \\ x_n(t_0) \end{pmatrix} = \begin{pmatrix} y(t_0) \\ y'(t_0) \\ \vdots \\ y^{(n-1)}(t_0) \end{pmatrix}. \tag{5.23}$$

则定解问题 (5.17) 成为求定解问题

$$\begin{cases} \dfrac{\mathrm{d}x(t)}{\mathrm{d}t} = Ax, \\ x(t)|_{t=t_0} = x(t_0) \end{cases} \tag{5.24}$$

解的第一个分量，这是因为定解问题 (5.24) 的解为 $x(t)=(x_1(t),x_2(t),\cdots,x_n(t))^{\mathrm{T}}$，而求解 (5.17) 仅要求得到未知函数 $y(t)=x_1(t)$，所以，只需在解 $x(t)$ 中提取第 1 个分量 $x_1(t)$ 即可.

矩阵 A 为例 3.7 中的友矩阵，A 的特征矩阵为

$$\lambda I-A=\begin{pmatrix}\lambda & -1 & 0 & \cdots & 0 & 0\\ 0 & \lambda & -1 & \cdots & 0 & 0\\ \vdots & \vdots & \vdots & & \vdots & \vdots\\ 0 & 0 & 0 & \cdots & \lambda & -1\\ a_n & a_{n-1} & a_{n-2} & \cdots & a_2 & \lambda+a_1\end{pmatrix}. \tag{5.25}$$

由例 3.7 知 $d_1(\lambda)=d_2(\lambda)=\cdots=d_{n-1}(\lambda)=1, d_n=f(\lambda)$, 其中

$$f(\lambda)=\lambda^n+a_1\lambda^{n-1}+\cdots+a_{n-1}\lambda+a_n.$$

$\lambda I-A$ 的 Smith 标准形为

$$B(\lambda)=\begin{pmatrix}1 & 0 & \cdots & 0 & 0\\ 0 & 1 & \cdots & 0 & 0\\ \vdots & \vdots & & \vdots & \vdots\\ 0 & 0 & \cdots & 1 & 0\\ 0 & 0 & \cdots & 0 & f(\lambda)\end{pmatrix}. \tag{5.26}$$

求 $\lambda I-A$ 的初等因子，需对 $d_n=f(\lambda)$ 进行分解，这对一般的 f，实际上是做不到的，因为 5 次以上代数方程没有公式解，$d_n=f(\lambda)$ 是否可以方便地分解取决于系数 $a_i, i=1,2,\cdots,n$, 所以在此无法进行进一步讨论.

现假定 $\lambda I-A$ 的初等因子已得到，A 的 Jordan 标准形 J 已求得，故可得 $\mathrm{e}^{At}=P^{-1}\mathrm{e}^{Jt}P$，从而得 (5.22) 的解

$$x(t)=\mathrm{e}^{A(t-t_0)}x(t_0),$$

如前所述，求解 (5.17) 仅要求得到未知函数 $y(t)=x_1(t)$，故只需在解 $x(t)$ 中提取第 1 个分量 $x_1(t)$. 为此，只需将向量 $x(t)$ 左乘向量 $(1,0,\cdots,0)$，即有

$$y(t)=x_1(t)=(1,0,\cdots,0)x(t)=(1,0,\cdots,0)\mathrm{e}^{A(t-t_0)}x(t_0).$$

5.1.5 n 阶常系数非齐次线性微分方程

设

$$\begin{cases}y^{(n)}+a_1y^{(n-1)}+a_2y^{(n-2)}+\cdots+a_ny=u(t),\\ y^{(i)}(t)|_{t=t_0}=y_0^{(i)},\quad i=0,1,\cdots,n-1\end{cases} \tag{5.27}$$

为 n 阶常系数非齐次线性微分方程的定解问题.

设

$$\begin{cases} x_1(t) = y(t), \\ x_2(t) = x_1'(t) = y'(t), \\ \qquad \cdots\cdots \\ x_n(t) = x_{n-1}'(t) = y^{(n-1)}(t), \end{cases} \tag{5.28}$$

则

$$\begin{cases} x_1'(t) = x_2(t), \\ x_2'(t) = x_3(t), \\ \qquad \cdots\cdots \\ x_{n-1}'(t) = x_n(t), \\ x_n'(t) = y^{(n)}(t) = -a_1 y^{(n-1)} - a_2 y^{(n-2)} - \cdots - a_n y + u(t) \\ \qquad = -a_1 x_n(t) - a_2 x_{n-1}(t) + \cdots - a_n x_1(t) + u(t), \end{cases} \tag{5.29}$$

即

$$\begin{pmatrix} x_1'(t) \\ x_2'(t) \\ \vdots \\ x_n'(t) \end{pmatrix} = \begin{pmatrix} 0 & 1 & 0 & \cdots & 0 \\ 0 & 0 & 1 & \cdots & 0 \\ \vdots & \vdots & \vdots & & \vdots \\ 0 & 0 & 0 & \cdots & 1 \\ -a_n & -a_{n-1} & -a_{n-2} & \cdots & -a_1 \end{pmatrix} \begin{pmatrix} x_1(t) \\ x_2(t) \\ \vdots \\ x_n(t) \end{pmatrix} + \begin{pmatrix} 0 \\ 0 \\ \vdots \\ u(t) \end{pmatrix}. \tag{5.30}$$

令

$$x(t) = \begin{pmatrix} x_1(t) \\ x_2(t) \\ \vdots \\ x_n(t) \end{pmatrix}, \tag{5.31}$$

$$A=\begin{pmatrix}0&1&0&\cdots&0\\0&0&1&\cdots&0\\\vdots&\vdots&\vdots&&\vdots\\0&0&0&\cdots&1\\-a_n&-a_{n-1}&-a_{n-2}&\cdots&-a_1\end{pmatrix},\quad B=\begin{pmatrix}0\\0\\\vdots\\0\\1\end{pmatrix},\tag{5.32}$$

并注意

$$y^{(i)}(t)|_{t=t_0}=y_0^{(i)},\quad i=0,1,\cdots,n-1,$$

即

$$x_i(t_0)=x_i(t)|_{t=t_0}=y_0^{(i-1)},\quad i=1,2,\cdots,n,$$

亦即

$$x(t_0)=\begin{pmatrix}x_1(t_0)\\x_2(t_0)\\\vdots\\x_n(t_0)\end{pmatrix}=\begin{pmatrix}y(t_0)\\y'(t_0)\\\vdots\\y^{(n-1)}(t_0)\end{pmatrix}.\tag{5.33}$$

则定解问题 (5.27) 成为求

$$\begin{cases}\dfrac{\mathrm{d}x(t)}{\mathrm{d}t}=Ax+Bu(t),\\x(t)|_{t=t_0}=x(t_0)\end{cases}\tag{5.34}$$

解的第 1 个分量，这是因为定解问题 (5.34) 的解为 $x(t)=(x_1(t),x_2(t),\cdots,x_n(t))^{\mathrm{T}}$，而求解 (5.27) 仅要求得到未知函数 $y(t)=x_1(t)$，所以，只需在解 $x(t)$ 中提取第 1 个分量 $x_1(t)$ 即可.

定解问题 (5.34) 为定解问题 (5.7) 当 $m=1$ 时的特殊情形，故其解为

$$x(t)=\mathrm{e}^{A(t-t_0)}x(t_0)+\int_{t_0}^{t}\mathrm{e}^{A(t-v)}Bu(v)\mathrm{d}v.\tag{5.35}$$

在解 $x(t)$ 中提取第 1 个分量 $x_1(t)$，只需将向量 $x(t)$ 左乘向量 $(1,0,\cdots,0)$，即有

$$\begin{aligned}y(t)=x_1(t)&=(1,0,\cdots,0)x(t)\\&=(1,0,\cdots,0)\left(\mathrm{e}^{A(t-t_0)}x(t_0)+\int_{t_0}^{t}\mathrm{e}^{A(t-v)}Bu(v)\mathrm{d}v\right)\\&=(1,0,\cdots,0)\left(\mathrm{e}^{A(t-t_0)}x(t_0)+\mathrm{e}^{At}\int_{t_0}^{t}\mathrm{e}^{-Av}Bu(v)\mathrm{d}v\right).\end{aligned}$$

例 5.3　设有定解问题

$$\begin{cases} y''' + 7y'' + 14y' + 8y = t, \\ y(0) = 0, y'(0) = 1, y''(0) = 2. \end{cases}$$

求其解.

解　令

$$\begin{cases} x_1 = y, \\ x_2 = y', \\ x_3 = y'', \end{cases}$$

则

$$\begin{cases} x_1' = x_2, \\ x_2' = x_3, \\ x_3' = y''' = -8x_1 - 14x_2 - 7x_3 + t, \end{cases}$$

令

$$x = \begin{pmatrix} x_1 \\ x_2 \\ x_3 \end{pmatrix},$$

则

$$x(0) = \begin{pmatrix} x_1(0) \\ x_2(0) \\ x_3(0) \end{pmatrix} = \begin{pmatrix} y(0) \\ y'(0) \\ y''(0) \end{pmatrix} = \begin{pmatrix} 0 \\ 1 \\ 2 \end{pmatrix},$$

得定解问题

$$\begin{cases} x' = Ax + Bt, \\ x(t)|_{t=0} = x(0), \end{cases}$$

其中

$$A = \begin{pmatrix} 0 & 1 & 0 \\ 0 & 0 & 1 \\ -8 & -14 & -7 \end{pmatrix}, \quad B = \begin{pmatrix} 0 \\ 0 \\ 1 \end{pmatrix}.$$

A 为友矩阵，故其特征多项式为

$$f(\lambda) = \lambda^3 + 7\lambda^2 + 14\lambda + 8 = (\lambda + 1)(\lambda + 2)(\lambda + 4),$$

特征值为

$$\lambda_1 = -1, \quad \lambda_2 = -2, \quad \lambda_3 = -4,$$

A 的 Jordan 标准形为

$$J = \begin{pmatrix} -1 & 0 & 0 \\ 0 & -2 & 0 \\ 0 & 0 & -4 \end{pmatrix},$$

设

$$P = \begin{pmatrix} p_1 & p_2 & p_3 \\ p_4 & p_5 & p_6 \\ p_7 & p_8 & p_9 \end{pmatrix},$$

由 $A = P^{-1}JP, PA = JP$ 得

$$\begin{pmatrix} p_1 & p_2 & p_3 \\ p_4 & p_5 & p_6 \\ p_7 & p_8 & p_9 \end{pmatrix} \begin{pmatrix} 0 & 1 & 0 \\ 0 & 0 & 1 \\ -8 & -14 & -7 \end{pmatrix} = \begin{pmatrix} -1 & 0 & 0 \\ 0 & -2 & 0 \\ 0 & 0 & -4 \end{pmatrix} \begin{pmatrix} p_1 & p_2 & p_3 \\ p_4 & p_5 & p_6 \\ p_7 & p_8 & p_9 \end{pmatrix}.$$

由

$$\begin{cases} -8p_3 = -p_1, \\ p_1 - 14p_3 = -p_2, \\ p_2 - 7p_3 = -p_3 \end{cases}$$

解得

$$\begin{cases} p_1 = 8p_3, \\ p_2 = 6p_3. \end{cases}$$

由

$$\begin{cases} -8p_6 = -2p_4, \\ p_4 - 14p_6 = -2p_5, \\ p_5 - 7p_6 = -2p_6 \end{cases}$$

解得

$$\begin{cases} p_4 = 4p_6, \\ p_5 = 5p_6. \end{cases}$$

由

$$\begin{cases} -8p_9 = -4p_7, \\ p_7 - 14p_9 = -4p_8, \\ p_8 - 7p_9 = -4p_9 \end{cases}$$

解得

$$\begin{cases} p_7 = 2p_9, \\ p_8 = 3p_9. \end{cases}$$

取 $p_3 = p_6 = p_9 = 1$, 得

$$P = \begin{pmatrix} 8 & 6 & 1 \\ 4 & 5 & 1 \\ 2 & 3 & 1 \end{pmatrix},$$

P 为可逆矩阵，下面求 P^{-1}.

$$(P, I) = \begin{pmatrix} 8 & 6 & 1 & 1 & 0 & 0 \\ 4 & 5 & 1 & 0 & 1 & 0 \\ 2 & 3 & 1 & 0 & 0 & 1 \end{pmatrix}$$

$$\xrightarrow{r_2 - 2r_3} \begin{pmatrix} 8 & 6 & 1 & 1 & 0 & 0 \\ 0 & -1 & -1 & 0 & 1 & -2 \\ 2 & 3 & 1 & 0 & 0 & 1 \end{pmatrix}$$

$$\xrightarrow{r_1 - 4r_3} \begin{pmatrix} 0 & -6 & -3 & 1 & 0 & -4 \\ 0 & -1 & -1 & 0 & 1 & -2 \\ 2 & 3 & 1 & 0 & 0 & 1 \end{pmatrix}$$

$$\xrightarrow{r_3 + 3r_2} \begin{pmatrix} 0 & -6 & -3 & 1 & 0 & -4 \\ 0 & -1 & -1 & 0 & 1 & -2 \\ 2 & 0 & -2 & 0 & 3 & -5 \end{pmatrix}$$

$$\xrightarrow{r_1 - 6r_2} \begin{pmatrix} 0 & 0 & 3 & 1 & -6 & 8 \\ 0 & -1 & -1 & 0 & 1 & -2 \\ 2 & 0 & -2 & 0 & 3 & -5 \end{pmatrix}$$

$$\xrightarrow{r_2 + \frac{1}{3}r_1, r_3 + \frac{2}{3}r_1} \begin{pmatrix} 0 & 0 & 3 & 1 & -6 & 8 \\ 0 & -1 & 0 & \frac{1}{3} & -1 & \frac{2}{3} \\ 2 & 0 & 0 & \frac{2}{3} & -1 & \frac{1}{3} \end{pmatrix}$$

$$\xrightarrow{r_2+\frac{1}{3}r_1,r_3+\frac{2}{3}r_1}\begin{pmatrix} 0 & 0 & 3 & 1 & -6 & 8 \\ 0 & -1 & 0 & \frac{1}{3} & -1 & \frac{2}{3} \\ 2 & 0 & 0 & \frac{2}{3} & -1 & \frac{1}{3} \end{pmatrix}$$

$$\xrightarrow{\frac{1}{3}r_1,-r_2,\frac{1}{2}r_3,r_1\rightleftharpoons r_3}\begin{pmatrix} 1 & 0 & 0 & \frac{1}{3} & -\frac{1}{2} & \frac{1}{6} \\ 0 & 1 & 0 & -\frac{1}{3} & 1 & -\frac{2}{3} \\ 0 & 0 & 1 & \frac{1}{3} & -2 & \frac{8}{3} \end{pmatrix},$$

得

$$P^{-1}=\begin{pmatrix} \frac{1}{3} & -\frac{1}{2} & \frac{1}{6} \\ -\frac{1}{3} & 1 & -\frac{2}{3} \\ \frac{1}{3} & -2 & \frac{8}{3} \end{pmatrix},$$

故

$$\mathrm{e}^{At}=P^{-1}\mathrm{e}^{Jt}P=\begin{pmatrix} \frac{1}{3} & -\frac{1}{2} & \frac{1}{6} \\ -\frac{1}{3} & 1 & -\frac{2}{3} \\ \frac{1}{3} & -2 & \frac{8}{3} \end{pmatrix}\begin{pmatrix} \mathrm{e}^{-t} & 0 & 0 \\ 0 & \mathrm{e}^{-2t} & 0 \\ 0 & 0 & \mathrm{e}^{-4t} \end{pmatrix}\begin{pmatrix} 8 & 6 & 1 \\ 4 & 5 & 1 \\ 2 & 3 & 1 \end{pmatrix}.$$

如果直接计算出上述三个矩阵的乘积，过程会很麻烦，考虑到解为

$$\begin{aligned} y(t) &= (1,0,0)x(t) \\ &= (1,0,0)\mathrm{e}^{At}x(0)+(1,0,0)\int_0^t \mathrm{e}^{A(t-v)}Bu(v)\mathrm{d}v. \end{aligned}$$

利用矩阵乘法的结合律，可以简化计算. 首先，

$$\begin{aligned} &(1,0,0)\mathrm{e}^{At}x(0)=(1,0,0)P^{-1}\mathrm{e}^{Jt}Px(0) \\ &=(1,0,0)\begin{pmatrix} \frac{1}{3} & -\frac{1}{2} & \frac{1}{6} \\ -\frac{1}{3} & 1 & -\frac{2}{3} \\ \frac{1}{3} & -2 & \frac{8}{3} \end{pmatrix}\begin{pmatrix} \mathrm{e}^{-t} & 0 & 0 \\ 0 & \mathrm{e}^{-2t} & 0 \\ 0 & 0 & \mathrm{e}^{-4t} \end{pmatrix}\begin{pmatrix} 8 & 6 & 1 \\ 4 & 5 & 1 \\ 2 & 3 & 1 \end{pmatrix}\begin{pmatrix} 0 \\ 1 \\ 2 \end{pmatrix} \end{aligned}$$

$$
\begin{aligned}
&=\left(\frac{1}{3},-\frac{1}{2},\frac{1}{6}\right)\begin{pmatrix}\mathrm{e}^{-t} & 0 & 0\\ 0 & \mathrm{e}^{-2t} & 0\\ 0 & 0 & \mathrm{e}^{-4t}\end{pmatrix}\begin{pmatrix}8\\7\\5\end{pmatrix}\\
&=\left(\frac{1}{3}\mathrm{e}^{-t},-\frac{1}{2}\mathrm{e}^{-2t},\frac{1}{6}\mathrm{e}^{-4t}\right)\begin{pmatrix}8\\7\\5\end{pmatrix}=\frac{8}{3}\mathrm{e}^{-t}-\frac{7}{2}\mathrm{e}^{-2t}+\frac{5}{6}\mathrm{e}^{-4t}.
\end{aligned}
$$

再计算积分，

$$
\begin{aligned}
&(1,0,0)\mathrm{e}^{A(t-v)}Bu(v)=(1,0,0)P^{-1}\mathrm{e}^{J(t-v)}PBu(v)\\
&=(1,0,0)\begin{pmatrix}\frac{1}{3} & -\frac{1}{2} & \frac{1}{6}\\ -\frac{1}{3} & 1 & -\frac{2}{3}\\ \frac{1}{3} & -2 & \frac{8}{3}\end{pmatrix}\begin{pmatrix}\mathrm{e}^{-(t-v)} & 0 & 0\\ 0 & \mathrm{e}^{-2(t-v)} & 0\\ 0 & 0 & \mathrm{e}^{-4(t-v)}\end{pmatrix}\\
&\quad\cdot\begin{pmatrix}8 & 6 & 1\\ 4 & 5 & 1\\ 2 & 3 & 1\end{pmatrix}\begin{pmatrix}0\\0\\v\end{pmatrix}\\
&=\left(\frac{1}{3},-\frac{1}{2},\frac{1}{6}\right)\begin{pmatrix}\mathrm{e}^{-(t-v)} & 0 & 0\\ 0 & \mathrm{e}^{-2(t-v)} & 0\\ 0 & 0 & \mathrm{e}^{-4(t-v)}\end{pmatrix}\begin{pmatrix}v\\v\\v\end{pmatrix}\\
&=\left(\frac{1}{3}\mathrm{e}^{-(t-v)},-\frac{1}{2}\mathrm{e}^{-2(t-v)},\frac{1}{6}\mathrm{e}^{-4(t-v)}\right)\begin{pmatrix}v\\v\\v\end{pmatrix}\\
&=\frac{1}{3}v\mathrm{e}^{-(t-v)}-\frac{1}{2}v\mathrm{e}^{-2(t-v)}+\frac{1}{6}v\mathrm{e}^{-4(t-v)}.
\end{aligned}
$$

由

$$
\int_0^t v\mathrm{e}^{\alpha v}\mathrm{d}v=\frac{\mathrm{e}^{\alpha t}}{\alpha^2}(\alpha t-1)+\frac{1}{\alpha^2},
$$

得

$$
\begin{aligned}
&\int_0^t(1,0,0)\mathrm{e}^{A(t-v)}Bu(v)\mathrm{d}v\\
&=\int_0^t\left(\frac{1}{3}v\mathrm{e}^{-(t-v)}-\frac{1}{2}v\mathrm{e}^{-2(t-v)}+\frac{1}{6}v\mathrm{e}^{-4(t-v)}\right)\mathrm{d}v
\end{aligned}
$$

$$
\begin{aligned}
&=\frac{1}{3}\mathrm{e}^{-t}\left[\mathrm{e}^{t}(t-1)+1\right]-\frac{1}{2}\mathrm{e}^{-2t}\left[\frac{1}{4}\mathrm{e}^{2t}(2t-1)+\frac{1}{4}\right]\\
&\quad+\frac{1}{6}\mathrm{e}^{-4t}\left[\frac{1}{16}\mathrm{e}^{4t}(4t-1)+\frac{1}{16}\right]\\
&=-\frac{7}{32}+\frac{1}{8}t+\frac{1}{3}\mathrm{e}^{-t}-\frac{1}{8}\mathrm{e}^{-2t}+\frac{1}{96}\mathrm{e}^{-4t}.
\end{aligned}
$$

故得解

$$
\begin{aligned}
y(t)&=\frac{8}{3}\mathrm{e}^{-t}-\frac{7}{2}\mathrm{e}^{-2t}+\frac{5}{6}\mathrm{e}^{-4t}-\frac{7}{32}+\frac{1}{8}t+\frac{1}{3}\mathrm{e}^{-t}-\frac{1}{8}\mathrm{e}^{-2t}+\frac{1}{96}\mathrm{e}^{-4t}\\
&=-\frac{7}{32}+\frac{1}{8}t+3\mathrm{e}^{-t}-\frac{29}{8}\mathrm{e}^{-2t}+\frac{27}{32}\mathrm{e}^{-4t}.
\end{aligned}
$$

可以看出，在解题过程中，需要根据具体情况灵活调整计算方法.

5.2 线性变系数微分方程组

本节讨论利用函数矩阵和矩阵函数求解线性变系数微分方程组的问题.

在对线性变系数微分方程组的长期研究中，发现一个有用的工具，称为转移矩阵. 经验证明，要想避开这种矩阵而研究此类方程组的解，会遇到很多的困难，特别是对非齐次微分方程组. 因此，需要在讨论如何求解变系数微分方程组之前，介绍转移矩阵.

转移矩阵的求法涉及矩阵函数的计算，而后者又涉及函数矩阵理论. 我们将看到，所述计算过程就是微分方程的求解过程. 本节内容体现了前几章关于矩阵论的主要内容在微分方程中的应用价值.

再次指出，我们不准备全面介绍微分方程的各种课题，如广泛的解的存在与唯一性问题，极限环问题，解的奇异性问题等，而仅介绍微分方程中与矩阵论有关的一小部分结果. 在下面的内容中，相关微分方程解的存在与唯一性也不再讨论，通通假定涉及的微分方程解存在且唯一.

5.2.1 线性变系数齐次微分方程组

设 $A(t)=(a_{ij}(t))_{n\times n}$ 为 n 阶函数方阵，$x(t)=(x_{ij}(t))_{n\times m}$ 为 $n\times m$ 未知函数矩阵，$x(t_0)$ 为给定的 $n\times m$ 阶数字矩阵，则

$$
\begin{cases}
\dfrac{\mathrm{d}x(t)}{\mathrm{d}t}=A(t)x(t),\\
x(t)|_{t=t_0}=x(t_0)
\end{cases}
\tag{5.36}
$$

称为线性变系数齐次微分方程组的定解问题，其中 $x(t)|_{t=t_0}=x(t_0)$ 称为初始条件或定解条件.

1. 转移矩阵

定义 5.1　设

$$\Phi_j(t_1,t_2)=\begin{pmatrix} x_{1j}(t_1,t_2)\\ x_{2j}(t_1,t_2)\\ \vdots\\ x_{nj}(t_1,t_2)\end{pmatrix},\quad j=1,2,\cdots,n,$$

满足

$$\frac{\mathrm{d}\Phi_j(t,t_2)}{\mathrm{d}t}=A(t)\Phi_j(t,t_2),$$

$$\Phi_j(t_1,t_2)|_{t_1=t_2}=\begin{pmatrix} x_{1j}(t_2,t_2)\\ x_{2j}(t_2,t_2)\\ \vdots\\ x_{nj}(t_2,t_2)\end{pmatrix}=\begin{pmatrix}0\\ \vdots\\ 0\\ 1\\ 0\\ \vdots\\ 0\end{pmatrix},$$

其中上式最后的列向量中，1 在第 j 行，则称

$$\begin{aligned}\Phi(t_1,t_2)&=(\Phi_1(t_1,t_2),\Phi_2(t_1,t_2),\cdots,\Phi_n(t_1,t_2))\\ &=\begin{pmatrix} x_{11}(t_1,t_2) & x_{12}(t_1,t_2) & \cdots & x_{1n}(t_1,t_2)\\ x_{21}(t_1,t_2) & x_{22}(t_1,t_2) & \cdots & x_{2n}(t_1,t_2)\\ \vdots & \vdots & & \vdots\\ x_{n1}(t_1,t_2) & x_{n2}(t_1,t_2) & \cdots & x_{nn}(t_1,t_2)\end{pmatrix}\end{aligned}$$

为方程

$$\frac{\mathrm{d}x(t)}{\mathrm{d}t}=A(t)x(t)\tag{5.37}$$

的转移矩阵，其中，$A(t),x(t)$ 为 (5.36) 中的函数矩阵.

注意 1：转移矩阵为 n 阶方阵，方程 (5.37) 中的函数 $x(t)$ 行数为 n，但列数可以是任意正整数 m，可以与 n 无关.

注意 2：方程 (5.37) 没有给出初始条件.

注意 3：$\Phi(t_1,t_2)$ 是二元函数矩阵，且两个变量相同时成为单位矩阵，即

$$\Phi(t_2,t_2)=I.$$

注意 4: $\Phi_j(t,t_2)$ 是方程 (5.37) 当 $m=1$ 时的解, 没有指明 t_2 与方程 (5.37) 有什么关系.

以下给出转移矩阵的性质.

定理 5.3 (1) $\Phi(t_1,t_2)$ 为方程 (5.37) 的转移矩阵, 当且仅当 $\Phi(t,t_0)$ 是定解问题

$$\begin{cases} \dfrac{\mathrm{d}x(t)}{\mathrm{d}t}=A(t)x(t), \\ x(t)|_{t=t_0}=I \end{cases} \tag{5.38}$$

的解, 其中 $x(t)$ 为 n 阶函数方阵, I 为 n 阶单位方阵;

(2) 定解问题 (5.36) 即

$$\begin{cases} \dfrac{\mathrm{d}x(t)}{\mathrm{d}t}=A(t)x(t), \\ x(t)|_{t=t_0}=x(t_0) \end{cases}$$

的解为 $x(t)=\Phi(t,t_0)x(t_0)$, 其中 $x(t)$ 为 $n\times m$ 函数矩阵;

(3) $\Phi(t_1,t_2)$ 为方程 (5.37) 的转移矩阵, 则

$$\Phi(t,t_0)=\Phi(t,t_1)\Phi(t_1,t_0); \tag{5.39}$$

(4) (5.37) 的转移矩阵 $\Phi(t_1,t_2)$ 必可逆, 且

$$\Phi^{-1}(t_1,t_2)=\Phi(t_2,t_1). \tag{5.40}$$

证明 (1) 必要性. 设 $\Phi(t_1,t_2)$ 为方程 (5.37) 的转移矩阵, 由定义 5.1 知 $\Phi_j(t,t_0)$ 为方程 (5.37) 当 $m=1$ 时的解, 即有

$$\frac{\mathrm{d}\Phi_j(t,t_0)}{\mathrm{d}t}=A(t)\Phi_j(t,t_0),$$

故

$$\begin{aligned}\frac{\mathrm{d}\Phi(t,t_0)}{\mathrm{d}t}&=\frac{\mathrm{d}}{\mathrm{d}t}(\Phi_1(t,t_0),\Phi_2(t,t_0),\cdots,\Phi_n(t,t_0))\\&=\left(\frac{\mathrm{d}\Phi_1(t,t_0)}{\mathrm{d}t},\frac{\mathrm{d}\Phi_2(t,t_0)}{\mathrm{d}t},\cdots,\frac{\mathrm{d}\Phi_n(t,t_0)}{\mathrm{d}t}\right)\\&=(A(t)\Phi_1(t,t_0),A(t)\Phi_2(t,t_0),\cdots,A(t)\Phi_n(t,t_0))\\&=A(t)(\Phi_1(t,t_0),\Phi_2(t,t_0),\cdots,\Phi_n(t,t_0))\\&=A(t)\Phi(t,t_0),\end{aligned}$$

又 $\Phi(t,t_0)|_{t=t_0}=\Phi(t_0,t_0)=I$, 所以 $\Phi(t,t_0)$ 是定解问题 (5.38) 的解.

充分性. 设 $\Phi(t,t_0)$ 为定解问题 (5.38) 的解，故

$$\frac{\mathrm{d}\Phi(t,t_0)}{\mathrm{d}t}=A(t)\Phi(t,t_0),$$

所以

$$\frac{\mathrm{d}\Phi_j(t,t_0)}{\mathrm{d}t}=A(t)\Phi_j(t,t_0),\quad j=1,2,\cdots,n,$$

又 $\Phi(t_0,t_0)=I$, 故

$$\Phi_j(t_0,t_0)=\begin{pmatrix}0\\ \vdots\\ 0\\ 1\\ 0\\ \vdots\\ 0\end{pmatrix},$$

其中上式最后的列向量中，1 在第 j 行，$\Phi(t_1,t_2)$ 为方程 (5.37) 的转移矩阵.

(2) 设 $\Phi(t_1,t_2)$ 为方程 (5.37) 的转移矩阵，则

$$\frac{\mathrm{d}x(t)}{\mathrm{d}t}=\frac{\mathrm{d}\Phi(t,t_0)}{\mathrm{d}t}x(t_0).$$

由 (1) 知

$$\frac{\mathrm{d}\Phi(t,t_0)}{\mathrm{d}t}=A(t)\Phi(t,t_0),$$

故得

$$\frac{\mathrm{d}x(t)}{\mathrm{d}t}=\frac{\mathrm{d}\Phi(t,t_0)}{\mathrm{d}t}x(t_0)=A(t)\Phi(t,t_0)x(t_0)=A(t)x(t),$$

又

$$x(t)|_{t=t_0}=\Phi(t_0,t_0)x(t_0)=Ix(t_0)=x(t_0),$$

故 $x(t)=\Phi(t,t_0)x(t_0)$ 为定解问题 (5.36) 的解.

(3) 设 $\Phi(t_1,t_2)$ 为方程 (5.37) 的转移矩阵，则由 (2) 知 $x(t)=\Phi(t,t_0)x(t_0)$ 为定解问题 (5.36) 的解，令 $t=t_1$，得 $x(t_1)=\Phi(t_1,t_0)x(t_0)$，这就是说，$x(t)=\Phi(t,t_0)x(t_0)$ 满足方程

$$\frac{\mathrm{d}x(t)}{\mathrm{d}t}=A(t)x(t)$$

的同时，还满足关系

$$x(t)|_{t=t_1}=x(t_1),$$

因此是定解问题

$$\begin{cases}\dfrac{\mathrm{d}x(t)}{\mathrm{d}t}=A(t)x(t),\\ x(t)|_{t=t_1}=x(t_1)\end{cases}$$

的解. 而由 (2) 知此定解问题的解为 $x(t)=\Phi(t,t_1)x(t_1)$.

由定解问题的唯一性知

$$\begin{aligned}x(t)=\Phi(t,t_0)x(t_0)&=x(t)=\Phi(t,t_1)x(t_1)\\&=\Phi(t,t_1)\Phi(t_1,t_0)x(t_0),\end{aligned}$$

由 $x(t_0)$ 的任意性知

$$\Phi(t,t_0)=\Phi(t,t_1)\Phi(t_1,t_0).$$

(4) 在 $\Phi(t,t_0)=\Phi(t,t_1)\Phi(t_1,t_0)$ 中令 $t=t_0$，则

$$I=\Phi(t_0,t_0)=\Phi(t_0,t_1)\Phi(t_1,t_0),$$

故

$$\Phi^{-1}(t_0,t_1)=\Phi(t_1,t_0),$$

由于变量用什么符号没有任何实质性区别，故结论成立. 证毕.

注意 1：由本定理得知，转移矩阵 $\Phi(t,t_0)$ 是定解问题

$$\begin{cases}\dfrac{\mathrm{d}x(t)}{\mathrm{d}t}=A(t)x(t),\\ x(t)|_{t=t_0}=I\end{cases}$$

的解，只要得到该解，就知道 $\Phi(t,t_0)x(t_0)$ 是定解问题

$$\begin{cases}\dfrac{\mathrm{d}x(t)}{\mathrm{d}t}=A(t)x(t),\\ x(t)|_{t=t_0}=x(t_0)\end{cases}$$

的解，也就是说，前一问题的解只要乘上后一问题的初始条件，就转移成后一问题的解，这是转移矩阵名称的由来. 当然，两个问题的微分方程必须相同，只是初值不同.

注意 2：我们将转移矩阵的两个变量分别记为 t_1,t_2，出于如下考虑：转移矩阵的重要性在于其性质，不在于变量用什么符号表示，当这两个变量中的第一个 t_1 取微分方程未知函数的变量 t 而另一个仍用 t_2 表示时，转移矩阵的列满足微分方程，当 t_1 取 t 而 t_2 取定解问题的初始点 t_0 时，转移矩阵 $\Phi(t,t_0)$ 与初始值 $x(t_0)$ 的乘积即为定解问题的解. 这样做比一开始就用 $\Phi(t,t_0)$ 表示转移矩阵合理一些，因为定解问

题有两个表达式，一个是微分方程，另一个是初始条件，初始条件针对初始点 t_0 给出，转移矩阵的定义仅与微分方程相关，与初始点 t_0 无关，如果在定义之初，表示转移矩阵的符号中就出现 t_0，则会给读者一个误导，感觉转移矩阵与初始条件相关，这是不妥的，不过，在初始点 t_0 确定以后，定解问题 (5.36) 的解为 $\Phi(t,t_0)x(t_0)$，故可称 $\Phi(t,t_0)$ 为该定解问题的转移矩阵.

注意 3：系数矩阵 $A(t)$ 与转移矩阵 $\Phi(t_1,t_2)$ 都是 n 阶方阵，但微分方程中的未知函数矩阵 $x(t)$ 却是 n 行 m 列矩阵，这个 m 取多大正整数都可以吗？从以上讨论的内容中，我们确实找不到对 m 的任何限制，这就是说，不论 n 为多少，m 可以是任意正整数，例如 $n=3$，m 完全可以取 10000. 这是一个给人以奇妙感觉的现象.

从定解问题的第 1 个表达式即微分方程中，看不出 $x(t)$ 的列数，但第 2 个表达式即初始条件却一定反映此列数，因为初始条件 $x(t_0)$ 是一个数字矩阵，实为 $x(t)$ 在 t_0 的值，$x(t_0)$ 的列数就是 $x(t)$ 的列数.

注意 4：转移矩阵可逆，其逆矩阵为两个自变量交换位置得到的矩阵，这为许多问题的求解带来方便.

2. 线性变系数齐次微分方程组的定解问题

由定理 5.3(2) 知，$x(t)=\Phi(t,t_0)x(t_0)$ 为定解问题 (5.36) 即

$$\begin{cases} \dfrac{\mathrm{d}x(t)}{\mathrm{d}t}=A(t)x(t), \\ x(t)|_{t=t_0}=x(t_0) \end{cases}$$

的解. 我们已经知道了其中 $\Phi(t,t_0)$ 的良好性质，但是迄今为止，还不知道 $\Phi(t,t_0)$ 在什么条件下存在，存在时怎么求. 下面从分析 (5.36) 解的形式出发，讨论 $\Phi(t,t_0)$ 的存在性及求法.

为了给出定解问题 (5.36) 的解，考虑 $x(t),A(t)$ 为常规函数的情形.

此时 $\dfrac{\mathrm{d}x(t)}{\mathrm{d}t}=A(t)x(t)$ 可变形为

$$\frac{\mathrm{d}x(t)}{x(t)}=A(t)\mathrm{d}t,$$

上式等号两边积分得

$$\ln|x(t)|=\int_{t_0}^{t}A(v)\mathrm{d}v+c_1,$$

故

$$|x(t)|=\mathrm{e}^{\int_{t_0}^{t}A(v)\mathrm{d}v+c_1},$$

考虑到 c_1 可以为复数，令 $c=\mathrm{e}^{c_1}$，去掉绝对值符号得

$$x(t)=\mathrm{e}^{\int_{t_0}^{t}A(v)\mathrm{d}v}c.$$

为求常数 c，上式中令 $t=t_0$，注意不论何种定积分，积分上下限相同时积分值必为 0，得

$$x(t_0)=\mathrm{e}^0c=c,$$

故

$$x(t)=\mathrm{e}^{\int_{t_0}^{t}A(v)\mathrm{d}v}x(t_0). \tag{5.41}$$

所以，自然假定定解问题 (5.36) 的解也同上式. 因此与以前一样，首先需要将上式代入 (5.36) 的第 1 式，看其是否满足该方程.

先对上式表示的 $x(t)$ 做一些分析. 注意此时 $A(t)$ 是 n 阶函数方阵，故其变上限积分 $\displaystyle\int_{t_0}^{t}A(v)\mathrm{d}v$ 也为 n 阶函数方阵. 同样，$\mathrm{e}^{\int_{t_0}^{t}A(v)\mathrm{d}v}$ 也是一个 n 阶函数方阵，$x(t)$ 是这个函数方阵与 $n\times m$ 数字矩阵 $x(t_0)$ 的乘积.

要求 $\mathrm{e}^{\int_{t_0}^{t}A(v)\mathrm{d}v}$ 的值，需要利用指数函数的幂级数展式，即有

$$\begin{aligned}x(t)=&\,\mathrm{e}^{\int_{t_0}^{t}A(v)\mathrm{d}v}x(t_0)\\=&\left[I+\int_{t_0}^{t}A(v)\mathrm{d}v\ \frac{1}{2!}\left(\int_{t_0}^{t}A(v)\mathrm{d}v\right)^2+\cdots\right.\\&\left.+\frac{1}{k!}\left(\int_{t_0}^{t}A(v)\mathrm{d}v\right)^k+\cdots\right]x(t_0).\end{aligned} \tag{5.42}$$

为验证该函数是否满足 (5.36) 的第 1 式，需要对其进行求导，在上式右方级数可以进行逐项求导的情况下，注意对任意矩阵函数 $B(t)$，$(B^2(t))'=B'(t)B(t)+B(t)B'(t)$，而不是和常规函数一样 $(B^2(t))'=2B(t)B'(t)$，再注意 $\left(\displaystyle\int_{t_0}^{t}A(v)\mathrm{d}v\right)'=A(t)$，有

$$\begin{aligned}x'(t)=&\left[\mathrm{e}^{\int_{t_0}^{t}A(v)\mathrm{d}v}x(t_0)\right]'\\=&\left[I'+\left(\int_{t_0}^{t}A(v)\mathrm{d}v\right)'+\left(\frac{1}{2!}\left(\int_{t_0}^{t}A(v)\mathrm{d}v\right)^2\right)'+\cdots\right.\\&\left.+\left(\frac{1}{k!}\left(\int_{t_0}^{t}A(v)\mathrm{d}v\right)^k\right)'+\cdots\right]x(t_0)\\=&\left\{0+A(t)+\frac{1}{2!}\left[A(t)\int_{t_0}^{t}A(v)\mathrm{d}v+\int_{t_0}^{t}A(v)\mathrm{d}vA(t)\right]\right.\\&+\frac{1}{3!}\left[A(t)\left(\int_{t_0}^{t}A(v)\mathrm{d}v\right)^2+\int_{t_0}^{t}A(v)\mathrm{d}vA(t)\int_{t_0}^{t}A(v)\mathrm{d}v\right.\\&\left.\left.+\left(\int_{t_0}^{t}A(v)\mathrm{d}v\right)^2A(t)\right]+\cdots\right\}x(t_0).\end{aligned} \tag{5.43}$$

而 (5.36) 的第 1 式等号右边为

$$
\begin{aligned}
A(t)x(t) &= A(t)\left[I+\int_{t_0}^{t}A(v)\mathrm{d}v+\frac{1}{2!}\left(\int_{t_0}^{t}A(v)\mathrm{d}v\right)^2+\cdots\right]x(t_0)\\
&=\left[A(t)+A(t)\int_{t_0}^{t}A(v)\mathrm{d}v+\frac{1}{2!}A(t)\left(\int_{t_0}^{t}A(v)\mathrm{d}v\right)^2+\cdots\right]x(t_0),
\end{aligned}
\tag{5.44}
$$

若两者相等，则应有

$$
\frac{1}{2!}\left[A(t)\int_{t_0}^{t}A(v)\mathrm{d}v+\int_{t_0}^{t}A(v)\mathrm{d}vA(t)\right]=A(t)\int_{t_0}^{t}A(v)\mathrm{d}v,
$$

$$
\frac{1}{3!}\left[A(t)\left(\int_{t_0}^{t}A(v)\mathrm{d}v\right)^2+\int_{t_0}^{t}A(v)\mathrm{d}vA(t)\int_{t_0}^{t}A(v)\mathrm{d}v+\left(\int_{t_0}^{t}A(v)\mathrm{d}v\right)^2A(t)\right]
$$

$$
=\frac{1}{2!}A(t)\left(\int_{t_0}^{t}A(v)\mathrm{d}v\right)^2,\cdots,
$$

但这些等式不一定成立，原因在于 $A(t)$ 与 $\int_{t_0}^{t}A(v)\mathrm{d}v$ 相乘不一定可交换次序，若可交换次序，则这些等式一定成立，例如

$$
\frac{1}{3!}\left[A(t)\left(\int_{t_0}^{t}A(v)\mathrm{d}v\right)^2+\int_{t_0}^{t}A(v)\mathrm{d}vA(t)\int_{t_0}^{t}A(v)\mathrm{d}v+\left(\int_{t_0}^{t}A(v)\mathrm{d}v\right)^2A(t)\right]
$$

$$
=\frac{1}{3!}\left[3A(t)\left(\int_{t_0}^{t}A(v)\mathrm{d}v\right)^2\right]=\frac{1}{2!}A(t)\left(\int_{t_0}^{t}A(v)\mathrm{d}v\right)^2.
$$

那么，如果 $A(t)$ 与 $\int_{t_0}^{t}A(v)\mathrm{d}v$ 相乘可交换次序，就有 $x'(t)=A(t)x(x)$ 了？

不然！应该记得上面讨论是在 (5.42) 右方级数可以进行逐项求导的情况下进行的，而如何保证所述级数可以进行逐项求导，却是一个复杂的问题.

我们不准备深入讨论这一问题，仅在常见的条件下给出一些充分性结果.

定理 5.4 当 $A(t)$ 在 $\mathbf{R}$ 内连续且与 $\int_{t_0}^{t}A(v)\mathrm{d}v$ 相乘可交换次序时，(5.36) 中微分方程

$$
\frac{\mathrm{d}x(t)}{\mathrm{d}t}=A(t)x(t)
$$

的转移矩阵为

$$
\begin{aligned}
\Phi(t,x_0) &= I+\int_{t_0}^{t}A(v)\mathrm{d}v+\frac{1}{2!}\left(\int_{t_0}^{t}A(v)\mathrm{d}v\right)^2+\cdots\\
&\quad+\frac{1}{k!}\left(\int_{t_0}^{t}A(v)\mathrm{d}v\right)^k+\cdots,
\end{aligned}
\tag{5.45}
$$

而 (5.42) 即 $x(t)=\Phi(t,t_0)x(t_0)$ 为定解问题 (5.36) 的解.

证明 由于 $A(t)$ 在 $\mathbf{R}$ 内连续，故由微积分学基本定理知 $\int_{t_0}^t A(v)\mathrm{d}v$ 在 $\mathbf{R}$ 内可导，所以级数

$$
\begin{aligned}
&\mathrm{e}^{\int_{t_0}^t A(v)\mathrm{d}v}\\
&=I+\int_{t_0}^t A(v)\mathrm{d}v+\frac{1}{2!}\left(\int_{t_0}^t A(v)\mathrm{d}v\right)^2+\cdots+\frac{1}{k!}\left(\int_{t_0}^t A(v)\mathrm{d}v\right)^k+\cdots\\
&=U(t)
\end{aligned}
$$

每项可导，又由于 $A(t)$ 与 $\int_{t_0}^t A(v)\mathrm{d}v$ 相乘可交换次序，每项导数构成级数

$$
\begin{aligned}
&A(t)+A(t)\int_{t_0}^t A(v)\mathrm{d}v+\frac{1}{2!}A(t)\left(\int_{t_0}^t A(v)\mathrm{d}v\right)^2+\cdots\\
&+\frac{1}{k!}A(t)\left(\int_{t_0}^t A(v)\mathrm{d}v\right)^k+\cdots=A(t)U(t),
\end{aligned}
$$

注意级数 $U(t)$ 为 $\mathrm{e}^{\int_{t_0}^t A(v)\mathrm{d}v}$ 的 Taylor 展式，由于 e^x 在 $\mathbf{R}$ 内收敛而 $\int_{t_0}^t A(v)\mathrm{d}v$ 为 $\mathbf{R}$ 内可导的函数，$U(t)$ 在任意包含固定点 $t_1\in\mathbf{R}$ 的有限开区间内不仅收敛而且一致收敛，$A(t)U(t)$ 在该区间内一致收敛，由定理 4.10，$U(t)$ 在该区间内逐项可导，导数即为 $A(t)U(t)$, 由 t_1 的任意性知

$$
U'(t)=A(t)U(t),\quad t\in\mathbf{R},
$$

即

$$
\left(\mathrm{e}^{\int_{t_0}^t A(v)\mathrm{d}v}\right)'=A(t)\mathrm{e}^{\int_{t_0}^t A(v)\mathrm{d}v},
$$

从而

$$
\left(\mathrm{e}^{\int_{t_0}^t A(v)\mathrm{d}v}x(t_0)\right)'=A(t)\mathrm{e}^{\int_{t_0}^t A(v)\mathrm{d}v}x(t_0),
$$

即

$$
x'(t)=A(t)x(t).
$$

再由定解问题解的唯一性知

$$
U(t)=\Phi(t,t_0).
$$

证毕.

下列定理更为简洁.

定理 5.5 $A(t)$ 在 $\mathbf{R}$ 内连续且对任意 $t_1,t_2\in\mathbf{R}$,

$$
A(t_1)A(t_2)=A(t_2)A(t_1),
$$

则式 (5.42) 为定解问题 (5.36) 的解.

证明 只需证明在所给条件下，$A(t)$ 与 $\int_{t_0}^{t} A(v)\mathrm{d}v$ 相乘可交换次序即可.

事实上，

$$A(t)\int_{t_0}^{t} A(v)\mathrm{d}v = \int_{t_0}^{t} A(t)A(v)\mathrm{d}v = \int_{t_0}^{t} A(v)A(t)\mathrm{d}v = \int_{t_0}^{t} A(v)\mathrm{d}vA(t).$$

证毕.

例 5.4 设

$$A(t) = \begin{pmatrix} 0 & (1+t)^2 \\ 0 & 0 \end{pmatrix}, \quad x(0) = \begin{pmatrix} 0 & 1 \\ -1 & 0 \end{pmatrix},$$

求定解问题

$$\begin{cases} x'(t) = A(t)x(t), \\ x(t)|_{t=0} = x(0) \end{cases}$$

的解.

解 从初始条件可以看出未知函数为 2 阶方阵.

首先验证 $t_1, t_2 \in \mathbf{R}$，$A(t_1)A(t_2) = A(t_2)A(t_1)$.

$$A(t_1)A(t_2) = \begin{pmatrix} 0 & (1+t_1)^2 \\ 0 & 0 \end{pmatrix}\begin{pmatrix} 0 & (1+t_2)^2 \\ 0 & 0 \end{pmatrix} = 0 = A(t_2)A(t_1).$$

$(1+t)^2$ 在 $\mathbf{R}$ 上连续，故上述定解问题的解为

$$\begin{aligned} x(t) &= \Phi(t,0)x(0) = \mathrm{e}^{\int_0^t A(v)\mathrm{d}v}x(0) \\ &= \left[I + \int_{t_0}^{t} A(v)\mathrm{d}v + \frac{1}{2!}\left(\int_{t_0}^{t} A(v)\mathrm{d}v\right)^2 + \cdots\right]x(0). \end{aligned}$$

由于

$$\int_{t_0}^{t} A(v)\mathrm{d}v = \begin{pmatrix} 0 & \int_0^t (1+v)^2\mathrm{d}v \\ 0 & 0 \end{pmatrix} = \begin{pmatrix} 0 & \frac{1}{3}t^3 + t^2 + t \\ 0 & 0 \end{pmatrix},$$

$$\left(\int_{t_0}^{t} A(v)\mathrm{d}v\right)^2 = \begin{pmatrix} 0 & \frac{1}{3}t^3 + t^2 + t \\ 0 & 0 \end{pmatrix}^2 = 0,$$

$$\left(\int_{t_0}^{t} A(v)\mathrm{d}v\right)^k = 0, \quad k > 1,$$

所以转移矩阵

$$\Phi(t,0)=I+\begin{pmatrix}0 & \dfrac{1}{3}t^3+t^2+t\\ 0 & 0\end{pmatrix}=\begin{pmatrix}1 & \dfrac{1}{3}t^3+t^2+t\\ 0 & 1\end{pmatrix}.$$

故定解问题的解为

$$\begin{aligned}x(t)&=\begin{pmatrix}1 & \dfrac{1}{3}t^3+t^2+t\\ 0 & 1\end{pmatrix}x(0)\\ &=\begin{pmatrix}1 & \dfrac{1}{3}t^3+t^2+t\\ 0 & 1\end{pmatrix}\begin{pmatrix}0 & 1\\ -1 & 0\end{pmatrix}\\ &=\begin{pmatrix}-\dfrac{1}{3}t^3-t^2-t & 1\\ -1 & 0\end{pmatrix}.\end{aligned}$$

下面的定理回避 $A(t)$ 与 $\int_{t_0}^{t}A(v)\mathrm{d}v$ 相乘可否交换次序的问题，直接给出定解问题 (5.36) 的解，该定理基于以 Peano-Baker 命名的级数：

$$\begin{aligned}P(t,t_0)=I&+\int_{t_0}^{t}A(v)\mathrm{d}v+\int_{t_0}^{t}A(v_1)\mathrm{d}v_1\int_{t_0}^{v_1}A(v_2)\mathrm{d}v_2\\ &+\int_{t_0}^{t}A(v_1)\mathrm{d}v_1\int_{t_0}^{v_1}A(v_2)\mathrm{d}v_2\int_{t_0}^{v_2}A(v_3)\mathrm{d}v_3+\cdots.\end{aligned}\tag{5.46}$$

Peano-Baker 级数的奥秘在于从第三项开始，每项为变上限积分的乘积，而在每个乘积中，后一积分的上限，是前一积分的变量.

注意：Peano-Baker 级数 $P(t,t_0)$ 为两个变量 t,t_0 的函数，按理，应该和转移矩阵 $\Phi(t_1,t_2)$ 一样也将这两个变量记为 t_1,t_2，即 Peano-Baker 级数应记为

$$\begin{aligned}P(t_1,t_2)=I&+\int_{t_2}^{t_1}A(v)\mathrm{d}v+\int_{t_2}^{t_1}A(v_1)\mathrm{d}v_1\int_{t_2}^{v_1}A(v_2)\mathrm{d}v_2\\ &+\int_{t_2}^{t_1}A(v_1)\mathrm{d}v_1\int_{t_2}^{v_1}A(v_2)\mathrm{d}v_2\int_{t_2}^{v_2}A(v_3)\mathrm{d}v_3+\cdots.\end{aligned}$$

但我们发现，Peano-Baker 级数出现的场合一定是定解问题，引进该级数的目的是要 $P(t,t_0)=\Phi(t,t_0)$ 而得定解问题的解 $P(t,t_0)x(t_0)$，$P(t_1,t_2)$ 的形式不常使用而符号杂乱，少用为妥.

下面求 $P(t,t_0)$ 每一项的导数：

$$
\begin{aligned}
&I'=0,\\
&\left(\int_{t_0}^{t}A(v)\mathrm{d}v\right)'=A(t),\\
&\left(\int_{t_0}^{t}A(v_1)\mathrm{d}v_1\int_{t_0}^{v_1}A(v_2)\mathrm{d}v_2\right)'=\left(\int_{t_0}^{t}A(v_1)\mathrm{d}v_1F_1(v_1)\right)'\\
=&\left(\int_{t_0}^{t}A(v_1)F_1(v_1)\mathrm{d}v_1\right)'=A(t)F_1(t)\\
=&A(t)\int_{t_0}^{t}A(v_2)\mathrm{d}v_2=A(t)\int_{t_0}^{t}A(v)\mathrm{d}v,\\
&\left(\int_{t_0}^{t}A(v_1)\mathrm{d}v_1\int_{t_0}^{v_1}A(v_2)\mathrm{d}v_2\int_{t_0}^{v_2}A(v_3)\mathrm{d}v_3\right)'\\
=&\left(\int_{t_0}^{t}A(v_1)\mathrm{d}v_1F_2(v_1)\right)'=\left(\int_{t_0}^{t}A(v_1)F_2(v_1)\mathrm{d}v_1\right)'\\
=&A(t)F_2(t)=A(t)\int_{t_0}^{t}A(v_2)\mathrm{d}v_2\int_{t_0}^{v_2}A(v_3)\mathrm{d}v_3\\
=&A(t)\int_{t_0}^{t}A(v_1)\mathrm{d}v_1\int_{t_0}^{v_1}A(v_2)\mathrm{d}v_2,\\
&\cdots\cdots
\end{aligned}
\tag{5.47}
$$

其中

$$
\begin{aligned}
F_1(v_1)&=\int_{t_0}^{v_1}A(v_2)\mathrm{d}v_2,\\
F_2(v_1)&=\int_{t_0}^{v_1}A(v_2)\mathrm{d}v_2\int_{t_0}^{v_2}A(v_3)\mathrm{d}v_3,\\
&\cdots\cdots
\end{aligned}
$$

并注意对定积分来说，积分变量用什么符号表示都没有关系，如

$$
\int_a^b f(x)\mathrm{d}x=\int_a^b f(t)\mathrm{d}t,
$$

从而

$$
F_1(t)=\int_{t_0}^{t}A(v_2)\mathrm{d}v_2=\int_{t_0}^{t}A(v)\mathrm{d}v.
$$

将式 (5.47) 各项相加得

$$
A(t)+A(t)\int_{t_0}^{t}A(v)\mathrm{d}v+A(t)\int_{t_0}^{t}A(v_1)\mathrm{d}v_1\int_{t_0}^{v_1}A(v_2)\mathrm{d}v_2+\cdots
$$

$$
\begin{aligned}
&= A(t)\left[I + \int_{t_0}^{t} A(v)\mathrm{d}v + \int_{t_0}^{t} A(v_1)\mathrm{d}v_1 \int_{t_0}^{v_1} A(v_2)\mathrm{d}v_2 + \cdots\right] \\
&= A(t)P(t,t_0),
\end{aligned}
$$

因此，如果 $P(t,t_0)$ 可以逐项求导，则

$$
P'(t,t_0) = A(t)P(t,t_0),
$$

即满足定解问题中的微分方程 (即 (5.36) 的第 1 式).

定理 5.6 设 $A(t)$ 在一个包含 t_0 的开区间 (a,b) 内连续，Peano-Baker 级数 $P(t,t_0)$ 在 (a,b) 内一致收敛，则 (5.36) 的第 1 式的转移矩阵 $\Phi(t,t_0) = P(t,t_0)$，故

$$
x(t) = P(t,t_0)x(t_0) \tag{5.48}
$$

为定解问题 (5.36) 的解 ($t \in (a,b)$).

证明 由于 $A(t)$ 在 (a,b) 内连续，$P(t,t_0)$ 每项为连续函数的变上限积分，故由微积分学基本定理知其每项在 (a,b) 可导，而每项导数构成的级数为 $A(t)P(t,t_0)$，由于级数 $P(t,t_0)$ 在 (a,b) 内一致收敛，故 $A(t)P(t,t_0)$ 在 (a,b) 内一致收敛. 由定理 4.10，$P(t,t_0)$ 在 (a,b) 内逐项可导，并有

$$
P'(t,t_0) = A(t)P(t,t_0),
$$

即 $P(t,t_0)$ 在 (a,b) 内满足 (5.36) 中的微分方程 (即 (5.36) 的第 1 式)，从而

$$
x'(t) = P'(t,t_0)x(t_0) = A(t)P(t,t_0)x(t_0) = A(t)x(t).
$$

又

$$
\begin{aligned}
&x(t)|_{t=t_0} = P(t,t_0)|_{t=t_0}x(t_0) \\
&= \left[I + \int_{t_0}^{t} A(v)\mathrm{d}v + \int_{t_0}^{t} A(v_1)\mathrm{d}v_1 \int_{t_0}^{v_1} A(v_2)\mathrm{d}v_2 + \cdots\right]\Bigg|_{t=t_0} x(t_0) \\
&= \left[I + \int_{t_0}^{t_0} A(v)\mathrm{d}v + \int_{t_0}^{t_0} A(v_1)\mathrm{d}v_1 \int_{t_0}^{v_1} A(v_2)\mathrm{d}v_2 + \cdots\right] x(t_0) \\
&= [I + 0]x(t_0) = x(t_0),
\end{aligned}
$$

知 $x(t) = P(t,t_0)x(t_0)$ 为定解问题 (5.36) 的解 ($t \in (a,b)$)，由解的唯一性知 $\Phi(t,t_0) = P(t,t_0)$. 证毕.

特别注意：一个级数在 (a,b) 内一致收敛并不一定能逐项求导. 本定理中，之所以 $P(t,t_0)$ 在 (a,b) 内逐项可导，不是由其在 (a,b) 内一致收敛推得的，而是因为其每项导数构成的级数恰好为 $A(t)P(t,t_0)$，而后者在 (a,b) 内一致收敛.

Peano-Baker 级数 $P(t,t_0)$ 看起来并不简单，要验证它的一致收敛性似乎不太容易，下面根据 Weierstrass 关于一致收敛级数的判别法，给出一个易于判断 $P(t,t_0)$ 一致收敛的结果.

定理 5.7　设存在 $t_2>t_0>t_1$，$A(t)$ 的所有元素在 $[t_1,t_2]$ 上有界，则 Peano-Baker 级数 $P(t,t_0)$ 在 $[t_1,t_2]$ 上一致收敛.

证明　设 $A(t)=(a_{ij}(t))_{n\times n}$，$|a_{ij}(t)|\leqslant M, t\in[t_1,t_2], i,j=1,2,\cdots,n$, 则对每个 $a_{ij}(t), i,j=1,2,\cdots,n, t\in[t_1,t_0]$,

$$\begin{aligned}
&\left|\int_{t_0}^{t}a_{ij}(v)\mathrm{d}v\right|=\left|\int_{t}^{t_0}a_{ij}(v)\mathrm{d}v\right|\leqslant\int_{t}^{t_0}|a_{ij}(v)|\mathrm{d}v\\
\leqslant&\int_{t}^{t_0}M\mathrm{d}v=M(t_0-t)\leqslant M(t_2-t_1),\\
&\left|\int_{t_0}^{t}a_{ij}(v_1)\mathrm{d}v_1\int_{t_0}^{v_1}a_{ij}(v_2)\mathrm{d}v_2\right|=\left|\int_{t}^{t_0}a_{ij}(v_1)\mathrm{d}v_1\int_{v_1}^{t_0}a_{ij}(v_2)\mathrm{d}v_2\right|\\
\leqslant&\int_{t}^{t_0}|a_{ij}(v_1)|\mathrm{d}v_1\int_{v_1}^{t_0}|a_{ij}(v_2)|\mathrm{d}v_2\leqslant M^2\int_{t}^{t_0}(t_0-v_1)\mathrm{d}v_1\\
=&-\frac{1}{2}M^2(t_0-v_1)^2\Big|_{v_1=t}^{t_0}=\frac{1}{2}M^2(t_0-t)^2\leqslant\frac{1}{2}M^2(t_2-t_1)^2,
\end{aligned}$$

同理可证

$$\left|\int_{t_0}^{t}a_{ij}(v_1)\mathrm{d}v_1\int_{t_0}^{v_1}a_{ij}(v_2)\mathrm{d}v_2\int_{t_0}^{v_2}a_{ij}(v_3)\mathrm{d}v_3\right|\leqslant\frac{1}{3!}M^3(t_2-t_1)^3,\cdots,$$

当 $t\in[t_0,t_2]$ 时，不必交换积分上下限的位置即可得同样的不等式，例如，

$$\begin{aligned}
&\left|\int_{t_0}^{t}a_{ij}(v_1)\mathrm{d}v_1\int_{t_0}^{v_1}a_{ij}(v_2)\mathrm{d}v_2\right|\leqslant\int_{t_0}^{t}|a_{ij}(v_1)|\mathrm{d}v_1\int_{t_0}^{v_1}|a_{ij}(v_2)|\mathrm{d}v_2\\
\leqslant&M^2\int_{t_0}^{t}\mathrm{d}v_1\int_{t_0}^{v_1}\mathrm{d}v_2=M^2\int_{t_0}^{t}(v_1-t_0)\mathrm{d}v_1=\frac{1}{2}M^2(t-t_0)^2\\
\leqslant&\frac{1}{2}M^2(t_2-t_1)^2.
\end{aligned}$$

由于数项级数

$$M(t_2-t_1)+\frac{1}{2}M^2(t_2-t_1)^2+\frac{1}{3!}M^3(t_2-t_1)^3+\cdots=\mathrm{e}^{M(t_2-t_1)}-1$$

收敛，故由 Weierstrass 判别法，知函数项级数

$$\begin{aligned}
&\int_{t_0}^{t}a_{ij}(v)\mathrm{d}v+\int_{t_0}^{t}a_{ij}(v_1)\mathrm{d}v_1\int_{t_0}^{v_1}a_{ij}(v_2)\mathrm{d}v_2\\
&+\int_{t_0}^{t}a_{ij}(v_1)\mathrm{d}v_1\int_{t_0}^{v_1}a_{ij}(v_2)\mathrm{d}v_2\int_{t_0}^{v_2}a_{ij}(v_3)\mathrm{d}v_3+\cdots
\end{aligned}$$

在 $[t_1,t_2]$ 上一致收敛.

由于

$$\begin{aligned}
P(t,t_0)=&I+\int_{t_0}^{t}A(v)\mathrm{d}v+\int_{t_0}^{t}A(v_1)\mathrm{d}v_1\int_{t_0}^{v_1}A(v_2)\mathrm{d}v_2\\
&+\int_{t_0}^{t}A(v_1)\mathrm{d}v_1\int_{t_0}^{v_1}A(v_2)\mathrm{d}v_2\int_{t_0}^{v_2}A(v_3)\mathrm{d}v_3+\cdots\\
=&I+\int_{t_0}^{t}\begin{pmatrix}a_{11}(v)&\cdots&a_{1n}(v)\\a_{21}(v)&\cdots&a_{2n}(v)\\\vdots&&\vdots\\a_{n1}(v)&\cdots&a_{nn}(v)\end{pmatrix}\mathrm{d}v\\
&+\int_{t_0}^{t}\begin{pmatrix}a_{11}(v_1)&\cdots&a_{1n}(v_1)\\a_{21}(v_1)&\cdots&a_{2n}(v_1)\\\vdots&&\vdots\\a_{n1}(v_1)&\cdots&a_{nn}(v_1)\end{pmatrix}\mathrm{d}v_1\int_{t_0}^{v_1}\begin{pmatrix}a_{11}(v_2)&\cdots&a_{1n}(v_2)\\a_{21}(v_2)&\cdots&a_{2n}(v_2)\\\vdots&&\vdots\\a_{n1}(v_2)&\cdots&a_{nn}(v_2)\end{pmatrix}\mathrm{d}v_2\\
&+\cdots\\
=&I+\left(\int_{t_0}^{t}a_{ij}(v)\mathrm{d}v+\int_{t_0}^{t}a_{ij}(v_1)\mathrm{d}v_1\int_{t_0}^{v_1}a_{ij}(v_2)\mathrm{d}v_2+\cdots\right)_{n\times n},
\end{aligned}$$

知 $P(t,t_0)$ 在 $[t_1,t_2]$ 上一致收敛. 证毕.

注意 1: 对 $t\in[t_1,t_0]$, 上述证明中将积分上下限的位置做了调换, 这是因为积分的绝对值不等式

$$\left|\int_a^b f(t)\mathrm{d}t\right|\leqslant\int_a^b|f(t)|\mathrm{d}t$$

是在 $a\leqslant b$ 的条件下才成立的, 如果 $a>b$ 而要应用积分的绝对值不等式, 需根据积分上下限交换位置, 积分值变号的性质, 做如下处理

$$\left|\int_a^b f(t)\mathrm{d}t\right|=\left|-\int_b^a f(t)\mathrm{d}t\right|=\left|\int_b^a f(t)\mathrm{d}t\right|\leqslant\int_b^a|f(t)|\mathrm{d}t,$$

积分上下限的位置做了调换. 由于当 $t\in[t_1,t_0]$ 时, 在 $P(t,t_0)$ 中, 正是出现了积分下限 t_0 大而上限 t 小的情况, 所以上述证明中将积分上下限的位置做了调换.

注意 2: 本定理的条件中, 为什么要将 t_0 放在闭区间 $[t_1,t_2]$ 中, 且不能为区间端点, 即 $t_0\in(t_1,t_2)$? 这是因为关于级数逐项求导的定理是对开区间给出的, 如此设计定理条件是为了将定解问题中十分重要的初始点 t_0 放在级数可逐项求导的开区间中, 不然, t_0 有可能在此开区间之外, 引起极大的麻烦.

注意 3: 本定理的证明基于级数

$$M(t_2-t_1)+\frac{1}{2}M^2(t_2-t_1)^2+\frac{1}{3!}M^3(t_2-t_1)^3+\cdots=\mathrm{e}^{M(t_2-t_1)}-1$$

的收敛性，由于 e^x 在 $\mathbf{R}$ 内每点收敛，所以 t_1, t_2 的选取实际上没有限制，本定理的应用是非常容易的.

由此定理立即可得如下结论.

推论 5.1　设存在 $t_2 > t_0 > t_1$，$A(t)$ 的所有元素在 $[t_1, t_2]$ 上有界，则 $x(t) = P(t, t_0)x(t_0)(t \in (t_1, t_2))$, 为定解问题 (5.36) 的解, 其中 $P(t, t_0)$ 为 Peano-Baker 级数.

应该注意到，定解问题的研究无法回避自变量 t 的取值范围问题，这是因为任何结果的成立都是有条件的，这些条件往往是自变量在一定范围内才满足的. 例如，一个函数项级数或函数矩阵级数，在集合 A 上一致收敛，而在集合 B 上却不一致收敛，如果一个结果的成立基于该级数的一致收敛性质，应用结果时就必须限定自变量属于 A.

函数在开区间和闭区间上的性质差别很大，例如，闭区间上定义的连续函数一定有界，而开区间上定义的连续函数却可能无界，所以，必须特别小心每个结果成立的条件中关于自变量范围的要求，切不可将其中的开 (闭) 区间随意改为闭 (开) 区间.

例 5.5　求定解问题

$$\begin{pmatrix} x_1'(t) \\ x_2'(t) \end{pmatrix} = \begin{pmatrix} 0 & 1 \\ 0 & t \end{pmatrix} \begin{pmatrix} x_1(t) \\ x_2(t) \end{pmatrix}, \quad x(0) = \begin{pmatrix} 0 & 1 \\ -1 & 0 \end{pmatrix}$$

的解.

解　设

$$A(t) = \begin{pmatrix} 0 & 1 \\ 0 & t \end{pmatrix},$$

可知 $A(t)$ 所有元素在 $\mathbf{R}$ 内连续，故在 $\mathbf{R}$ 的任何有界子集上有界，对应的 Peano-Baker 级数 $P(t, t_0)$ 在任何有界开区间内一致收敛，故上述定解问题的解为

$$x(t) = P(t, t_0)x(0),$$

且对自变量 t 没有限制，即 $t \in \mathbf{R}$.

下面计算 $P(t, t_0)$.

$$\int_0^t A(v)\mathrm{d}v = \int_0^t \begin{pmatrix} 0 & 1 \\ 0 & v \end{pmatrix} \mathrm{d}v = \begin{pmatrix} 0 & \displaystyle\int_0^t 1\mathrm{d}v \\ 0 & \displaystyle\int_0^t v\mathrm{d}v \end{pmatrix} \mathrm{d}v = \begin{pmatrix} 0 & t \\ 0 & \dfrac{1}{2}t^2 \end{pmatrix},$$

$$\int_0^t A(v_1)\mathrm{d}v_1 \int_0^{v_1} A(v_2)\mathrm{d}v_2 = \int_0^t \begin{pmatrix} 0 & 1 \\ 0 & v_1 \end{pmatrix} \mathrm{d}v_1 \int_0^{v_1} \begin{pmatrix} 0 & 1 \\ 0 & v_2 \end{pmatrix} \mathrm{d}v_2$$

$$=\int_0^t\begin{pmatrix}0&1\\0&v_1\end{pmatrix}\mathrm{d}v_1\begin{pmatrix}0&\displaystyle\int_0^{v_1}1\mathrm{d}v_2\\0&\displaystyle\int_0^{v_1}v_2\mathrm{d}v_2\end{pmatrix}=\int_0^t\begin{pmatrix}0&1\\0&v_1\end{pmatrix}\begin{pmatrix}0&v_1\\0&\dfrac{1}{2}v_1^2\end{pmatrix}\mathrm{d}v_1,$$

$$\int_0^t\begin{pmatrix}0&\dfrac{1}{2}v_1^2\\0&\dfrac{1}{2}v_1^3\end{pmatrix}\mathrm{d}v_1=\begin{pmatrix}0&\displaystyle\int_0^t\frac{1}{2}v_1^2\mathrm{d}v_1\\0&\displaystyle\int_0^t\frac{1}{2}v_1^3\mathrm{d}v_1\end{pmatrix}=\begin{pmatrix}0&\dfrac{1}{6}t^3\\0&\dfrac{1}{8}t^4\end{pmatrix},$$

$$\begin{aligned}P(t,t_0)&=I+\int_0^t A(v)\mathrm{d}v+\int_0^t A(v_1)\mathrm{d}v_1\int_0^{v_1}A(v_2)\mathrm{d}v_2+\cdots\\&=\begin{pmatrix}1&0\\0&1\end{pmatrix}+\begin{pmatrix}0&t\\0&\dfrac{1}{2}t^2\end{pmatrix}+\begin{pmatrix}0&\dfrac{1}{6}t^3\\0&\dfrac{1}{8}t^4\end{pmatrix}+\cdots\\&=\begin{pmatrix}1&t+\dfrac{1}{6}t^3+\cdots\\0&1+\dfrac{1}{2}t^2+\dfrac{1}{8}t^4+\cdots\end{pmatrix},\end{aligned}$$

定解问题的解为

$$\begin{aligned}x(t)=P(t,t_0)x(0)&=\begin{pmatrix}1&t+\dfrac{1}{6}t^3+\cdots\\0&1+\dfrac{1}{2}t^2+\dfrac{1}{8}t^4+\cdots\end{pmatrix}\begin{pmatrix}0&1\\-1&0\end{pmatrix}\\&=\begin{pmatrix}-t-\dfrac{1}{6}t^3-\cdots&1\\-1-\dfrac{1}{2}t^2-\dfrac{1}{8}t^4-\cdots&0\end{pmatrix}.\end{aligned}$$

5.2.2 线性变系数非齐次微分方程组

设 $A(t)=(a_{ij}(t))_{n\times n}$ 为 n 阶函数方阵，$x(t)=(x_{ij}(t))_{n\times m}$ 为 $n\times m$ 函数矩阵，$x(t)|_{t=t_0}$ 为初始条件，$B(t)=(b_{ij}(t))_{n\times m}$ 为 $n\times m$ 函数矩阵，则

$$\begin{cases}\dfrac{\mathrm{d}x(t)}{\mathrm{d}t}=A(t)x(t)+B(t),\\x(t)|_{t=t_0}=x(t_0),\end{cases}\tag{5.49}$$

称为线性变系数非齐次微分方程组的定解问题.

仍采用常数变易法求解 (5.49).

写出与 (5.49) 对应的线性变系数齐次微分方程组

$$\frac{\mathrm{d}x(t)}{\mathrm{d}t}=A(t)x(t),\tag{5.50}$$

不考虑初始条件，其通解为

$$x(t) = \Phi(t, t_0)c,$$

其中 $\Phi(t, t_0)$ 为上述方程的转移矩阵，c 为 $n \times m$ 矩阵.

将 c 变为 $n \times m$ 函数矩阵 $c(t)$，设

$$x(t) = \Phi(t, t_0)c(t), \tag{5.51}$$

求导得

$$x'(t) = \Phi'(t, t_0)c(t) + \Phi(t, t_0)c'(t),$$

由定理 5.3(1)，$\Phi(t, t_0)$ 是定解问题

$$\begin{cases} \dfrac{\mathrm{d}x(t)}{\mathrm{d}t} = A(t)x(t), \\ x(t)|_{t=t_0} = I \end{cases} \tag{5.52}$$

的解，其中 $x(t)$ 为 n 阶函数方阵，I 为 n 阶单位方阵，故

$$\Phi'(t, t_0) = A(t)\Phi(t, t_0).$$

从而

$$x'(t) = \Phi'(t, t_0)c(t) + \Phi(t, t_0)c'(t) = A(t)\Phi(t, t_0)c(t) + \Phi(t, t_0)c'(t),$$

代入 (5.49) 第 1 式得

$$A(t)\Phi(t, t_0)c(t) + \Phi(t, t_0)c'(t) = A(t)\Phi(t, t_0)c(t) + B(t),$$

化简得

$$\Phi(t, t_0)c'(t) = B(t),$$

故

$$c'(t) = \Phi^{-1}(t, t_0)B(t)u(t) = \Phi(t_0, t)B(t),$$

$$c(t) = c + \int_{t_0}^{t} \Phi(t_0, v)B(v)\mathrm{d}v,$$

再代入 (5.51) 得

$$x(t) = \Phi(t, t_0)\left[c + \int_{t_0}^{t} \Phi(t_0, v)B(v)\mathrm{d}v\right],$$

为求常数 c，(5.53) 中令 $t=t_0$ 得

$$x(t_0)=\Phi(t_0,t_0)\left[c+\int_{t_0}^{t_0}\Phi(t_0,v)B(v)\mathrm{d}v\right]=Ic=c,$$

最后得

$$\begin{aligned}x(t)&=\Phi(t,t_0)x(t_0)+\Phi(t,t_0)\int_{t_0}^{t}\Phi(t_0,v)B(v)\mathrm{d}v\\&=\Phi(t,t_0)x(t_0)+\int_{t_0}^{t}\Phi(t,v)B(v)\mathrm{d}v,\end{aligned}\tag{5.53}$$

其中注意 $\Phi(t,t_0)\Phi(t_0,v)=\Phi(t,v)$.

上述结果需要给出证明.

定理 5.8 设 $\Phi(t_1,t_2)$ 为 (5.50) 的转移矩阵，则定解问题 (5.49) 有唯一解 (5.53).

证明 仅证明式 (5.53) 为定解问题 (5.49) 的解，解的唯一性证明省略.

由于 $\Phi(t,t_0)$ 是定解问题

$$\begin{cases}\dfrac{\mathrm{d}x(t)}{\mathrm{d}t}=A(t)x(t),\\ x(t)|_{t=t_0}=I\end{cases}\tag{5.54}$$

的解，故 $\Phi'(t,t_0)=A(t)\Phi(t,t_0)$，由

$$\begin{aligned}x(t)&=\Phi(t,t_0)x(t_0)+\int_{t_0}^{t}\Phi(t,v)B(v)\mathrm{d}v\\&=\Phi(t,t_0)x(t_0)+\Phi(t,t_0)\int_{t_0}^{t}\Phi(t_0,v)B(v)\mathrm{d}v\end{aligned}$$

知

$$\begin{aligned}x'(t)&=\Phi'(t,t_0)x(t_0)+\Phi'(t,t_0)\int_{t_0}^{t}\Phi(t_0,v)B(v)\mathrm{d}v+\Phi(t,t_0)\Phi(t_0,t)B(t)\\&=A(t)\Phi(t,t_0)x(t_0)+A(t)\Phi(t,t_0)\int_{t_0}^{t}\Phi(t_0,v)B(v)\mathrm{d}v+B(t)\\&=A(t)\left[\Phi(t,t_0)x(t_0)+\Phi(t,t_0)\int_{t_0}^{t}\Phi(t_0,v)B(v)\mathrm{d}v\right]+B(t)\\&=A(t)x(t)+B(t),\end{aligned}$$

其中注意

$$\Phi(t,t_0)\Phi(t_0,t)=I.$$

证毕.

注意：与线性常系数非齐次微分方程组的定解问题 (5.7) 相比，本小节定解问题中的非齐次项 $B(t)$ 似乎应为 $B(t)u(t)$. 考察以上讨论能看出，可以将其中的 $B(t)$ 直

接改为 $B(t)u(t)$，但同时也会发现，这样做没有必要，因为乘积结构 $B(t)u(t)$ 与定解问题解的讨论无关，非齐次项写作两部分相乘的形式反而给人以莫名其妙的感觉.

可能会提出疑问：如此看来，(5.7) 中的 $Bu(t)$ 也可以直接改为 $B(t)$ 了？对此疑问解答如下：从分析定解问题 (5.7) 直到证明定理 5.2，将 $Bu(t)$ 改为 $B(t)$ 确实没有任何问题，但 $Bu(t)$ 的形式对于利用定理 5.2 求解 (5.27) 还是方便的，因此有保留的价值.

例 5.6　设

$$A(t)=\begin{pmatrix} 0 & (1+t)^2 \\ 0 & 0 \end{pmatrix},\quad x(0)=\begin{pmatrix} 0 & 1 \\ -1 & 0 \end{pmatrix},\quad B(t)=\begin{pmatrix} t & 1 \\ 1 & 0 \end{pmatrix},$$

求定解问题

$$\begin{cases} x'(t)=A(t)x(t)+B(t), \\ x(t)|_{t=0}=x(0) \end{cases}$$

的解.

解　从初始条件可以看出未知函数为 2 阶方阵. 所求解的形式为

$$\begin{aligned} x(t)&=\Phi(t,t_0)x(t_0)+\int_{t_0}^{t}\Phi(t,v)B(v)\mathrm{d}v \\ &=\Phi(t,0)x(0)+\int_{0}^{t}\Phi(t,v)B(v)\mathrm{d}v. \end{aligned}$$

由例 5.4 知对任意 $t_1,t_2\in R$，$A(t_1)A(t_2)=A(t_2)A(t_1)$.
$(1+t)^2$ 在 $\mathbf{R}$ 上连续，故转移矩阵为

$$\begin{aligned} \Phi(t,v)&=\mathrm{e}^{\int_v^t A(s)\mathrm{d}s} \\ &=I+\int_v^t A(s)\mathrm{d}s+\frac{1}{2!}\left(\int_v^t A(s)\mathrm{d}s\right)^2+\cdots. \end{aligned}$$

由于

$$\int_v^t A(s)\mathrm{d}s=\begin{pmatrix} 0 & \displaystyle\int_v^t (1+s)^2\mathrm{d}s \\ 0 & 0 \end{pmatrix}=\begin{pmatrix} 0 & \dfrac{1}{3}(1+t)^3-\dfrac{1}{3}(1+v)^3 \\ 0 & 0 \end{pmatrix},$$

$$\left(\int_v^t A(s)\mathrm{d}s\right)^2=\begin{pmatrix} 0 & \dfrac{1}{3}(1+t)^3-\dfrac{1}{3}(1+v)^3 \\ 0 & 0 \end{pmatrix}^2=0,$$

$$\left(\int_{t_0}^t A(v)\mathrm{d}v\right)^k=0,\quad k>1,$$

所以转移矩阵

$$\Phi(t,v)=I+\begin{pmatrix} 0 & \frac{1}{3}(1+t)^3-\frac{1}{3}(1+v)^3 \\ 0 & 0 \end{pmatrix} =\begin{pmatrix} 1 & \frac{1}{3}(1+t)^3-\frac{1}{3}(1+v)^3 \\ 0 & 1 \end{pmatrix},$$

$$\Phi(t,v)B(v)=\begin{pmatrix} 1 & \frac{1}{3}(1+t)^3-\frac{1}{3}(1+v)^3 \\ 0 & 1 \end{pmatrix}\begin{pmatrix} v & 1 \\ 1 & 0 \end{pmatrix} =\begin{pmatrix} v+\frac{1}{3}(1+t)^3-\frac{1}{3}(1+v)^3 & 1 \\ 1 & 0 \end{pmatrix},$$

$$\int_0^t \Phi(t,v)B(v)\mathrm{d}v=\begin{pmatrix} \int_0^t \left[v+\frac{1}{3}(1+t)^3-\frac{1}{3}(1+v)^3\right]\mathrm{d}v & \int_0^t 1\mathrm{d}v \\ \int_0^t 1\mathrm{d}v & 0 \end{pmatrix} =\begin{pmatrix} \frac{t^2}{2}+\frac{1}{3}(1+t)^3t-\frac{1}{12}(1+t)^4+\frac{1}{12} & t \\ t & 0 \end{pmatrix}.$$

$$\Phi(t,0)x(0)=\begin{pmatrix} 1 & \frac{1}{3}(1+t)^3-\frac{1}{3} \\ 0 & 1 \end{pmatrix}\begin{pmatrix} 0 & 1 \\ -1 & 0 \end{pmatrix} =\begin{pmatrix} -\frac{1}{3}(1+t)^3+\frac{1}{3} & 1 \\ -1 & 0 \end{pmatrix},$$

故定解问题的解为

$$x(t)=\begin{pmatrix} -\frac{1}{3}(1+t)^3+\frac{1}{3} & 1 \\ -1 & 0 \end{pmatrix}+\begin{pmatrix} \frac{t^2}{2}+\frac{1}{3}(1+t)^3t-\frac{1}{12}(1+t)^4+\frac{1}{12} & t \\ t & 0 \end{pmatrix}$$

$$=\begin{pmatrix} \frac{t^2}{2}+\frac{1}{3}(1+t)^3t-\frac{1}{12}(1+t)^4-\frac{1}{3}(1+t)^3+\frac{5}{12} & 1+t \\ -1+t & 0 \end{pmatrix}.$$

习　题　5

1. 完成定理 5.2 解的唯一性及 (2) 的证明.

2. 求线性常系数微分方程组满足初始条件的解:

(1)

$$\begin{cases} x_1'(t) = 2x_1 + 2x_2 - x_3, \\ x_2'(t) = -x_1 - x_2 + x_3, \\ x_3'(t) = -x_1 - 2x_2 + 2x_3, \end{cases} \qquad x(0) = \begin{pmatrix} 1 \\ 1 \\ 3 \end{pmatrix};$$

(2)

$$\begin{cases} x_1'(t) = x_1 + 2x_2, \\ x_2'(t) = 4x_1 + 3x_2, \end{cases} \qquad x(0) = \begin{pmatrix} 1 \\ 0 \end{pmatrix};$$

(3)

$$\begin{cases} x_1'(t) = x_1 + x_3, \\ x_2'(t) = x_1 + x_2 - x_3, \\ x_3'(t) = x_1 + x_3, \end{cases} \qquad x(0) = \begin{pmatrix} 1 \\ 0 \\ 2 \end{pmatrix}.$$

3. 求线性常系数微分方程组 $x' = Ax + Bu(t)$ 满足初始条件 $x(0)$ 的解:

(1)

$$A = \begin{pmatrix} 1 & 2 \\ 0 & 3 \end{pmatrix}, \quad B = \begin{pmatrix} 1 \\ 0 \end{pmatrix}, \quad u(t) = t, \quad x(0) = \begin{pmatrix} -1 \\ 1 \end{pmatrix};$$

(2)

$$A = \begin{pmatrix} 0 & 2 \\ 1 & 1 \end{pmatrix}, \quad B = \begin{pmatrix} 1 \\ 1 \end{pmatrix}, \quad u(t) = -t - 1, \quad x(0) = \begin{pmatrix} 1 \\ 2 \end{pmatrix};$$

(3)

$$A = \begin{pmatrix} -6 & 1 & 0 \\ -11 & 0 & 1 \\ -6 & 0 & 0 \end{pmatrix}, \quad B = \begin{pmatrix} 2 \\ 6 \\ 2 \end{pmatrix}, \quad u(t) = 2, \quad x(0) = \begin{pmatrix} -1 \\ 1 \\ 1 \end{pmatrix}.$$

4. 求线性变系数微分方程组 $x' = A(t)x$ 满足初始条件 $x(0)$ 的解:

(1)

$$A = \begin{pmatrix} t & 2t - 1 \\ -1 & 0 \end{pmatrix}, \quad x(0) = \begin{pmatrix} 1 \\ 1 \end{pmatrix};$$

(2)

$$A=\begin{pmatrix} 0 & 2t \\ -t+1 & 1 \end{pmatrix},\quad x(0)=\begin{pmatrix} 0 \\ 1 \end{pmatrix};$$

(3)

$$A=\begin{pmatrix} 0 & \dfrac{1}{(1+t)^2} \\ 0 & 0 \end{pmatrix},\quad x(0)=\begin{pmatrix} -1 \\ 1 \end{pmatrix}.$$

5. 求线性变系数微分方程组 $x'=A(t)x+B(t)$ 满足初始条件 $x(0)$ 的解:

(1)

$$A=\begin{pmatrix} 1 & \mathrm{e}^{-t} \\ 0 & 1 \end{pmatrix},\quad B(t)=\begin{pmatrix} t \\ 1 \end{pmatrix},\quad x(0)=\begin{pmatrix} 1 \\ 0 \end{pmatrix};$$

(2)

$$A=\begin{pmatrix} t+1 & t^2 \\ 0 & t \end{pmatrix},\quad B(t)=\begin{pmatrix} -t \\ 0 \end{pmatrix},\quad x(0)=\begin{pmatrix} -1 \\ 1 \end{pmatrix};$$

(3)

$$A=\begin{pmatrix} t & t-1 \\ 2 & t \end{pmatrix},\quad B(t)=\begin{pmatrix} -t \\ t \end{pmatrix},\quad x(0)=\begin{pmatrix} 0 \\ -1 \end{pmatrix}.$$

第 6 章　矩阵扰动分析

在利用矩阵解决实际问题时，常需进行计算，而计算过程难免出现近似，一般情况下，计算中近似的微小变化带来结果的变化也不会巨大，但在某些时候，情况却截然不同，这种微小变化会带来结果的千差万别，甚至有时可解的问题因近似值的一种选取变为不可解的问题，反之亦然. 这种不好的情况一旦发生，会使我们不知如何对待计算结果. 矩阵的扰动分析理论的建立，就是为了研究类似问题.

6.1　线性方程组的扰动分析

在线性代数中，关于线性方程组，有 4 个方面是讨论的焦点，一是方程组的可解性，二是可解时解的唯一性，三是可解时如何求解，四是解的稳定性. 在方程组的系数和常数有扰动的情况下，关于第三个焦点没有特别需要考虑的问题，关于另外 3 个焦点，人们最关心的是扰动引起的边缘状态，例如，扰动前方程组是可解的，扰动后不可解了，或者相反，扰动前方程组是不可解的，扰动后方程组可解了；扰动前方程组解是唯一的，扰动后解不唯一了，或者相反；扰动前后解的差距巨大. 几种边缘状态还可能同时出现，例如，扰动前后解的差距巨大，扰动再多一点方程组就变得不可解了. 考察发现，这些问题的产生不约而同地与一个现象有关：相关行列式的值接近于 0，由此可能导致相关矩阵的秩接近改变. 本节中，将从几种角度针对边缘状态讨论线性方程组的扰动问题.

6.1.1　小扰动引发大误差的原因

首先指出什么是扰动.

针对线性方程组

$$\begin{cases} a_{11}x_1 + a_{12}x_2 + \cdots + a_{1n}x_n = b_1, \\ a_{21}x_1 + a_{22}x_2 + \cdots + a_{2n}x_n = b_2, \\ \qquad\qquad \cdots\cdots \\ a_{m1}x_1 + a_{m2}x_2 + \cdots + a_{mn}x_n = b_m, \end{cases} \tag{6.1}$$

其系数矩阵和常数向量分别为

$$A = \begin{pmatrix} a_{11} & a_{12} & \cdots & a_{1n} \\ a_{21} & a_{22} & \cdots & a_{2n} \\ \vdots & \vdots & & \vdots \\ a_{m1} & a_{m2} & \cdots & a_{mn} \end{pmatrix}, \quad b = \begin{pmatrix} b_1 \\ b_2 \\ \vdots \\ b_m \end{pmatrix},$$

称与系数矩阵 A 同阶的矩阵

$$\delta A = \begin{pmatrix} \delta a_{11} & \delta a_{12} & \cdots & \delta a_{1n} \\ \delta a_{21} & \delta a_{22} & \cdots & \delta a_{2n} \\ \vdots & \vdots & & \vdots \\ \delta a_{m1} & \delta a_{m2} & \cdots & \delta a_{mn} \end{pmatrix}$$

为 A 的扰动，与常数向量 b 同阶的向量

$$\delta b = \begin{pmatrix} \delta b_1 \\ \delta b_2 \\ \vdots \\ \delta b_m \end{pmatrix}$$

为 b 的扰动，称线性方程组

$$(A + \delta A)x = (b + \delta b)$$

为线性方程组 (6.1) 经扰动后的方程组，其中

$$A + \delta A = \begin{pmatrix} a_{11} + \delta a_{11} & a_{12} + \delta a_{12} & \cdots & a_{1n} + \delta a_{1n} \\ a_{21} + \delta a_{21} & a_{22} + \delta a_{22} & \cdots & a_{2n} + \delta a_{2n} \\ \vdots & \vdots & & \vdots \\ a_{m1} + \delta a_{m1} & a_{m2} + \delta a_{m2} & \cdots & a_{mn} + \delta a_{mn} \end{pmatrix}$$

为扰动后的系数矩阵，

$$b + \delta b = \begin{pmatrix} b_1 + \delta b_1 \\ b_2 + \delta b_2 \\ \vdots \\ b_m + \delta b_m \end{pmatrix}$$

为扰动后的常数向量.

研究扰动问题，着眼于扰动矩阵或向量的元素的模 (实数时为绝对值) 小的情形，当这些模很小时，称对应的扰动为微小扰动.

一个数字 a 为一阶矩阵，数字的扰动 δa 也是数字.

当数字 a 为函数 f 的定义域的聚点 (不一定属于其定义域) 时，a 的小扰动引出 f 大变化的结果，往往产生于 a 为破坏 f 一致连续性的点的事实，例如，$a=0$ 为破坏函数 $y=\dfrac{1}{x}$ 一致连续性的点，0.00002 与 0.00001 差别不大，但它们的倒数 200000 与 100000 相差 10 万，而 100.1 和 100.2 差别很小，它们的倒数也差别很小.

什么原因呢？原因在于 0.00002 与 0.00001 靠近 0，而 100.1 和 100.2 却远离 0.

直接针对 $y=\dfrac{1}{x}$，0 点小扰动产生函数大变化的结果，用更为易于接受的语言说，源于分数中的分母向 0 靠近一点，分数值就会发生巨大变化的现象.

这一事实的原理，适用于线性方程组情形.

比如，线性方程组

$$\begin{pmatrix} 1 & 0.99 \\ 0.99 & 0.98 \end{pmatrix}\begin{pmatrix} x_1 \\ x_2 \end{pmatrix}=\begin{pmatrix} 1 \\ 1 \end{pmatrix}$$

的精确解为 $x_1=100, x_2=-100$，但若系数矩阵加扰动

$$\begin{pmatrix} 0 & 0 \\ 0 & 0.01 \end{pmatrix},$$

常数向量加扰动

$$\begin{pmatrix} 0 & 0 \\ 0 & 0.001 \end{pmatrix},$$

则得线性方程组

$$\begin{pmatrix} 1 & 0.99 \\ 0.99 & 0.99 \end{pmatrix}\begin{pmatrix} x_1 \\ x_2 \end{pmatrix}=\begin{pmatrix} 1 \\ 1.001 \end{pmatrix},$$

其精确解为 $x_1=-0.1, x_2=1.1111$.

这两个方程组看起来差不多，解的结果却相差巨大.

什么原因呢？原因在于方程组的系数矩阵接近于秩为 1 而行列式等于 0 的不可逆矩阵

$$\begin{pmatrix} 1 & 1 \\ 1 & 1 \end{pmatrix},$$

方程组接近于

$$\begin{pmatrix} 1 & 1 \\ 1 & 1 \end{pmatrix}\begin{pmatrix} x_1 \\ x_2 \end{pmatrix}=\begin{pmatrix} 1 \\ 1 \end{pmatrix},$$

这个方程组实为一个方程

$$x_1 + x_2 = 1,$$

该方程有无穷个解，其通解为

$$x = \begin{pmatrix} x_1 \\ x_2 \end{pmatrix} = \begin{pmatrix} 0 \\ 1 \end{pmatrix} + k \begin{pmatrix} 1 \\ -1 \end{pmatrix}, \quad k \in \mathbf{C},$$

取 $k = 100$，就得到

$$x = \begin{pmatrix} x_1 \\ x_2 \end{pmatrix} = \begin{pmatrix} 100 \\ -99 \end{pmatrix},$$

结果与加扰动前方程组的解接近；取 $k = -0.1$，就得到

$$x = \begin{pmatrix} x_1 \\ x_2 \end{pmatrix} = \begin{pmatrix} -0.1 \\ 1.1 \end{pmatrix},$$

结果与加扰动后方程组的解接近.

如此一来，结果就变得不怎么令人奇怪了.

总之，0 是可怕的数字，对接近于 0 的东西要特别小心.

面对不稳定的状态，我们首先要认识，要知道，并找到引起不稳定的原因，进而回避与克服，研究矩阵扰动问题是重要的.

6.1.2 方程个数与自变量个数相同时线性方程组的扰动

设有线性方程组

$$\begin{cases} a_{11}x_1 + a_{12}x_2 + \cdots + a_{1n}x_n = b_1, \\ a_{21}x_1 + a_{22}x_2 + \cdots + a_{2n}x_n = b_2, \\ \qquad \cdots\cdots \\ a_{n1}x_1 + a_{n2}x_2 + \cdots + a_{nn}x_n = b_n, \end{cases} \tag{6.2}$$

其系数矩阵和常数向量分别为

$$A = \begin{pmatrix} a_{11} & a_{12} & \cdots & a_{1n} \\ a_{21} & a_{22} & \cdots & a_{2n} \\ \vdots & \vdots & & \vdots \\ a_{n1} & a_{n2} & \cdots & a_{nn} \end{pmatrix}, \quad b = \begin{pmatrix} b_1 \\ b_2 \\ \vdots \\ b_n \end{pmatrix},$$

设 $x = (x_1, x_2, \cdots, x_n)^{\mathrm{T}}$，则上述线性方程组成为

$$Ax = b.$$

下面针对系数行列式为 n 阶可逆方阵的情形，讨论系数矩阵的扰动带来解的变化问题与解决方法.

回顾行列式的计算：A 的行列式

$$|A|=\begin{vmatrix} a_{11} & a_{12} & \cdots & a_{1n} \\ a_{21} & a_{22} & \cdots & a_{2n} \\ \vdots & \vdots & & \vdots \\ a_{n1} & a_{n2} & \cdots & a_{nn} \end{vmatrix}=\sum(-1)^t a_{1q_1}a_{2q_2}\cdots a_{nq_n},$$

其中 $q_1,q_2,\cdots,q_n$ 为 $1,2,\cdots,n$ 的排列，t 为该排列的逆序数，$\sum$ 对所有这样的排列求和. 行列式的元素共有 n^2 个，在各元素取复数值的情况下，n 阶行列式是取值于复数集 $\mathbf{C}$ 而定义域为 $\mathbf{C}^{n^2}$ 的函数.

与前面一样，$\mathbf{C}^{n^2}$ 是一个 n^2 维的线性空间，在其上可以定义无穷多种范数，常见的有 1 范数、2 范数、p 范数、无穷范数，由于在有限维空间上任何范数都是等价的，故依任何一种范数定义的函数的连续性，与依其余范数定义的连续性都是一样的，故可以不论 $\mathbf{C}^{n^2}$ 上的范数是哪一种，笼统说其上定义的函数连续或不连续. 但有时需要在 $\mathbf{C}^{n^2}$ 上确定一种范数，以适应计算和行文的需要，本节中，若无特别指出，都假定 $\mathbf{C}^{n^2}$ 上给定了 2 范数.

行列式 $|A|$ 共有 $n!$ 项，每项除了符号外都是行列式 $|A|$ 的元素亦即 A 的元素的乘积，即单项式. 每个元素 a_{ij} 都是所有元素包括自身的连续函数，故每一项都是连续函数的乘积，也为连续函数，行列式是有限个这样的项的和，即为多项式，仍为连续函数.

连续函数具有保号性，即当连续函数在一点的值大 (小) 于 0，则存在该点的一个开邻域，在该邻域每点函数值都大 (小) 于 0，所以，若一个行列式不为 0，则只要各元素扰动的模 (即复数的模或实数的绝对值) 充分小，都可使行列式的值变化不大，扰动不会改变相应线性方程组的可解性，也不会剧烈改变解的数值.

如前所述，$|A|$ 的每一项即单项式除了正负外均为 A 的 n 个元素的乘积，尽管其中每个元素的次数为 1，但仍为 n 次多项式. $|A|$ 的所有 $n!$ 个项都是 n 次的，即 $|A|$ 的项的次数是整齐的，所以 $|A|$ 是一个齐次多项式.

$|A|$ 的单项式当所有元素取值 0 时值为 0，故由其连续性知，当这些元素趋于 0 时，此项趋于 0，此项趋于 0 的速度与其中趋于 0 的元素个数正相关，因此，若 A 的所有元素趋于 0，$|A|$ 必趋于 0.

但是，与一元多项式完全不同，一个 n 次多元多项式的 0 点可能有无穷多个，而不是和一元多项式一样只有 n 个. 例如，xy 为一个 2 元 2 次多项式，2 元点 $(0,k)$ 当 k 为任意复数时都是此多项式的 0 点，即 $0k=0$，因此，n^2 元 n 次齐次多项式 $|A|$ 的 0 点的情况十分复杂. 一个 1 元 n 次齐次多项式即形如 ax^n 的单项式，只有当 $x=0$

时其值为 0，故只有当 $x \to 0$ 时此单项式的极限为 0. 但对 $|A|$，可能在许多非 0 点处的值为 0，从而可能在许多非 0 点处的极限为 0. 例如，

$$\begin{vmatrix} 1 & 1 \\ 1 & 1 \end{vmatrix} = 0,$$

而 $2^2 = 4$ 维点 $(1,1,1,1)$ 并不是 4 维空间的 0.

如此，A 的许多元素取某些非 0 数时，都可以使 $|A|$ 为 0，当 A 的元素趋于这些非 0 数时，$|A|$ 趋于 0 而 $\dfrac{1}{|A|}$ 趋于 ∞.

针对线性方程组 (6.2)，设

$$A_1 = \begin{pmatrix} b_1 & a_{12} & \cdots & a_{1n} \\ b_2 & a_{22} & \cdots & a_{2n} \\ \vdots & \vdots & & \vdots \\ b_n & a_{n2} & \cdots & a_{nn} \end{pmatrix}, A_2 = \begin{pmatrix} a_{11} & b_1 & \cdots & a_{1n} \\ a_{21} & b_2 & \cdots & a_{2n} \\ \vdots & \vdots & & \vdots \\ a_{n1} & b_n & \cdots & a_{nn} \end{pmatrix},$$

$$\cdots, A_n = \begin{pmatrix} a_{11} & a_{12} & \cdots & b_1 \\ a_{21} & a_{22} & \cdots & b_2 \\ \vdots & \vdots & & \vdots \\ a_{n1} & a_{n2} & \cdots & b_n \end{pmatrix},$$

则由 Cramer 法则知 (6.1) 的解为

$$x = \begin{pmatrix} x_1 \\ x_2 \\ \vdots \\ x_n \end{pmatrix} = \begin{pmatrix} \dfrac{|A_1|}{|A|} \\ \dfrac{|A_2|}{|A|} \\ \vdots \\ \dfrac{|A_n|}{|A|} \end{pmatrix}.$$

为了确定起见，不妨取 $|A|$ 和 $|A_1|$ 进行讨论.

(1) 若 $|A|$ 的模较大，则经过 A 的微小扰动 δA 及 b 的微小扰动 δb，所得方程组 $(A+\delta A)x = b+\delta b$ 的可解性不变，即仍然可解，其解也不会发生大的改变；

(2) 假定 $|A|$ 值为很小的正数，比如为 0.02，而 $|A_1|$ 为比较大的正数，比如为 200，经过 A 及 b 的微小扰动，$|A|$ 变为 $|A'| = 0.01$，$|A_1|$ 变为 $|A_1'| = 202$，则扰动前 $x_1 = 10000$，扰动后 $x_1' = 20200$，这是一个难以接受的变化.

什么原因呢？原因在于当本来就接近于 0 的分母向 0 靠近一点时，大分子的分数值会极度地增大.

从另一个角度看，当 $|A|$ 值为很小的正数而 $|A_1|$ 为比较大的正数时，方程组 (6.2) 的增广矩阵

$$A' = \begin{pmatrix} a_{11} & a_{12} & \cdots & a_{1n} & b_1 \\ a_{21} & a_{22} & \cdots & a_{2n} & b_2 \\ \vdots & \vdots & & \vdots & \vdots \\ a_{n1} & a_{n2} & \cdots & a_{nn} & b_n \end{pmatrix}$$

的秩必为 n，但系数矩阵 A 的秩却因 $|A|$ 的值接近于 0 而“接近于”不是 n，因此该方程组“接近于”不可解.

当然，对 x_2, x_3 等，也可能发生同样的情况. 我们称这种 $|A|$ 的模 (绝对值) 小而某些 $|A_i|$ 模大的线性方程组 (6.2) 为不稳定方程组.

有一个概念本来应该明确：关于大小的界定. 什么是 $|A|$ 的模小，什么是 $|A_i|$ 的模大？但是，大小的概念在此没办法明确，只能根据实际问题的情况、计算方法的选取和计算机精度与速度即时确定. 例如，在购买商品时，我们说 1 分钱是小钱，1 百万元是大钱，估计不会有人认为不妥，也不需要给出什么是大钱小钱的定义，如果此时有人非要从严格的数学观点出发给出这样的定义，相信一定会被认为是无聊的举动. 数学显示和承载着方法、应用、文化和创新多种方面和功能，面对不同的方面和功能，必须有不同的要求，一概严格和一概不明确都是不妥的.

如何处理不稳定方程组？也要根据情况而定，一般做法是：提高计算精度，尽量减小扰动，不推荐的做法是：武断接受扰动带来的方程组的解和不可解的结果.

6.1.3　齐次线性方程组的扰动

设有齐次线性方程组

$$\begin{cases} a_{11}x_1 + a_{12}x_2 + \cdots + a_{1n}x_n = 0, \\ a_{21}x_1 + a_{22}x_2 + \cdots + a_{2n}x_n = 0, \\ \qquad\cdots\cdots \\ a_{m1}x_1 + a_{m2}x_2 + \cdots + a_{mn}x_n = 0, \end{cases} \tag{6.3}$$

其系数矩阵为

$$A = \begin{pmatrix} a_{11} & a_{12} & \cdots & a_{1n} \\ a_{21} & a_{22} & \cdots & a_{2n} \\ \vdots & \vdots & & \vdots \\ a_{m1} & a_{m2} & \cdots & a_{mn} \end{pmatrix},$$

设 $x = (x_1, x_2, \cdots, x_n)^{\mathrm{T}}$，则上述线性方程组成为

$$Ax = 0.$$

齐次线性方程组一定有解 $x=0$，其有唯一解的充要条件为 A 的秩为 n，有无穷多解的充要条件为 A 的秩小于 n. 为讨论简单起见，设 $m=n$

根据前面的讨论，齐次线性方程组发生边缘问题必由 A 的所有 n 阶子式接近或等于 0 引起.

(1) 当 $|A|$ 的绝对值大时，则对 A 的微小扰动 δA，所得方程组 $(A+\delta A)x=0$ 的可解性不变，即仍然只有唯一解 $x=0$；

(2) 当 $|A|$ 的绝对值小但不为 0 时，$Ax=0$ 有唯一解 $x=0$，当 A 发生扰动 δA 时，若 $A+\delta A$ 的秩为 n，则 $(A+\delta A)x=0$ 有唯一解 $x=0$；

(3) 当 $|A|$ 的绝对值小但不为 0 时，若 $A+\delta A$ 的秩小于 n，则 $(A+\delta A)x=0$ 有无穷多组解，通过选择通解中的自由变量，存在解接近于 $Ax=0$ 的解 $x=0$；

(4) 设 $|A|=0$，此时，$Ax=0$ 有无穷多组解. 当 A 发生扰动 δA 时，若 $A+\delta A$ 的秩为 n，则 $(A+\delta A)x=0$ 有唯一解 $x=0$，通过选择 $Ax=0$ 的通解中的自由变量，存在解接近于 $(A+\delta A)x=0$ 的解 $x=0$；

(5) 设 $|A|=0$，若 $A+\delta A$ 的秩小于 n，则 $(A+\delta A)x=0$ 有无穷多组解，其通解是否与 $Ax=0$ 的通解接近，可能情况较为复杂.

解决这种问题的方法，仍然是提高计算精度，尽量使产生的 A 的扰动小.

6.1.4 一般线性方程组的扰动

对一般线性方程组 (6.1)，设其增广矩阵为

$$A'=\begin{pmatrix} a_{11} & a_{12} & \cdots & a_{1n} & b_1 \\ a_{21} & a_{22} & \cdots & a_{2n} & b_2 \\ \vdots & \vdots & & \vdots & \vdots \\ a_{m1} & a_{m2} & \cdots & a_{mn} & b_m \end{pmatrix}.$$

(1) 设 A 与 A' 的秩相等，为 $r>0$，则 $Ax=b$ 可解.

① 设 A 与 A' 的 r 阶子式中分别存在模大的子式 $|A_0|$ 与 $|A_0'|$，则对 A 的微小扰动 δA 与 b 的微小扰动 δb，所得方程组 $(A+\delta A)x=b+\delta b$ 可解，其解与 $Ax=b$ 相差不大；

② A' 的 r 阶子式中存在模大的子式 $|A_0'|$，A 的 r 阶子式模都很小，则方程组 $Ax=b$ 不稳定；

③ 由于 A 的 r 阶子式皆为 A' 的子式，不存在 A 的 r 阶子式模大而 A' 的 r 阶子式模都很小的情况；

④ A' 的 r 阶子式与 A 的 r 阶子式模都很小，则方程组 $(A+\delta A)x=b+\delta b$ 情况复杂；

(2) 设 A 的秩 r 小于 A' 的秩 r'，则 $Ax=b$ 不可解.

① 设 A 的 r 阶子式中存在模大的子式 $|A_0|$，A' 的 r' 阶子式中存在模大的子式 $|A'_0|$，则对 A 的微小扰动 δA 与 b 的微小扰动 δb，所得方程组 $(A+\delta A)x=b+\delta b$ 仍不可解；

② 设 A 的 r 阶子式中存在模大的子式 $|A_0|$，A' 的 r' 阶子式模都很小，则对 A 的微小扰动 δA 与 b 的微小扰动 δb，所得方程组 $(A+\delta A)x=b+\delta b$ 可能出现复杂的情况，可能可解，也可能不可解；

③ 设 A 的 r 阶子式与 A' 的 r' 阶子式模都很小，则对 A 的微小扰动 δA 与 b 的微小扰动 δb，所得方程组 $(A+\delta A)x=b+\delta b$ 可能出现复杂的情况，可能可解，也可能不可解.

解决问题的方法，仍然是提高计算精度，尽量使产生的矩阵扰动小.

6.2 扰动估计

6.1 节讨论的内容集中于线性方程组，且分析与讨论的过程与结果是定性的，本节对线性方程组与矩阵，利用范数给出一些扰动的定量估计结果. 本节的结果无论从讨论的范围还是形式，都有很大的局限性，这是因为和矩阵相关的扰动估计研究，国际上从大约四十年前才开展起来，所以结果还不丰富，范围也不宽广，有待进一步发展.

6.2.1 线性方程组的扰动估计

线性方程组的扰动估计，仅限于针对方程个数与自变量个数相同且系数矩阵为可逆方阵的情形.

设 $A\in\mathbf{C}^{n\times n}$ 为可逆方阵，$b\in\mathbf{C}^n$ 为常数向量，$x\in\mathbf{C}^n$ 为未知向量，$\delta A,\delta b,\delta x$ 分别为三者的扰动，则线性方程组 (6.2) 即 $Ax=b$ 可解. 下列定理给出扰动后解的相对误差与 A,b 相对误差的关系.

定理 6.1　设 $\mathbf{C}^{n\times n}$ 上定义的矩阵范数相容 (定义 2.1)，且与 $\mathbf{C}^n$ 上定义的向量范数相容，即对任意 $A,B\in\mathbf{C}^{n\times n}$，$x\in\mathbf{C}^n$，

$$\|AB\|\leqslant\|A\|\|B\|,\quad \|Ax\|\leqslant\|A\|\|x\|.$$

又设 A 的行列式 $|A|\neq 0$，即 A 可逆而方程组 (6.2) 有解 $x=A^{-1}b$，则当

$$\|A^{-1}\|\|\delta A\|<1$$

时，线性方程组

$$(A+\delta A)(x+\delta x)=b+\delta b \tag{6.4}$$

有唯一解 $x+\delta x$，且

$$\frac{\|\delta x\|}{\|x\|} \leqslant \frac{\kappa(A)}{1-\kappa(A)\frac{\|\delta A\|}{\|A\|}}\left(\frac{\|\delta b\|}{\|b\|}+\frac{\|\delta A\|}{\|A\|}\right), \tag{6.5}$$

其中 $\kappa(A)=\|A\|\|A^{-1}\|$ 称为 A 的条件数.

证明 由于当 $|x|<1$ 时，

$$\frac{1}{1+x}=1-x+x^2-x^3+\cdots$$

收敛，又因 $\|A^{-1}\|\|\delta A\|<1$，则

$$I-A^{-1}\delta A+(A^{-1}\delta A)^2-(A^{-1}\delta A)^3+\cdots=(I+A^{-1}\delta A)^{-1}$$

收敛，故

$$(A+\delta A)^{-1}=(I+A^{-1}\delta A)^{-1}A^{-1}$$

存在，即 $A+\delta A$ 可逆，方程组 (6.4) 有唯一解 $x+\delta x$.

因 $x=A^{-1}b, x+\delta x=(A+\delta A)^{-1}(b+\delta b)$，故

$$\begin{aligned}
\delta x &= (A+\delta A)^{-1}(b+\delta b)-x \\
&= (A+\delta A)^{-1}b+(A+\delta A)^{-1}\delta b-x \\
&= (A+\delta A)^{-1}\delta b-x+(I+A^{-1}\delta A)^{-1}A^{-1}b \\
&= (A+\delta A)^{-1}\delta b-[I-(I+A^{-1}\delta A)^{-1}]x.
\end{aligned}$$

由于

$$\begin{aligned}
I &= (I+A^{-1}\delta A)^{-1}(I+A^{-1}\delta A), \\
&= (I+A^{-1}\delta A)^{-1}+(I+A^{-1}\delta A)^{-1}A^{-1}\delta A,
\end{aligned}$$

知

$$I-(I+A^{-1}\delta A)^{-1}=(I+A^{-1}\delta A)^{-1}A^{-1}\delta A,$$

故有

$$\delta x=(A+\delta A)^{-1}\delta b-(I+A^{-1}\delta A)^{-1}A^{-1}\delta Ax.$$

根据 d,e,f 为数字时的关系，有

$$\begin{aligned}|(d+e)^{-1}f| &= \left|\frac{f}{d+e}\right| = \left|\frac{f}{d(1+d^{-1}e)}\right| \\ &= |d^{-1}f[1-d^{-1}e+(d^{-1}e)^2-(d^{-1}e)^3+\cdots]| \\ &\leqslant |d^{-1}||f|[1+|d^{-1}e|+|d^{-1}e|^2+|d^{-1}e|^3+\cdots] \\ &= \frac{|d^{-1}||f|}{1-|d^{-1}e|},\end{aligned}$$

故

$$\|(A+\delta A)^{-1}\delta b\| \leqslant \frac{\|A^{-1}\|\|\delta b\|}{1-\|A^{-1}\delta A\|},$$

$$\|(I+A^{-1}\delta A)^{-1}A^{-1}\delta Ax\| \leqslant \frac{\|A^{-1}\delta A\|\|x\|}{1-\|A^{-1}\delta A\|},$$

由 $\|A^{-1}\delta A\| \leqslant \|A^{-1}\|\|\delta A\|$，得

$$\begin{aligned}\|\delta x\| &\leqslant \|(A+\delta A)^{-1}\delta b\| + \|(I+A^{-1}\delta A)^{-1}A^{-1}\delta Ax\| \\ &\leqslant \frac{\|A^{-1}\|\|\delta b\|}{1-\|A^{-1}\delta A\|} + \frac{\|A^{-1}\delta A\|\|x\|}{1-\|A^{-1}\delta A\|} \\ &\leqslant \frac{\|A^{-1}\|\|\delta b\|}{1-\|A^{-1}\delta A\|} + \frac{\|A^{-1}\|\|\delta A\|\|x\|}{1-\|A^{-1}\delta A\|} \\ &\leqslant \frac{\|A^{-1}\|\|x\|}{1-\|A^{-1}\|\|\delta A\|}\left(\frac{\|\delta b\|}{\|x\|}+\|\delta A\|\right).\end{aligned}$$

故由 $\|b\| \leqslant \|A\|\|x\|$, 有

$$\begin{aligned}\frac{\|\delta x\|}{\|x\|} &\leqslant \frac{\|A^{-1}\|}{1-\|A^{-1}\|\|\delta A\|}\left(\frac{\|\delta b\|}{\|x\|}+\|\delta A\|\right) \\ &\leqslant \frac{\|A\|\|A^{-1}\|}{1-\|A\|\|A^{-1}\|\dfrac{\|\delta A\|}{\|A\|}}\left(\frac{\|\delta b\|}{\|A\|\|x\|}+\frac{\|\delta A\|}{\|A\|}\right) \\ &\leqslant \frac{\kappa(A)}{1-\kappa(A)\dfrac{\|\delta A\|}{\|A\|}}\left(\frac{\|\delta b\|}{\|b\|}+\frac{\|\delta A\|}{\|A\|}\right).\end{aligned}$$

证毕.

注意 1：(6.4) 即 $(A+\delta A)(x+\delta x)=b+\delta b$ 是一个以 $x+\delta x$ 为欲解出的未知量的线性方程组，本来应写为 $(A+\delta A)x=b+\delta b$，写作 (6.4) 的形式，是为了反映当系数矩阵 A 加了扰动 δA，常数向量 b 加了扰动 δb 以后，原来的方程组的解 $x=A^{-1}b$ 发生了扰动 δx 的事实，以便后来对各个扰动的相对误差之间建立估计关系.

注意 2：由 (6.5) 知，若 $\kappa(A)$ 较大，则

$$1-\kappa(A)\frac{\|\delta A\|}{\|A\|}$$

较小而

$$\frac{\kappa(A)}{1-\kappa(A)\dfrac{\|\delta A\|}{\|A\|}}$$

很大，(6.5) 的估计作用失去了价值.

注意 3：本定理的结果如何应用呢？

相对误差表示量 a 在发生扰动 δa 后的变化幅度，一般以百分比表示，如数 200 加了扰动 2，则扰动的相对误差为 $\dfrac{2}{200}=1\%$，这就是说，变化的幅度为 1%. 众所周知，线性空间中的范数相当于数集中的模 (绝对值)，是衡量线性空间中元素“大小”的量，由于矩阵和向量不一定是数 (只有 1 阶数字矩阵和 1 维数字向量为数)，故反映矩阵和向量变化幅度大小即定义扰动的相对误差时只能用范数，如

$$\frac{\|\delta A\|}{\|A\|},\frac{\|\delta b\|}{\|b\|},\frac{\|\delta x\|}{\|x\|}$$

等. (6.5) 表明，在 A 的变化幅度为 $\dfrac{\|\delta A\|}{\|A\|}$，$b$ 的变化幅度为 $\dfrac{\|\delta b\|}{\|b\|}$ 时，解 x 的变化幅度 $\dfrac{\|\delta x\|}{\|x\|}$ 可通过 (6.5) 表示.

注意 4：6.1 节中，以系数矩阵 A 的行列式或子式为判断方程组的可解性、解的唯一性、解的稳定性的主要因素，而本定理则是以 A, A^{-1}, b 以及 $\delta A, \delta b$ 的范数为工具对解的相对误差进行估计的. 行列式虽为数值，但与范数没有太大关系. 例如，行列式为 0 的矩阵其范数不一定为 0，$|A||A^{-1}|=1$，而 $\|A\|\|A^{-1}\|$ 却不是常数. 虽然都是讨论线性方程组的扰动问题，但 6.1 节与本定理从不同角度，以不同工具进行讨论，两者不能相比.

例 6.1 对线性方程组

$$Ax=b, \tag{6.6}$$

其中

$$A=\begin{pmatrix}1 & 1\\ -1 & 1\end{pmatrix},\quad x=\begin{pmatrix}x_1\\ x_2\end{pmatrix},\quad b=\begin{pmatrix}1\\ 1\end{pmatrix},$$

加以扰动

$$\delta A=\begin{pmatrix}0.01 & 0.1\\ -0.02 & 0.2\end{pmatrix},\quad \delta b=\begin{pmatrix}0.01\\ -0.01\end{pmatrix},$$

给出解的相对误差估计.

解 首先通过关系

$$A^{-1}=\frac{1}{|A|}A^*$$

计算 A^{-1}.

$$
\begin{aligned}
&|A|=2,\quad A_{11}=(-1)^{1+1}(1)=1,\quad A_{12}=(-1)^{1+2}(-1)=1,\\
&A_{21}=(-1)^{2+1}(1)=-1,\quad A_{22}=(-1)^{2+2}(1)=1,\\
&A^*=\begin{pmatrix} A_{11} & A_{21}\\ A_{12} & A_{22}\end{pmatrix}=\begin{pmatrix} 1 & -1\\ 1 & 1\end{pmatrix},\\
&A^{-1}=\frac{1}{|A|}A^*=\frac{1}{2}\begin{pmatrix} 1 & -1\\ 1 & 1\end{pmatrix}.
\end{aligned}
$$

下面用 Cramer 法则求解方程 (6.6),

$$
|A_1|=\begin{vmatrix} 1 & 1\\ 1 & 1\end{vmatrix}=0,\quad |A_2|=\begin{vmatrix} 1 & 1\\ -1 & 1\end{vmatrix}=2,
$$

故

$$
x=\begin{pmatrix} x_1\\ x_2\end{pmatrix}=\begin{pmatrix} \dfrac{|A_1|}{|A|}\\ \dfrac{|A_2|}{|A|}\end{pmatrix}=\begin{pmatrix} 0\\ 1\end{pmatrix}.
$$

取 2 维向量范数为 ∞ 范数，故

$$
\begin{aligned}
&\|x\|=\max\{|x_1|,|x_2|\}=\max\{0,1\}=1,\\
&\|b\|=\max\{1,1\}=1,\\
&\|\delta b\|=\max\{|0.01|,|-0.01|\}=0.01,
\end{aligned}
$$

与 ∞ 范数相容的 2 阶方阵范数为行范数，故

$$
\begin{aligned}
&\|A\|=\max_{1\leqslant i\leqslant 2}\sum_{1\leqslant j\leqslant 2}|a_{ij}|=\max\{1+1,|-1|+1\}=2,\\
&\|A^{-1}\|=\max\left\{\frac{1}{2}+\left|-\frac{1}{2}\right|,\frac{1}{2}+\frac{1}{2}\right\}=1,\\
&\|\delta A\|=\max\{0.01+0.1,|-0.02|+0.2\}=0.22,\\
&\kappa(A)=\|A\|\|A^{-1}\|=2\times 1=2,\\
&\frac{\|\delta x\|}{\|x\|}\leqslant\frac{\kappa(A)}{1-\kappa(A)\dfrac{\|\delta A\|}{\|A\|}}\left(\frac{\|\delta b\|}{\|b\|}+\frac{\|\delta A\|}{\|A\|}\right)\\
&\qquad\leqslant\frac{2}{1-2\dfrac{0.22}{2}}\left(\frac{0.01}{1}+\frac{0.22}{2}\right)=\frac{4}{13}.
\end{aligned}
\tag{6.7}
$$

直接求解方程组 (6.4) 即

$$\left[\begin{pmatrix} 1 & 1 \\ -1 & 1 \end{pmatrix} + \begin{pmatrix} 0.01 & 0.1 \\ -0.02 & 0.2 \end{pmatrix}\right]\left[\begin{pmatrix} x_1 \\ x_2 \end{pmatrix} + \begin{pmatrix} \delta x_1 \\ \delta x_2 \end{pmatrix}\right]$$
$$= \begin{pmatrix} 1 \\ 1 \end{pmatrix} + \begin{pmatrix} 0.01 \\ -0.01 \end{pmatrix},$$

亦即

$$\begin{pmatrix} 1.01 & 1.1 \\ -1.02 & 1.2 \end{pmatrix}\begin{pmatrix} x_1+\delta x_1 \\ x_2+\delta x_2 \end{pmatrix} = \begin{pmatrix} 1.01 \\ 0.99 \end{pmatrix}$$

的解，得

$$\begin{pmatrix} x_1+\delta x_1 \\ x_2+\delta x_2 \end{pmatrix} = \begin{pmatrix} 0.0527 \\ 0.869 \end{pmatrix},$$

$$\begin{pmatrix} \delta x_1 \\ \delta x_2 \end{pmatrix} = \begin{pmatrix} 0.0527 \\ 0.869 \end{pmatrix} - \begin{pmatrix} x_1 \\ x_2 \end{pmatrix} = \begin{pmatrix} 0.0527 \\ 0.869 \end{pmatrix} - \begin{pmatrix} 0 \\ 1 \end{pmatrix} = \begin{pmatrix} 0.0527 \\ 0.131 \end{pmatrix},$$

知

$$\|\delta x\| = \max\{0.0527, 0.131\} = 0.131.$$

x 的相对误差为

$$\frac{\|\delta x\|}{\|x\|} = 0.131.$$

上述结果小于式 (6.7) 中的最后数字 $\frac{4}{13}$，这是自然的，因为式 (6.7) 是不等式，而上式是等式.

6.2.2 逆矩阵的扰动估计

设 $A \in \mathbf{C}^{n\times n}$ 为可逆矩阵，δA 为其扰动，本节讨论使扰动后的矩阵 $A+\delta A$ 为可逆矩阵的条件，并讨论在 $A+\delta A$ 为可逆矩阵的情况下其逆与 A^{-1} 的近似程度.

首先给出如下结论.

定理 6.2 设 $A, B \in \mathbf{C}^{n\times n}$ 均为可逆矩阵，$\|\cdot\|$ 为 $\mathbf{C}^{n\times n}$ 上的相容范数，则

$$\|B^{-1} - A^{-1}\| \leqslant \|A^{-1}\|\|B^{-1}\|\|B - A\|. \tag{6.8}$$

证明 由

$$B^{-1} - A^{-1} = A^{-1}(A - B)B^{-1}, \tag{6.9}$$

以及范数的相容性即得

$$\|B^{-1}-A^{-1}\| \leqslant \|A^{-1}\|\|(A-B)\|\|B^{-1}\| = \|A^{-1}\|\|B^{-1}\|\|B-A\|. \tag{6.10}$$

证毕.

对于非 0 数 a,b，有

$$b^{-1}-a^{-1} = \frac{1}{b}-\frac{1}{a} = \frac{a-b}{ab} = a^{-1}(a-b)b^{-1},$$
$$|b^{-1}-a^{-1}| = \frac{|a-b|}{|ab|} = |a^{-1}||a-b||b^{-1}|.$$

有关矩阵与算子的表达式，许多通过模仿数字的相似关系而得到.

(6.8) 通过 $\|A^{-1}\|,\|B^{-1}\|,\|B-A\|$ 估计 $\|B^{-1}-A^{-1}\|$，如果 $\|B-A\|$ 很小但 $\|A^{-1}\|,\|B^{-1}\|$ 很大，则尽管 A 与 B 很接近，由 (6.8) 得知 B^{-1} 与 A^{-1} 仍可能并不接近.

定理 6.3　设 $A\in \mathbf{C}^{n\times n}$ 为可逆矩阵，$\|\cdot\|$ 为 $\mathbf{C}^{n\times n}$ 上的相容范数，δA 为 A 的扰动且

$$\|A^{-1}\delta A\| < 1, \tag{6.11}$$

则 $A+\delta A$ 可逆且

$$\|(A+\delta A)^{-1}\| \leqslant \frac{\|A^{-1}\|}{1-\|A^{-1}\delta A\|}, \tag{6.12}$$

$$\frac{\|(A+\delta A)^{-1}-A^{-1}\|}{\|A^{-1}\|} \leqslant \frac{\|A^{-1}\delta A\|}{1-\|A^{-1}\delta A\|}. \tag{6.13}$$

证明　由于当 $|\lambda|<1$ 时，

$$\frac{1}{1+\lambda} = 1-\lambda+\lambda^2-\lambda^3+\cdots$$

收敛，故当 $\|A^{-1}\delta A\|<1$ 时，

$$(I+A^{-1}\delta A)^{-1} = I - A^{-1}\delta A + (A^{-1}\delta A)^2 - (A^{-1}\delta A)^3 + \cdots$$

存在，即 $I+A^{-1}\delta A$ 可逆，而

$$A+\delta A = A(I+A^{-1}\delta A),$$

故由

$$|A+\delta A| = |A||I+A^{-1}\delta A| \neq 0$$

知 $A+\delta A$ 可逆. 又

$$(A+\delta A)^{-1}=(I+A^{-1}\delta A)^{-1}A^{-1}, \tag{6.14}$$

则

$$\begin{aligned}&\|(A+\delta A)^{-1}\| \leqslant \|(I+A^{-1}\delta A)^{-1}\|\|A^{-1}\| \\ =&\|I-A^{-1}\delta A+(A^{-1}\delta A)^2-(A^{-1}\delta A)^3+\cdots\|\|A^{-1}\| \\ \leqslant&(\|I\|+\|A^{-1}\delta A\|+\|(A^{-1}\delta A)\|^2+\|(A^{-1}\delta A)\|^3+\cdots)\|A^{-1}\| \\ =&\frac{\|A^{-1}\|}{1-\|A^{-1}\delta A\|}.\end{aligned}$$

由于

$$(A+\delta A)^{-1}-A^{-1}=(I+A^{-1}\delta A)^{-1}A^{-1}-A^{-1}=[(I+A^{-1}\delta A)^{-1}-I]A^{-1},$$

再由

$$\begin{aligned}I&=(I+A^{-1}\delta A)^{-1}(I+A^{-1}\delta A) \\ &=(I+A^{-1}\delta A)^{-1}+(I+A^{-1}\delta A)^{-1}A^{-1}\delta A\end{aligned}$$

知

$$\begin{aligned}&I-(I+A^{-1}\delta A)^{-1}=(I+A^{-1}\delta A)^{-1}A^{-1}\delta A, \\ &\|I-(I+A^{-1}\delta A)^{-1}\| \leqslant \|(I+A^{-1}\delta A)^{-1}\|\|A^{-1}\delta A\|,\end{aligned}$$

从而

$$\begin{aligned}&\|(A+\delta A)^{-1}-A^{-1}\| \leqslant \|(I+A^{-1}\delta A)^{-1}-I\|\|A^{-1}\| \\ \leqslant&\|(I+A^{-1}\delta A)^{-1}\|\|A^{-1}\delta A\|\|A^{-1}\| \\ =&\|I-A^{-1}\delta A+(A^{-1}\delta A)^2-(A^{-1}\delta A)^3+\cdots\|\|A^{-1}\delta A\|\|A^{-1}\| \\ \leqslant&(1+\|A^{-1}\delta A\|+\|A^{-1}\delta A\|^2+\|A^{-1}\delta A\|^3+\cdots)\|A^{-1}\delta A\|\|A^{-1}\| \\ =&\frac{\|A^{-1}\delta A\|\|A^{-1}\|}{1-\|A^{-1}\delta A\|},\end{aligned}$$

即得

$$\frac{\|(A+\delta A)^{-1}-A^{-1}\|}{\|A^{-1}\|} \leqslant \frac{\|A^{-1}\delta A\|}{1-\|A^{-1}\delta A\|}.$$

证毕.

将 B 写作 $B=A+\delta A$, 则 $\delta A=B-A$, 由定理 6.2 知

$$\|(A+\delta A)^{-1}-A^{-1}\| \leqslant \|A^{-1}\|\|(A+\delta A)^{-1}\|\|\delta A\|,$$

即

$$\frac{\|(A+\delta A)^{-1}-A^{-1}\|}{\|A^{-1}\|} \leqslant \|(A+\delta A)^{-1}\|\|\delta A\|,$$

与定理 6.3 的结果不同.

以下定理中用到了 A 的条件数.

定理 6.4　设 $A \in \mathbf{C}^{n\times n}$ 为可逆矩阵，$\|\cdot\|$ 为 $\mathbf{C}^{n\times n}$ 上的相容范数，$\kappa(A) = \|A\|\|A^{-1}\|$ 为 A 的条件数，δA 为 A 的扰动，且

$$\|A^{-1}\|\|\delta A\| < 1, \tag{6.15}$$

则 $A+\delta A$ 可逆且

$$\frac{\|(A+\delta A)^{-1}-A^{-1}\|}{\|A^{-1}\|} \leqslant \frac{\kappa(A)\dfrac{\|\delta A\|}{\|A\|}}{1-\kappa(A)\dfrac{\|\delta A\|}{\|A\|}}. \tag{6.16}$$

证明留作习题.

在定理 6.3 与定理 6.4 中，$(A+\delta A)^{-1}-A^{-1}$ 可以记为 $\delta(A^{-1})$，于是 $(A+\delta A)^{-1} = A^{-1}+\delta(A^{-1})$，则

$$\frac{\|(A+\delta A)^{-1}-A^{-1}\|}{\|A^{-1}\|} = \frac{\delta(A^{-1})}{\|A^{-1}\|}$$

为 A^{-1} 经扰动 $\delta(A^{-1})$ 后的相对误差，定理 6.3 与定理 6.4 旨在对这个相对误差进行估计.

定理 6.3 与定理 6.4 并不是同一结果的不同形式，后者比前者的要求强. 在定理 6.3 中，要求 $\|A^{-1}\delta A\| < 1$，而在定理 6.4 中，却要求 $\|A^{-1}\|\|\delta A\| < 1$，由于假定矩阵范数是相容的，故永远有 $\|A^{-1}\delta A\| \leqslant \|A^{-1}\|\|\delta A\|$，因此从 $\|A^{-1}\|\|\delta A\| < 1$ 可以推出 $\|A^{-1}\delta A\| < 1$，但反之不一定.

不仅如此，从定理 6.3 的 (6.13) 不能推出当 $\|\delta A\|$ 趋于 0 时 $\|(A+\delta A)^{-1}-A^{-1}\|$ 趋于 0，因为 (6.13) 最后分式的分子是 $\|A^{-1}\delta A\|$，当 $\|\delta A\|$ 趋于 0 时，并不能保证 $\|A^{-1}\delta A\|$ 趋于 0; 而从定理 6.4 的 (6.16) 可以推出当 $\|\delta A\|$ 趋于 0 时 $\|(A+\delta A)^{-1}-A^{-1}\|$ 趋于 0.

在定理 6.4 中，A 的条件数 $\kappa(A)$ 的作用在于：若 $\kappa(A)$ 较大，当 $\|\delta A\|$ 趋于 0 时，$\|(A+\delta A)^{-1}-A^{-1}\|$ 趋于 0 的速度比 $\kappa(A)$ 较小时慢. 由此可以看出称 $\kappa(A)$ 为条件数的部分原因.

如何应用本节的结果？

有这样一个疑问：既然 A 及其扰动矩阵 δA 知道了，则可以直接讨论 $A+\delta A$，若其不可逆，则下面不必做什么，若可逆，则可直接求 $(A+\delta A)^{-1}$，进而计算

$$\frac{\|(A+\delta A)^{-1}-A^{-1}\|}{\|A^{-1}\|},$$

还有必要再给出诸如定理 6.3 与定理 6.4 所示的估计吗?

对此问题可做如下回答:

计算数学中有许多估计，可以这样说，凡是被估计的东西都是不容易直接计算的，都希望用相对易于计算的东西加误差代替之，这是建立估计关系最有价值的应用之一.

这一回答同时引出了本节结果的应用之一，现以定理 6.4 为例对此加以介绍:

由定理 6.4 知

$$\|(A+\delta A)^{-1}-A^{-1}\| \leqslant \frac{\kappa(A)\|A^{-1}\|\dfrac{\|\delta A\|}{\|A\|}}{1-\kappa(A)\dfrac{\|\delta A\|}{\|A\|}},$$

当 $\|\delta A\|$ 很小时，

$$(A+\delta A)^{-1} \approx A^{-1}+\frac{\kappa(A)\|A^{-1}\|(\|A\|)^{-1}}{1-\kappa(A)\dfrac{\|\delta A\|}{\|A\|}}\delta A.$$

由此可以对 $(A+\delta A)^{-1}$ 进行近似计算.

在不需要计算 $(A+\delta A)^{-1}$ 但需要知道因 A 加了扰动 δA 以后引起 A^{-1} 扰动的误差和相对误差时，定理 6.3 与定理 6.4 给出的估计也是有价值的.

习 题 6

1. 讨论线性方程组

$$\begin{pmatrix} 1 & 0.99 & 1.01 \\ 0.99 & 1 & 1.02 \\ 1 & 0.98 & 1.02 \end{pmatrix}\begin{pmatrix} x_1 \\ x_2 \\ x_3 \end{pmatrix}=\begin{pmatrix} 1 \\ 1 \\ 1 \end{pmatrix}$$

的稳定性.

2. 对线性方程组

$$Ax=b, \tag{6.17}$$

其中

$$A=\begin{pmatrix} -1 & 1 \\ -1 & -1 \end{pmatrix},\quad x=\begin{pmatrix} x_1 \\ x_2 \end{pmatrix},\quad b=\begin{pmatrix} -1 \\ -1 \end{pmatrix},$$

加以扰动

$$\delta A=\begin{pmatrix}-0.01 & -0.1\\ 0.01 & 0.02\end{pmatrix},\quad \delta b=\begin{pmatrix}0.01\\ -0.01\end{pmatrix},$$

给出解的相对误差估计.

3. 设

$$A=\begin{pmatrix}2 & 1\\ 1 & 3\end{pmatrix},\quad \delta A=\begin{pmatrix}0.01 & -0.1\\ 0.05 & -0.01\end{pmatrix},$$

试估计

$$\frac{\|(A+\delta A)^{-1}-A^{-1}\|}{\|A^{-1}\|}.$$

4. 设

$$A=\begin{pmatrix}1 & 2\\ 3 & 4\end{pmatrix},\quad \delta A=\begin{pmatrix}0.01 & 0.1\\ 0.03 & 0.02\end{pmatrix},$$

利用

$$(A+\delta A)^{-1}\approx A^{-1}+\frac{\kappa(A)\|A^{-1}\|(\|A\|)^{-1}}{1-\kappa(A)\dfrac{\|\delta A\|}{\|A\|}}\delta A,$$

近似计算 $(A+\delta A)^{-1}$.

5. 证明定理 6.4.

第 7 章　广　义　逆

广义逆即广义逆矩阵，是逆矩阵概念的推广.

在线性代数中，逆矩阵具有重要的意义和价值，如可以通过逆矩阵直接给出一类线性方程组的解. 但是，只有行列数相同且行列式不为 0 的方阵才有对应的逆矩阵，逆矩阵对矩阵的要求严苛，应用受限.

广义逆理论表明，任何非 0 矩阵都有广义逆，通过不同类型的广义逆，可以给出任何可解线性方程组的解，在解有无穷多时给出其中 2 范数最小的解，给出不可解方程组的最小二乘解，在最小二乘解有无穷多时给出其中 2 范数最小的解. 可见利用广义逆，把可解与不可解的两类线性方程组统一在一个模式下进行考虑，单从数学角度看，广义逆的结果也是优美的.

在应用中，由于广义逆的计算有确定的方法，易于编制程序而通过计算机进行计算，所以较之于消去法，更容易通过广义逆使用计算机求解线性方程组，广义逆的应用价值也是明显的.

7.1　广义逆 A^-

广义逆有多种，一般按用途划分种类，而用途的区别又导致赋予广义逆的条件的区别.

A^- 是条件最少的广义逆，其用途是给出可解线性方程组的一般解.

7.1.1　广义逆概念的引出与 A^- 的定义

设

$$AX = b \tag{7.1}$$

为可解线性方程组，其中 $A \in \mathbf{C}^{m\times n}$ 为系数矩阵，$X \in \mathbf{C}^n$ 为待解出的未知向量，$b \in \mathbf{C}^m$ 为常数向量. 既然方程组 $AX = b$ 是可解的，故存在 $X \in \mathbf{C}^n$，使式 $AX = b$ 成立. 如此，若将 A 看作 $\mathbf{C}^n$ 到 $\mathbf{C}^m$ 的线性变换，$R(A)$ 为对所有 $X \in \mathbf{C}^n$，经 A 变换后所得的 $\mathbf{C}^m$ 中元的集合，即

$$R(A) = \{AX : X \in \mathbf{C}^n\}, \tag{7.2}$$

称为 A 的值域，则 b 必须在其中，即 $b \in R(A)$.

注意：为了与大多数参考资料中广义逆部分所用符号一致，上述未知向量使用大写字母 X，而不是与前面一些章节中一样使用小写字母 x.

若在式 $AX=b$ 中，$m=n, |A|\neq 0$，则 A 可逆，方程组 $AX=b$ 必有唯一解，且解为

$$X=A^{-1}b.$$

由逆矩阵的定义知

$$AA^{-1}=A^{-1}A=I, \quad AA^{-1}A=AI=A.$$

于是提出两个问题：

其一，对一般矩阵 A，在 $AX=b$ 可解的情况下，是否存在类似于 A^{-1} 的矩阵 G，使 $AX=b$ 的解表示为 $X=Gb$?

其二，对此 G，是否也有 $AG=GA=I, AGA=A$?

如果这样的 G 或减掉一些条件的 G 存在，则逆矩阵的概念便得到了推广，可称其为 A 的广义逆.

下列结果在广义逆理论中具有决定性的意义.

当 A 为 0 矩阵时，若 b 为 0 向量，则任何 n 维向量都是方程组 $AX=b$ 的解，若 b 不为 0 向量，则任何 n 维向量都不是方程组 $AX=b$ 的解，故研究这样的方程组并对 0 矩阵讨论逆没有意义，所以若不加说明，以下矩阵皆为非 0 矩阵.

定理 7.1　存在矩阵 $G\in \mathbf{C}^{n\times m}$，对任意 $b\in R(A)$，使 $X=Gb$ 是可解方程组 $AX=b$ 的解的充要条件是

$$AGA=A. \tag{7.3}$$

证明　必要性. 设存在矩阵 $G\in \mathbf{C}^{n\times m}$，对任意 $b\in R(A)$，使 $X=Gb$ 是可解方程组 $AX=b$ 的解.

对任意 $Z\in \mathbf{C}^{n}$，令 $b=AZ$，则 $b\in R(A)$，对此 b，因 $X=Gb$ 是 $AX=b$ 的解，故

$$AGb=b,$$

将 $b=AZ$ 代入即得

$$AGAZ=AZ.$$

因为 $Z\in \mathbf{C}^{n}$ 是任意的，故得 $AGA=A$.

充分性. 设存在矩阵 $G\in \mathbf{C}^{n\times m}$，使 $AGA=A$.

任给 $b \in R(A)$，则存在 $Z \in \mathbf{C}^n$，使 $AZ = b$. 因为 $AGA = A$ ，故等式两边右乘 Z 得 $AGAZ = AZ$ ，将其中 AZ 换作 b 得 $AGb = b$，这说明 $X = Gb$ 为方程组 $AX = b$ 的解. 证毕.

注意 1：当 $m = n, |A| \neq 0$ 时，对任意 n 维向量 b，方程组 $AX = b$ 有唯一解 $X = A^{-1}b$，其中的 A^{-1} 仅与 A 有关，而与 b 无关. 本定理中的 G 也是一样，仅与 A 有关，与 b 无关.

注意 2：数学中的证明，等量代换是最有力的工具，等量之间换来换去，最后换到需要的形式为止. 这一特点在本章定理的证明中表现得尤为突出.

定义 7.1 设 $A \in \mathbf{C}^{m\times n}$，若存在矩阵 $G \in \mathbf{C}^{n\times m}$，满足条件 1°：

$$AGA = A,$$

则称 G 为 A 的广义逆或 g 逆，记为 A^-.

注意：以上仅给出了条件 1°，以后还会有别的条件，例如 2°, 3°, 4°.

7.1.2 A^- 的存在性与求法

若 A 为可逆方阵，则 A^{-1} 存在且 $AA^{-1}A = A$，A^{-1} 为 A 的一个 g 逆，这就是说，对于可逆方阵来说，g 逆一定存在，那么，其余矩阵的 g 逆是否一定存在呢？

下列定理表明，任意非 0 矩阵 A 都有 g 逆 A^-，定理的证明是构造性的，因而给出了 A^- 的求法.

定理 7.2 对任意非 0 矩阵 $A = (a_{ij})_{m\times n} \in \mathbf{C}^{m\times n}$，都存在 g 逆 $A^- \in \mathbf{C}^{n\times m}$.

证明 (1) A 为行 (列) 满秩，即 $r = \text{rank}A = m \leqslant n (r = \text{rank}A = n \leqslant m)$. 不妨设 A 为行满秩，则若 X 为齐次线性方程组

$$AX = 0 \tag{7.4}$$

的解，则上式两边同时左乘 $\overline{A}^{\text{T}}$，其中 $\overline{A}^{\text{T}}$ 为 A 的共轭转置，$\overline{A} = (\overline{a}_{ij})_{m\times n}$ 为 A 中元素的共轭组成的矩阵，$\overline{A}^{\text{T}} = (\overline{a}_{ji})_{n\times m}$，故有

$$\overline{A}^{\text{T}}AX = \overline{A}^{\text{T}}0 = 0,$$

知 X 也为齐次线性方程组

$$\overline{A}^{\text{T}}AX = 0 \tag{7.5}$$

的解. 反之，若 X 为 (7.5) 的解，则式 (7.5) 两边同时左乘 X^{T} 得

$$\overline{X}^{\text{T}}\overline{A}^{\text{T}}AX = \overline{X}^{\text{T}}0 = 0,$$

亦即

$$\overline{AX}^{\mathrm{T}}AX = 0,$$
$$\langle AX, AX\rangle = 0,$$
$$\|AX\|_2^2 = 0,$$

其中 $\|\cdot\|_2$ 为 $\mathbf{C}^m$ 中的 2 范数. 由范数性质知 $AX=0$ 为 $\mathbf{C}^m$ 中的 0 元素.

由此知 X 也为 (7.4) 的解. 总之，齐次线性方程组 (7.4) 与 (7.5) 解相同，故这两个齐次线性方程组系数矩阵秩相同，由此可知 $r = \mathrm{rank}A = \mathrm{rank}A\overline{A}^{\mathrm{T}} = m$，$A\overline{A}^{\mathrm{T}}$ 为 m 阶满秩方阵，故可逆，$(A\overline{A}^{\mathrm{T}})^{-1}$ 存在，

$$A\overline{A}^{\mathrm{T}}(A\overline{A}^{\mathrm{T}})^{-1} = I. \tag{7.6}$$

令

$$A_R^- = \overline{A}^{\mathrm{T}}(A\overline{A}^{\mathrm{T}})^{-1}, \tag{7.7}$$

则由 (7.6) 知

$$\begin{aligned} AA_R^- &= A\overline{A}^{\mathrm{T}}(A\overline{A}^{\mathrm{T}})^{-1} = I, \\ AA_R^-A &= IA = A, \end{aligned} \tag{7.8}$$

A_R^- 满足 1°，故为 A 的一个 g 逆.

同理，若 A 为列满秩，则 $\overline{A}^{\mathrm{T}}A$ 为 n 阶满秩方阵，令

$$A_L^- = (\overline{A}^{\mathrm{T}}A)^{-1}\overline{A}^{\mathrm{T}}, \tag{7.9}$$

则

$$\begin{aligned} A_L^-A &= (\overline{A}^{\mathrm{T}}A)^{-1}\overline{A}^{\mathrm{T}}A = I, \\ AA_L^-A &= AI = A, \end{aligned} \tag{7.10}$$

A^- 满足 1°，故为 A 的一个 g 逆.

(2) A 既非行满秩，也非列满秩，即 $0 < r = \mathrm{rank}A < \min\{m, n\}$.

对 A 进行一系列行列初等变换，得

$$PAQ = \begin{pmatrix} A_r & 0 \\ 0 & 0 \end{pmatrix},$$

其中 P 为一系列 m 阶初等矩阵的乘积，Q 为一系列 n 阶初等矩阵的乘积，A_r 为 r 解可逆方阵. 故

$$A = P^{-1}\begin{pmatrix} A_r & 0 \\ 0 & 0 \end{pmatrix}Q^{-1} = P^{-1}\begin{pmatrix} A_r \\ 0 \end{pmatrix}(I_r, 0)Q^{-1},$$

其中 I_r 为 r 阶单位矩阵.

令

$$C=P^{-1}\begin{pmatrix} A_r \\ 0 \end{pmatrix},\quad D=(I_r,0)Q^{-1},$$

则 C 为列满秩，D 为行满秩，且 $A=CD$.

由 (1) 的证明，存在 C 的 g 逆 C_L^- 使 $C_L^-C=I_r$，D 的 g 逆 D_R^- 使 $DD_R^-=I_r$，令

$$A^-=D_R^-C_L^-, \tag{7.11}$$

则

$$AA^-A=CDD_R^-C_L^-CD=CI_rI_rD=CD=A,$$

A^- 满足 1°，故为 A 的一个 g 逆. 证毕.

例 7.1 设

$$A=\begin{pmatrix} -1 & 0 & 1 \\ 0 & 1 & 2 \end{pmatrix},$$

求 A 的一个 g 逆.

解 由于

$$\begin{vmatrix} -1 & 0 \\ 0 & 1 \end{vmatrix}=-1\neq 0,$$

故 A 的秩为 2，A 为行满秩. A 的一个 g 逆为 $A^-=A_R^-=\overline{A}^{\mathrm{T}}(A\overline{A}^{\mathrm{T}})^{-1}$. 因此

$$\begin{aligned}
A^-&=\begin{pmatrix} -1 & 0 \\ 0 & 1 \\ 1 & 2 \end{pmatrix}\left[\begin{pmatrix} -1 & 0 & 1 \\ 0 & 1 & 2 \end{pmatrix}\begin{pmatrix} -1 & 0 \\ 0 & 1 \\ 1 & 2 \end{pmatrix}\right]^{-1}\\
&=\begin{pmatrix} -1 & 0 \\ 0 & 1 \\ 1 & 2 \end{pmatrix}\begin{pmatrix} 2 & 2 \\ 2 & 5 \end{pmatrix}^{-1}=\begin{pmatrix} -1 & 0 \\ 0 & 1 \\ 1 & 2 \end{pmatrix}\begin{pmatrix} \frac{5}{6} & -\frac{1}{3} \\ -\frac{1}{3} & \frac{1}{3} \end{pmatrix}\\
&=\begin{pmatrix} -\frac{5}{6} & -\frac{1}{3} \\ -\frac{1}{3} & \frac{1}{3} \\ \frac{1}{6} & \frac{1}{3} \end{pmatrix}.
\end{aligned}$$

7.1.3　A^- 的一般表达式与性质

上面提到 A 的具体 g 逆，总说是 A 的一个 g 逆，例如，A^- 是 A 的一个 g 逆. 难道对给定的非 0 矩阵 A，会有一个以上 g 逆吗?

定理 7.3　对任意非 0 矩阵 $A=(a_{ij})_{m\times n}\in \mathbf{C}^{m\times n}$，设 $A^-\in \mathbf{C}^{n\times m}$ 为其一个 g 逆，则对任意 $E,F\in \mathbf{C}^{n\times m}$，

$$G=A^-+E(I_m-AA^-)+(I_n-A^-A)F \tag{7.12}$$

皆为 A 的 g 逆；A 的任意一个 g 逆皆可表为 (7.12) 的形式，即式 (7.12) 是 A 的 g 逆的一般表达式.

证明　对任意 $E,F\in \mathbf{C}^{n\times m}$，

$$\begin{aligned}AGA&=A[A^-+E(I_m-AA^-)+(I_n-A^-A)F]A\\&=AA^-A+AE(I_m-AA^-)A+A(I_n-A^-A)FA\\&=AA^-A+AE(A-AA^-A)+(A-AA^-A)FA\\&=AA^-A=A,\end{aligned}$$

即 G 为 A 的 g 逆.

对于 A 的任意一个 g 逆 G_1，令 $E=G_1-A^-,F=G_1AA^-$, 则

$$\begin{aligned}&A^-+(G_1-A^-)(I_m-AA^-)+(I_n-A^-A)G_1AA^-\\=&A^-+G_1(I_m-AA^-)-A^-(I_m-AA^-)+G_1AA^--A^-AG_1AA^-\\=&A^-+G_1-G_1AA^--A^-+A^-AA^-+G_1AA^--A^-AG_1AA^-\\=&G_1+A^-AA^--A^-AG_1AA^-\\=&G_1+A^-AA^--A^-AA^-\\=&G_1.\end{aligned}$$

证毕.

将满足条件 1° 的 g 逆构成的集合记为 $A\{1\}$.

在式 (7.12) 中，有三个可变因素，其一为 A^-，这是因为我们仅知道 A^- 为 A 的一个 g 逆，但没有说 A^- 是哪个 g 逆，这个 g 逆换为别的 g 逆都是可以的；其二为 E；其三为 F. 但众所周知，可逆方阵的逆 A^{-1} 只有一个，那么，对可逆方阵来说，除了逆 A^{-1} 外还有别的 g 逆吗? 这一问题留作习题.

关于 A^- 的性质，或即 A^- 满足的关系，可以列出许多，以下给出后文用到的一些性质.

定理 7.4　设 A^- 为 A 的一个 g 逆，则

(1) $\overline{(A^-)}^{\mathrm{T}}=(\overline{A}^{\mathrm{T}})^-$；

(2) $A(\overline{A}^{\mathrm{T}}A)^-(\overline{A}^{\mathrm{T}}A)=A$；

(3) $AGA=A\Leftrightarrow \overline{A}^{\mathrm{T}}AGA=\overline{A}^{\mathrm{T}}A$.

7.1.4 用 A^- 表示可解方程组的通解

现对线性方程组 $AX=b$，用其系数矩阵 A 的 g 逆表示其通解.

定理 7.5 设 A^- 为可解线性方程组 $AX=b$ 系数矩阵 A 的一个 g 逆，则 $AX=b$ 的通解为

$$X=A^-b+(I_n-A^-A)Y, \tag{7.13}$$

其中 Y 为任一 $\mathbf{C}^n$ 中元.

证明 先证 (7.13) 是方程组 $AX=b$ 的解.

$$\begin{aligned}AX&=A[A^-b+(I_n-A^-A)Y]\\&=AA^-b+A(I_n-A^-A)Y\\&=AA^-b+(A-AA^-A)Y\\&=AA^-b=b,\end{aligned}$$

其中注意 $A-AA^-A=0$，而 A^- 为 A 的一个 g 逆，充要条件为 $X=A^-b$ 为 $AX=b$ 的解，故 $AA^-b=b$.

再证 $AX=b$ 的任意解 X_0 都可表为式 (7.13) 的形式.

取 $Y=X_0$，则

$$\begin{aligned}&A^-b+(I_n-A^-A)X_0\\=&A^-b+X_0-A^-AX_0\\=&A^-b+X_0-A^-b\\=&X_0,\end{aligned}$$

即 X_0 可表为式 (7.13) 的形式. 证毕.

在式 (7.13) 中，有两个可变因素，其一为 A^-，其二为 Y. 但是，若 $m=n$ 且系数矩阵 A 可逆，则方程组 $AX=b$ 有唯一解，这一情况与式 (7.13) 中有两个可变因素的事实矛盾吗? 这一问题留作习题.

从式 (7.13) 可以看出，只要求得 A 的一个 g 逆，就可以得到 $AX=b$ 的通解.

例 7.2 解线性方程组

$$\begin{cases}x-y+z=1,\\x+y-z=-1.\end{cases}$$

解 此方程组的系数矩阵

$$A=\begin{pmatrix}1&-1&1\\1&1&-1\end{pmatrix}$$

为行满秩矩阵，故方程组必可解.

下面求 $A^- = A_R^- = \overline{A}^{\mathrm{T}}(A\overline{A}^{\mathrm{T}})^{-1}$.

$$A^- = \begin{pmatrix} 1 & 1 \\ -1 & 1 \\ 1 & -1 \end{pmatrix}\left[\begin{pmatrix} 1 & -1 & 1 \\ 1 & 1 & -1 \end{pmatrix}\begin{pmatrix} 1 & 1 \\ -1 & 1 \\ 1 & -1 \end{pmatrix}\right]^{-1}$$
$$= \begin{pmatrix} 1 & 1 \\ -1 & 1 \\ 1 & -1 \end{pmatrix}\begin{pmatrix} 3 & -1 \\ -1 & 3 \end{pmatrix}^{-1} = \begin{pmatrix} 1 & 1 \\ -1 & 1 \\ 1 & -1 \end{pmatrix}\begin{pmatrix} \frac{3}{8} & \frac{1}{8} \\ \frac{1}{8} & \frac{3}{8} \end{pmatrix}$$
$$= \begin{pmatrix} \frac{1}{2} & \frac{1}{2} \\ -\frac{1}{4} & \frac{1}{4} \\ \frac{1}{4} & -\frac{1}{4} \end{pmatrix}.$$

故方程组的通解为

$$X = A^-b + (I_n - A^-A)Y$$
$$= \begin{pmatrix} \frac{1}{2} & \frac{1}{2} \\ -\frac{1}{4} & \frac{1}{4} \\ \frac{1}{4} & -\frac{1}{4} \end{pmatrix}\begin{pmatrix} 1 \\ -1 \end{pmatrix}$$
$$+ \left(\begin{pmatrix} 1 & 0 & 0 \\ 0 & 1 & 0 \\ 0 & 0 & 1 \end{pmatrix} - \begin{pmatrix} \frac{1}{2} & \frac{1}{2} \\ -\frac{1}{4} & \frac{1}{4} \\ \frac{1}{4} & -\frac{1}{4} \end{pmatrix}\begin{pmatrix} 1 & -1 & 1 \\ 1 & 1 & -1 \end{pmatrix}\right)Y$$
$$= \begin{pmatrix} 0 \\ -\frac{1}{2} \\ \frac{1}{2} \end{pmatrix} + \left[\begin{pmatrix} 1 & 0 & 0 \\ 0 & 1 & 0 \\ 0 & 0 & 1 \end{pmatrix} - \begin{pmatrix} 1 & 0 & 0 \\ 0 & \frac{1}{2} & -\frac{1}{2} \\ 0 & -\frac{1}{2} & \frac{1}{2} \end{pmatrix}\right]Y$$
$$= \begin{pmatrix} 0 \\ -\frac{1}{2} \\ \frac{1}{2} \end{pmatrix} + \begin{pmatrix} 0 & 0 & 0 \\ 0 & \frac{1}{2} & \frac{1}{2} \\ 0 & \frac{1}{2} & \frac{1}{2} \end{pmatrix}Y.$$

7.1.5　左逆右逆与反射 g 逆

由定理 7.2 的证明得知，若 A 行满秩，则存在 A_R^-，使 $AA_R^- = I_m$；若 A 列满秩，则存在 A_L^-，使 $A_L^-A = I_n$. 由于

$$AA_R^-A = I_mA = A, \quad AA_L^-A = AI_n = A,$$

故 A_R^- 和 A_L^- 都是 g 逆.

若 A 行满秩同时列满秩，则因 $r = m \leqslant n, r = n \leqslant m$, 故 $m = n$，A 为满秩的方阵，即为可逆的方阵，故存在 A^{-1}，而 $AA^{-1} = A^{-1}A = I$，可见 A_R^- 与 A_L^- 除了为 g 逆外进一步满足真正的逆 A^{-1} 具有的其他性质.

若 A 可逆，则 A^{-1} 还满足关系

$$A^{-1}AA^{-1} = IA^{-1} = A^{-1},$$

这也是 A^{-1} 的一个性质，称为反射性.

定义 7.2　设 $A \in \mathbf{C}^{m\times n}$，若存在矩阵 $G \in \mathbf{C}^{n\times m}$，满足

$$AG = I_m, \tag{7.14}$$

则称 G 为 A 的一个右逆，记为 A_R^{-1}；

若存在矩阵 $G \in \mathbf{C}^{n\times m}$，满足

$$GA = I_n, \tag{7.15}$$

则称 G 为 A 的一个左逆，记为 A_L^{-1}；

若存在矩阵 $G \in \mathbf{C}^{n\times m}$，满足条件定义以及 2°：

$$GAG = G, \tag{7.16}$$

则称 G 为 A 的反射 g 逆，记为 A_r^-.

A 的反射 g 逆不一定唯一，因其满足条件 1°，2°，故记其全体为 $A\{1,2\}$.

定理 7.6　设 $A \in \mathbf{C}^{m\times n}$，则

(1) 若 A 行满秩，则 A_R^- 为 A 的一个反射 g 逆;

(2) 若 A 列满秩，则 A_L^- 为 A 的一个反射 g 逆;

(3) 若 A 满秩分解为 $A = CD$，则 $A^- = D_R^-C_L^-$ 为 A 的一个反射 g 逆;

(4) 设 A^- 为 A 的任一 g 逆，则 A^-AA^- 为 A 的一个反射 g 逆;

(5) 设 G_1, G_2 为 A 的任意两个 g 逆，则 G_1AG_2 为 A 的一个反射 g 逆.

其中 $A_R^-, A_L^-, D_R^-, C_L^-$ 见定理 7.2 的证明.

证明留作习题.

由此定理，可将定理 7.2 的证明中出现的 A_R^- 记为 A_R^{-1}，A_L^- 记为 A_L^{-1}，从而有 $A_R^{-1} = \overline{A}^{\mathrm{T}}(A\overline{A}^{\mathrm{T}})^{-1}$，$A_L^{-1} = (\overline{A}^{\mathrm{T}}A)^{-1}\overline{A}^{\mathrm{T}}$.

本定理中的 (4)，(5) 为反射 g 逆提供了新的求法.

7.2　广义逆 A_m^-

可解的线性方程组 $AX=b$ 一般来说有无穷多组解，现要从这些解中选取 2 范数最小的解，这种解称为极小范数解. 方程组 $AX=b$ 的解可以通过其系数矩阵 A 的 g 逆得到，那么，极小范数解是否也可以用 A 的 g 逆给出？本节讨论这些问题.

7.2.1　可解方程组的极小范数解与 A_m^- 的定义

由 7.1 节知道，设 $AX=b$ 为可解线性方程组，其中 $A\in\mathbf{C}^{m\times n}$ 为系数矩阵，$X\in\mathbf{C}^n$ 为待解出的未知向量，$b\in R(A)\subset\mathbf{C}^m$ 为常数向量. 若 G 为 A 的一个 g 逆，则 $X=Gb$ 为 $AX=b$ 的一个解. 下面的定理给出这样的解成为极小范数解的充要条件，该定理为引进与极小范数解直接相关的广义逆 A_m^- 的根据，是广义逆理论的重要结果.

定理 7.7　设 G 为 $A\in\mathbf{C}^{m\times n}$ 的一个 g 逆，对任意 $b\in R(A)\subset\mathbf{C}^m$，$X=Gb$ 为 $AX=b$ 的极小范数解的充要条件为对任意 $Y,Z\in\mathbf{C}^n$，下列关系成立：

$$\overline{Z}^{\mathrm{T}}\overline{GA}^{\mathrm{T}}(I-GA)Y=0. \tag{7.17}$$

特别注意：上式与 b 无关，是对 G 的要求. 本定理的结果表明，一旦 G 满足本定理条件，则对任意 $b\in R(A)\subset\mathbf{C}^m$，$X=Gb$ 皆为 $AX=b$ 的极小范数解，而不是对某个 b，$X=Gb$ 为 $AX=b$ 的极小范数解，对另外的 b，$X=Gb$ 不是 $AX=b$ 的极小范数解.

证明　必要性. 设 G 为 $A\in\mathbf{C}^{m\times n}$ 的一个 g 逆，对任意 $b\in R(A)\subset\mathbf{C}^m$，$X=Gb$ 皆为 $AX=b$ 的极小范数解. 现任取 $Z\in\mathbf{C}^n$，记 $b=AZ$，由 G 的性质，$X=Gb$ 也为 $AX=b$ 的极小范数解.

对现在取定的这个方程组 $AX=b$，其通解为

$$X=Gb+(I_n-GA)Y=GAZ+(I_n-GA)Y,$$

其 2 范数 (为简单起见，记 $\|\cdot\|_2$ 为 $\|\cdot\|$) 平方为

$$\begin{aligned}\|X\|^2&=\langle X,X\rangle=\langle GAZ+(I_n-GA)Y,GAZ+(I_n-GA)Y\rangle\\&=\langle GAZ,GAZ\rangle+\langle GAZ,(I_n-GA)Y\rangle+\langle (I_n-GA)Y,GAZ\rangle\\&\quad+\langle (I_n-GA)Y,(I_n-GA)Y\rangle,\end{aligned}$$

注意内积和复数的性质：

$$\langle e,f\rangle=\overline{\langle f,e\rangle},\quad z+\bar z=x+\mathrm{i}y+x-\mathrm{i}y=2x=2\mathrm{Re}z,$$

以及 $e,f\in\mathbf{C}^n$ 时，

$$\langle e,f\rangle=\bar e^{\mathrm{T}}f,$$

$$\overline{GAZ}^{\mathrm{T}} = (\overline{GA}\ \overline{Z})^{\mathrm{T}} = \overline{Z}^{\mathrm{T}}\overline{GA}^{\mathrm{T}},$$

得

$$\begin{aligned}\|X\|^2 &= \|GAZ\|^2 + \|(I_n - GA)Y\|^2 + 2\mathrm{Re}\langle GAZ, (I_n - GA)Y\rangle \\ &= \|GAZ\|^2 + \|(I_n - GA)Y\|^2 + 2\mathrm{Re}[\overline{GAZ}^{\mathrm{T}}(I_n - GA)Y] \\ &= \|Gb\|^2 + \|(I_n - GA)Y\|^2 + 2\mathrm{Re}[\overline{Z}^{\mathrm{T}}\overline{GA}^{\mathrm{T}}(I_n - GA)Y]. \end{aligned} \tag{7.18}$$

注意 X 是 $AX = b$ 的一般解，Gb 是 $AX = b$ 的极小范数解，即 $\|X\|^2$ 与 $\|Gb\|^2$ 比较，后者小于等于前者，而此式成立的充要条件为 (7.18) 最后两项之和大于等于 0，即

$$\|(I_n - GA)Y\|^2 + 2\mathrm{Re}\left[\overline{Z}^{\mathrm{T}}\overline{GA}^{\mathrm{T}}(I_n - GA)Y\right] \geqslant 0. \tag{7.19}$$

下面证明，上式对任意 $Y, Z \in \mathbf{C}^n$ 成立的充要条件为

$$\overline{Z}^{\mathrm{T}}\overline{GA}^{\mathrm{T}}(I_n - GA)Y = 0.$$

反证，若不然，存在 $Y_0, Z_0 \in \mathbf{C}^n$，使

$$\overline{Z_0}^{\mathrm{T}}\overline{GA}^{\mathrm{T}}(I_n - GA)Y_0 \neq 0,$$

若此时 $\mathrm{Re}[\overline{Z_0}^{\mathrm{T}}\overline{GA}^{\mathrm{T}}(I_n - GA)Y_0] = 0$，$\mathrm{Im}[\overline{Z_0}^{\mathrm{T}}\overline{GA}^{\mathrm{T}}(I_n - GA)Y_0] > 0$，令 $Y_1 = \mathrm{i}Y_0$，则由于对任意复数 $z = x + \mathrm{i}y$，$\mathrm{Re}(\mathrm{i}z) = \mathrm{Re}(-y + \mathrm{i}x) = -y = -\mathrm{Im}(z)$，故

$$\mathrm{Re}[\overline{Z_0}^{\mathrm{T}}\overline{GA}^{\mathrm{T}}(I_n - GA)Y_1] = -\mathrm{Im}[\overline{Z_0}^{\mathrm{T}}\overline{GA}^{\mathrm{T}}(I_n - GA)Y_0] < 0;$$

若 $\mathrm{Re}[\overline{Z_0}^{\mathrm{T}}\overline{GA}^{\mathrm{T}}(I_n - GA)Y_0] = 0$，$\mathrm{Im}[\overline{Z_0}^{\mathrm{T}}\overline{GA}^{\mathrm{T}}(I_n - GA)Y_0] < 0$，令 $Y_1 = -\mathrm{i}Y_0$，则由于对任意复数 $z = x + \mathrm{i}y$，$\mathrm{Re}(-\mathrm{i}z) = \mathrm{Re}(y - \mathrm{i}x) = y = \mathrm{Im}(z)$，故

$$\mathrm{Re}[\overline{Z_0}^{\mathrm{T}}\overline{GA}^{\mathrm{T}}(I_n - GA)Y_1] = \mathrm{Im}[\overline{Z_0}^{\mathrm{T}}\overline{GA}^{\mathrm{T}}(I_n - GA)Y_0] < 0;$$

若 $\mathrm{Re}[\overline{Z_0}^{\mathrm{T}}\overline{GA}^{\mathrm{T}}(I_n - GA)Y_0] > 0$，令 $Y_1 = -Y_0$，则

$$\mathrm{Re}[\overline{Z_0}^{\mathrm{T}}\overline{GA}^{\mathrm{T}}(I_n - GA)Y_1] = -\mathrm{Re}[\overline{Z_0}^{\mathrm{T}}\overline{GA}^{\mathrm{T}}(I_n - GA)Y_0] < 0.$$

总之，存在 $Y_0, Z_0 \in \mathbf{C}^n$，使

$$\mathrm{Re}[\overline{Z_0}^{\mathrm{T}}\overline{GA}^{\mathrm{T}}(I_n - GA)Y_0] < 0.$$

故可取 $k > 0$ 充分大，使

$$\|(I_n - GA)Y_0\|^2 + k \cdot 2\mathrm{Re}[\overline{Z_0}^{\mathrm{T}}\overline{GA}^{\mathrm{T}}(I_n - GA)Y_0] < 0,$$

令 $Z_1 = kZ_0, b_1 = AZ_1$，则

$$\|(I_n - GA)Y_0\|^2 + 2\mathrm{Re}[\overline{Z_1}^{\mathrm{T}}\overline{GA}^{\mathrm{T}}(I_n - GA)Y_0] < 0. \tag{7.20}$$

记

$$X_1 = Gb_1 + (I_n - GA)Y_0,$$

由此知

$$\begin{aligned}\|X_1\|^2 &= \|Gb_1\|^2 + \|(I_n - GA)Y_0\|^2 + 2\mathrm{Re}[\overline{Z_1}^{\mathrm{T}}\overline{GA}^{\mathrm{T}}(I_n - GA)Y_0] \\ &< \|Gb_1\|^2,\end{aligned}$$

故此时 Gb_1 不是 $AX = b_1$ 的极小范数解.

此矛盾说明必有

$$\overline{Z}^{\mathrm{T}}\overline{GA}^{\mathrm{T}}(I_n - GA)Y = 0.$$

充分性. 设对任意 $Y, Z \in \mathbf{C}^n$，

$$\overline{Z}^{\mathrm{T}}\overline{GA}^{\mathrm{T}}(I_n - GA)Y = 0,$$

则对 $AX = b$ 的任意解

$$X = Gb + (I_n - GA)Y,$$

由 (7.18) 知

$$\begin{aligned}\|X\|^2 &= \|Gb\|^2 + \|(I_n - GA)Y\|^2 + 2\mathrm{Re}[\overline{Z}^{\mathrm{T}}\overline{GA}^{\mathrm{T}}(I_n - GA)Y] \\ &= \|Gb\|^2 + \|(I_n - GA)Y\|^2 \geqslant \|Gb\|^2,\end{aligned}$$

即

$$\|X\| \geqslant \|Gb\|,$$

Gb 为 $AX = b$ 的极小范数解. 证毕.

下列定理直接导致 A_m^- 的产生.

定理 7.8　设 G 为 $A \in \mathbf{C}^{m\times n}$ 的一个 g 逆，对任意 $b \in R(A) \subset \mathbf{C}^m$，$X = Gb$ 为 $AX = b$ 的极小范数解的充要条件为 G 满足 1°:

$$AGA = A,$$

以及 4°:

$$\overline{GA}^{\mathrm{T}} = GA.$$

注意：已有 $1°, 2°, 4°$ 三个条件，条件 $3°$ 在后面出现.

证明 设对任意 $b \in R(A) \subset \mathbf{C}^m$，$X = Gb$ 为 $AX = b$ 的极小范数解.

定理 7.1 表明：矩阵 $G \in \mathbf{C}^{n\times m}$，对任意 $b \in R(A)$，使 $X = Gb$ 是可解方程组 $AX = b$ 的解的充要条件是 G 满足 $1°$：$AGA = A$.

又由定理 7.7，对任意 $Y, Z \in \mathbf{C}^n$，

$$\overline{Z}^{\mathrm{T}}\overline{GA}^{\mathrm{T}}(I - GA)Y = 0,$$

故由 Y, Z 的任意性，

$$\overline{GA}^{\mathrm{T}}(I - GA) = 0,$$

即

$$\overline{GA}^{\mathrm{T}} = \overline{GA}^{\mathrm{T}}GA,$$

等式两边同时取共轭再转置得

$$GA = \overline{\overline{GA}^{\mathrm{T}}}^{\mathrm{T}} = \overline{\overline{GA}^{\mathrm{T}}GA}^{\mathrm{T}} = \overline{GA}^{\mathrm{T}}\overline{\overline{GA}}^{\mathrm{T}} = \overline{GA}^{\mathrm{T}}GA = \overline{GA}^{\mathrm{T}},$$

即 $4°$ 成立.

充分性. 设 G 满足 $1°, 4°$.

由 $1°$ 知 G 为 A 的 g 逆，由定理 7.1 知 $X = Gb$ 为 $AX = b$ 的解.

由 $1°, 4°$ 知

$$\overline{GA}^{\mathrm{T}}(I - GA) = GA(I - GA) = GA - GAGA = GA - GA = 0,$$

故对任意 $Y, Z \in \mathbf{C}^n$，

$$\overline{Z}^{\mathrm{T}}\overline{GA}^{\mathrm{T}}(I - GA)Y = 0,$$

由定理 7.7，$X = Gb$ 为 $AX = b$ 的极小范数解. 证毕.

由此定理知，G 满足 $1°, 4°$ 是 $X = Gb$ 为 $AX = b$ 的极小范数解的充要条件，故有如下定义.

定义 7.3 设 $A \in \mathbf{C}^{m\times n}$，若矩阵 $G \in \mathbf{C}^{n\times m}$，满足 $1°$：$AGA = A$，以及 $4°$：$\overline{GA}^{\mathrm{T}} = GA$，则称 G 为 A 的一个极小范数 g 逆，记为 A_m^-.

A 的极小范数 g 逆 A_m^- 全体组成的集合记为 $A\{1, 4\}$.

7.2.2　A_m^- 的存在性与求法

由前文知道，任一非 0 矩阵必有 g 逆，下列定理表明，任一非 0 矩阵必有极小范数 g 逆.

定理 7.9　任何非 0 矩阵 $A \in \mathbf{C}^{m\times n}$ 必存在极小范数 g 逆 A_m^-，且

(1) 若 A 行满秩，则

$$A_m^- = A_R^{-1} = \overline{A}^{\mathrm{T}}(A\overline{A}^{\mathrm{T}})^{-1}$$

为 A 的一个极小范数 g 逆；

(2) 若 A 列满秩，则

$$A_m^- = A_L^{-1} = (\overline{A}^{\mathrm{T}}A)^{-1}\overline{A}^{\mathrm{T}}$$

为 A 的一个极小范数 g 逆；

(3) 若 A 既非行满秩也非列满秩，则

$$A_m^- = D_R^{-1}C_L^{-1}$$

为 A 的一个极小范数 g 逆，其中 $A = CD$ 为 A 的满秩分解，D 行满秩，C 列满秩，$D_R^{-1} = \overline{D}^{\mathrm{T}}(D\overline{D}^{\mathrm{T}})^{-1}$，$C_L^{-1} = (\overline{C}^{\mathrm{T}}C)^{-1}\overline{C}^{\mathrm{T}}$.

证明　仅证明 (3)，其余证明留作习题.

需证明 $A_m^- = D_R^{-1}C_L^{-1}$ 满足 1°, 4°.

由定理 7.2，$A_m^- = D_R^{-1}C_L^{-1}$ 为 A 的一个 g 逆，故满足 1°，下证此矩阵满足 4°.

$$\begin{aligned}\overline{A_m^-A}^{\mathrm{T}} &= \overline{D_R^{-1}C_L^{-1}A}^{\mathrm{T}} = \overline{D_R^{-1}C_L^{-1}CD}^{\mathrm{T}} = \overline{D_R^{-1}D}^{\mathrm{T}} = \overline{\overline{D}^{\mathrm{T}}(D\overline{D}^{\mathrm{T}}))^{-1}D}^{\mathrm{T}}\\ &= \overline{D}^{\mathrm{T}}\overline{(D\overline{D}^{\mathrm{T}})^{-1}}^{\mathrm{T}}D = \overline{D}^{\mathrm{T}}(\overline{D\overline{D}^{\mathrm{T}}}^{\mathrm{T}})^{-1}D = \overline{D}^{\mathrm{T}}(D\overline{D}^{\mathrm{T}})^{-1}D\\ &= D_R^{-1}D = D_R^{-1}C_L^{-1}CD = A_m^-A.\end{aligned}$$

证毕.

在上述证明中，用到关系

$$\overline{B^{-1}}^{\mathrm{T}} = (\overline{B}^{\mathrm{T}})^{-1},$$

此关系对任意可逆矩阵皆成立，事实上，

$$\overline{B^{-1}}^{\mathrm{T}}\overline{B}^{\mathrm{T}} = (\overline{BB^{-1}})^{\mathrm{T}} = \overline{BB^{-1}}^{\mathrm{T}} = \overline{I}^{\mathrm{T}} = I^{\mathrm{T}} = I.$$

本定理不仅表明任何非 0 矩阵的极小范数 g 逆的存在性，同时给出了其求法，这些求法实际上是我们最初见到的 g 逆的求法.

由此定理得知，定理 7.2 中给出的 $A_R^{-1} = \overline{A}^{\mathrm{T}}(A\overline{A}^{\mathrm{T}})^{-1}$，$A_L^{-1} = (\overline{A}^{\mathrm{T}}A)^{-1}\overline{A}^{\mathrm{T}}$，$D_R^{-1}C_L^{-1}$ 满足 1°, 2°, 4°，这就是说，我们最初见到的 g 逆的求法得到 g 逆，满足到目前为止所有对各类 g 逆要求的性质.

下列定理给出了极小范数 g 逆新的求法.

定理 7.10 设 $A \in \mathbf{C}^{m\times n}$ 为非 0 矩阵，则

$$G = \overline{A}^{\mathrm{T}}(A\overline{A}^{\mathrm{T}})^- \tag{7.21}$$

为 A 的一个极小范数 g 逆.

证明 需证明 G 满足 $1°, 4°$. 首先证明对任意矩阵 $B = (b_{ij})_{m\times n} \in \mathbf{C}^{m\times n}$, 若 $B\overline{B}^{\mathrm{T}} = 0$，则 $B = 0$.

事实上，

$$B\overline{B}^{\mathrm{T}} = \begin{pmatrix} b_{11} & b_{12} & \cdots & b_{1n} \\ b_{21} & b_{22} & \cdots & b_{2n} \\ \vdots & \vdots & & \vdots \\ b_{m1} & b_{m2} & \cdots & b_{mn} \end{pmatrix} \begin{pmatrix} \overline{b_{11}} & \overline{b_{21}} & \cdots & \overline{b_{m1}} \\ \overline{b_{12}} & \overline{b_{22}} & \cdots & \overline{b_{m2}} \\ \vdots & \vdots & & \vdots \\ \overline{b_{1n}} & \overline{b_{2n}} & \cdots & \overline{b_{mn}} \end{pmatrix}$$
$$= \begin{pmatrix} c_{11} & c_{12} & \cdots & c_{1m} \\ c_{21} & c_{22} & \cdots & c_{2m} \\ \vdots & \vdots & & \vdots \\ c_{m1} & m_{m2} & \cdots & c_{mm} \end{pmatrix},$$

而

$$\begin{aligned} c_{11} &= b_{11}\overline{b_{11}} + b_{12}\overline{b_{12}} + \cdots + b_{1n}\overline{b_{1n}} \\ &= |b_{11}|^2 + |b_{12}|^2 + \cdots + |b_{1n}|^2 = 0, \end{aligned}$$

故

$$b_{11} = b_{12} = \cdots = b_{1n} = 0,$$

即 B 的第 1 行元素皆为 0.

同理，由 $c_{kk} = 0$，知 B 的第 k 行元素皆为 0，$k = 2, 3, \cdots, m$，故 $B = 0$.

注意对矩阵 E, F,

$$\begin{aligned} &\overline{(E \pm F)}^{\mathrm{T}} = \overline{E}^{\mathrm{T}} \pm \overline{F}^{\mathrm{T}}, \\ &\overline{EF}^{\mathrm{T}} = \overline{F}^{\mathrm{T}}\overline{E}^{\mathrm{T}}, \\ &\overline{(E^-)}^{\mathrm{T}} = (\overline{E}^{\mathrm{T}})^-, \\ &\overline{\overline{E}^{\mathrm{T}}}^{\mathrm{T}} = (\overline{\overline{E}}^{\mathrm{T}})^{\mathrm{T}} = E, \end{aligned}$$

故

$$
\begin{aligned}
&(AGA-A)\overline{(AGA-A)}^{\mathrm{T}}\\
=&(A\overline{A}^{\mathrm{T}}(A\overline{A}^{\mathrm{T}})^{-}A-A)\overline{[A\overline{A}^{\mathrm{T}}(A\overline{A}^{\mathrm{T}})^{-}A-A]}^{\mathrm{T}}\\
=&(A\overline{A}^{\mathrm{T}}(A\overline{A}^{\mathrm{T}})^{-}A-A)[\overline{A}^{\mathrm{T}}\overline{(A\overline{A}^{\mathrm{T}})^{-}}^{\mathrm{T}}(\overline{A}^{\mathrm{T}})^{\mathrm{T}}\overline{A}^{\mathrm{T}}-\overline{A}^{\mathrm{T}}]\\
=&(A\overline{A}^{\mathrm{T}}(A\overline{A}^{\mathrm{T}})^{-}A-A)[\overline{A}^{\mathrm{T}}(\overline{A\overline{A}^{\mathrm{T}}}^{\mathrm{T}})^{-}A\overline{A}^{\mathrm{T}}-\overline{A}^{\mathrm{T}}]\\
=&(A\overline{A}^{\mathrm{T}}(A\overline{A}^{\mathrm{T}})^{-}A-A)[\overline{A}^{\mathrm{T}}(A\overline{A}^{\mathrm{T}})^{-}A\overline{A}^{\mathrm{T}}-\overline{A}^{\mathrm{T}}]\\
=&(A\overline{A}^{\mathrm{T}}(A\overline{A}^{\mathrm{T}})^{-}A-A)\overline{A}^{\mathrm{T}}[(A\overline{A}^{\mathrm{T}})^{-}A\overline{A}^{\mathrm{T}}-I]\\
=&(A\overline{A}^{\mathrm{T}}(A\overline{A}^{\mathrm{T}})^{-}A\overline{A}^{\mathrm{T}}-A\overline{A}^{\mathrm{T}})[(A\overline{A}^{\mathrm{T}})^{-}A\overline{A}^{\mathrm{T}}-I]\\
=&0,
\end{aligned}
$$

即得

$$AGA=A.$$

$$
\begin{aligned}
\overline{(GA)}^{\mathrm{T}}&=\overline{\overline{A}^{\mathrm{T}}(A\overline{A}^{\mathrm{T}})^{-}A}^{\mathrm{T}}=\overline{A}^{\mathrm{T}}\overline{(A\overline{A}^{\mathrm{T}})^{-}}^{\mathrm{T}}\overline{\overline{A}^{\mathrm{T}}}^{\mathrm{T}}\\
&=\overline{A}^{\mathrm{T}}(\overline{A\overline{A}^{\mathrm{T}}}^{\mathrm{T}})^{-}A=\overline{A}^{\mathrm{T}}(A\overline{A}^{\mathrm{T}})^{-}A=GA.
\end{aligned}
$$

证毕.

A 的极小范数 g 逆不一定唯一，但对任何 $G_1, G_2\in A\{1,4\}$ 及任意 $b\in R(A)$，$G_1b=G_2b$，即任意可解方程组 $AX=b$ 的极小范数解若存在，则必唯一.

还可证明，任意可解方程组 $AX=b$ 的极小范数解一定存在.

以上结果可归纳为如下定理.

定理 7.11　任何可解方程 $AX=b$ 的极小范数解必存在且唯一，极小范数解为 $X=Gb$，其中 G 为 A 的任一极小范数 g 逆.

证明　存在性. 任何非 0 矩阵 $A\in\mathbf{C}^{m\times n}$ 必存在极小范数 g 逆 G，而 $X=Gb$ 为 $AX=b$ 的极小范数解.

唯一性. 设 X_1 也为 $AX=b$ 的极小范数解，由于 $\|X_1\|, \|Gb\|$ 皆极小，故 $\|X_1\|=\|Gb\|$.

由于 $AX=b$ 的通解为

$$X=Gb+(I_n-GA)Y,$$

故存在 $Y\in\mathbf{C}^n$，使

$$X_1=Gb+(I_n-GA)Y.$$

由定理 7.7，

$$\|X_1\|^2=\|Gb\|^2+\|(I_n-GA)Y\|^2=\|Gb\|^2,$$

知

$$\|(I_n - GA)Y\| = 0,$$

从而

$$(I_n - GA)Y = 0,$$

故

$$X_1 = Gb + (I_n - GA)Y = Gb,$$

$AX = b$ 的极小范数解唯一. 证毕.

例 7.3 求方程组

$$\begin{cases} x_1 + 2x_2 + 3x_3 = 1, \\ x_1 + x_3 = 0, \\ 2x_1 + 2x_3 = 0, \\ 2x_1 + 4x_2 + 6x_3 = 2 \end{cases}$$

的极小范数解.

解 由方程组知

$$A = \begin{pmatrix} 1 & 2 & 3 \\ 1 & 0 & 1 \\ 2 & 0 & 2 \\ 2 & 4 & 6 \end{pmatrix}, \quad b = \begin{pmatrix} 1 \\ 0 \\ 0 \\ 2 \end{pmatrix}.$$

计算得知 A 与增广矩阵的秩为 2，方程组为可解的. 而 A 既非行满秩也非列满秩，需对 A 进行满秩分解.

$$\begin{pmatrix} 1 & 2 & 3 \\ 1 & 0 & 1 \\ 2 & 0 & 2 \\ 2 & 4 & 6 \end{pmatrix} \xrightarrow{r_4 - 2r_1} \begin{pmatrix} 1 & 2 & 3 \\ 1 & 0 & 1 \\ 2 & 0 & 2 \\ 0 & 0 & 0 \end{pmatrix} \xrightarrow{r_3 - 2r_2} \begin{pmatrix} 1 & 2 & 3 \\ 1 & 0 & 1 \\ 0 & 0 & 0 \\ 0 & 0 & 0 \end{pmatrix}$$

$$\xrightarrow{r_1 - r_2} \begin{pmatrix} 0 & 2 & 2 \\ 1 & 0 & 1 \\ 0 & 0 & 0 \\ 0 & 0 & 0 \end{pmatrix} \xrightarrow{c_3 - c_1} \begin{pmatrix} 0 & 2 & 2 \\ 1 & 0 & 0 \\ 0 & 0 & 0 \\ 0 & 0 & 0 \end{pmatrix}$$

$$\xrightarrow{c_1-c_2}\begin{pmatrix}0&2&0\\1&0&0\\0&0&0\\0&0&0\end{pmatrix}$$

$$=A_1=\begin{pmatrix}A_2&0\\0&0\end{pmatrix}=\begin{pmatrix}A_2\\0\end{pmatrix}(I_2,0),$$

其中

$$A_2=\begin{pmatrix}0&2\\1&0\end{pmatrix}.$$

故知，

$$P_1=\begin{pmatrix}1&0&0&0\\0&1&0&0\\0&0&1&0\\-2&0&0&1\end{pmatrix},P_2=\begin{pmatrix}1&0&0&0\\0&1&0&0\\0&-2&1&0\\0&0&0&1\end{pmatrix},P_3=\begin{pmatrix}1&-1&0&0\\0&1&0&0\\0&0&1&0\\0&0&0&1\end{pmatrix},$$

$$P=P_3P_2P_1=\begin{pmatrix}1&-1&0&0\\0&1&0&0\\0&0&1&0\\0&0&0&1\end{pmatrix}\begin{pmatrix}1&0&0&0\\0&1&0&0\\0&-2&1&0\\0&0&0&1\end{pmatrix}\begin{pmatrix}1&0&0&0\\0&1&0&0\\0&0&1&0\\-2&0&0&1\end{pmatrix}$$

$$=\begin{pmatrix}1&-1&0&0\\0&1&0&0\\0&-2&1&0\\-2&0&0&1\end{pmatrix},$$

下面求 P^{-1},

$$(P,I_4)=\begin{pmatrix}1&-1&0&0&1&0&0&0\\0&1&0&0&0&1&0&0\\0&-2&1&0&0&0&1&0\\-2&0&0&1&0&0&0&1\end{pmatrix}\to\begin{pmatrix}1&-1&0&0&1&0&0&0\\0&1&0&0&0&1&0&0\\0&-2&1&0&0&0&1&0\\0&-2&0&1&2&0&0&1\end{pmatrix}$$

$$\to\begin{pmatrix}1&-1&0&0&1&0&0&0\\0&1&0&0&0&1&0&0\\0&0&1&0&0&2&1&0\\0&0&0&1&2&2&0&1\end{pmatrix}\to\begin{pmatrix}1&0&0&0&1&1&0&0\\0&1&0&0&0&1&0&0\\0&0&1&0&0&2&1&0\\0&0&0&1&2&2&0&1\end{pmatrix},$$

得

$$P^{-1}=\begin{pmatrix}1&1&0&0\\0&1&0&0\\0&2&1&0\\2&2&0&1\end{pmatrix}.$$

$$Q_1=\begin{pmatrix}1&0&-1\\0&1&0\\0&0&1\end{pmatrix},\quad Q_2=\begin{pmatrix}1&0&0\\0&1&-1\\0&0&1\end{pmatrix},$$

$$Q=Q_1Q_2=\begin{pmatrix}1&0&-1\\0&1&0\\0&0&1\end{pmatrix}\begin{pmatrix}1&0&0\\0&1&-1\\0&0&1\end{pmatrix}=\begin{pmatrix}1&0&-1\\0&1&-1\\0&0&1\end{pmatrix}.$$

下面求 Q^{-1},

$$\begin{aligned}(Q,I_3)=&\begin{pmatrix}1&0&-1&1&0&0\\0&1&-1&0&1&0\\0&0&1&0&0&1\end{pmatrix}\to\begin{pmatrix}1&0&-1&1&0&0\\0&1&0&0&1&1\\0&0&1&0&0&1\end{pmatrix}\\ &\to\begin{pmatrix}1&0&0&1&0&1\\0&1&0&0&1&1\\0&0&1&0&0&1\end{pmatrix},\end{aligned}$$

$$Q^{-1}=\begin{pmatrix}1&0&1\\0&1&1\\0&0&1\end{pmatrix}.$$

令

$$C=P^{-1}\begin{pmatrix}A_2\\0\end{pmatrix}=\begin{pmatrix}1&1&0&0\\0&1&0&0\\0&2&1&0\\2&2&0&1\end{pmatrix}\begin{pmatrix}0&2\\1&0\\0&0\\0&0\end{pmatrix}=\begin{pmatrix}1&2\\1&0\\2&0\\2&4\end{pmatrix}.$$

$$D=(I_2,0)Q^{-1}=\begin{pmatrix}1&0&0\\0&1&0\end{pmatrix}\begin{pmatrix}1&0&1\\0&1&1\\0&0&1\end{pmatrix}=\begin{pmatrix}1&0&1\\0&1&1\end{pmatrix}.$$

故得 A 的满秩分解：$A = CD$.

$$D_R^{-1} = \overline{D}^{\mathrm{T}}(D\overline{D}^{\mathrm{T}})^{-1} = \frac{1}{3}\begin{pmatrix} 2 & -1 \\ -1 & 2 \\ 1 & 1 \end{pmatrix},$$

$$C_L^{-1} = (\overline{C}^{\mathrm{T}}C)^{-1}\overline{C}^{\mathrm{T}} = \frac{1}{10}\begin{pmatrix} 0 & 2 & 4 & 0 \\ 1 & -1 & -2 & 2 \end{pmatrix},$$

$$A_m^- = D_R^{-1}C_L^{-1} = \frac{1}{30}\begin{pmatrix} -1 & 5 & 10 & -2 \\ 2 & -4 & -8 & 4 \\ 1 & 1 & 2 & 2 \end{pmatrix},$$

最后得方程组的极小范数解：

$$X = A_m^- b = \frac{1}{30}\begin{pmatrix} -1 & 5 & 10 & -2 \\ 2 & -4 & -8 & 4 \\ 1 & 1 & 2 & 2 \end{pmatrix}\begin{pmatrix} 1 \\ 0 \\ 0 \\ 2 \end{pmatrix} = \frac{1}{6}\begin{pmatrix} -1 \\ 2 \\ 1 \end{pmatrix}.$$

下列定理给出 A_m^- 的一般表达式.

定理 7.12　$G \in A\{1,4\}$(即 G 为非 0 矩阵 $A \in \mathbf{C}^{m\times n}$ 的极小范数 g 逆) 的一般表达式为

$$G = A_m^- + Z(I_n - AA_m^-), \tag{7.22}$$

其中 A_m^- 为 A 的任一极小范数 g 逆，$Z \in \mathbf{C}^{n\times m}$ 为任意矩阵.

证明　先证 $G \in A\{1,4\}$ 的充要条件为

$$GA = A_m^- A.$$

充分性. 设 $GA = A_m^- A$，则由于 $A_m^- \in A\{1,4\}$，故

$$AGA = AA_m^- A = A,$$

故 G 满足条件 1°. 又

$$\overline{GA}^{\mathrm{T}} = \overline{A_m^- A}^{\mathrm{T}} = A_m^- A = GA,$$

故 G 满足条件 4°，从而 $G \in A\{1,4\}$.

必要性. 设 $G \in A\{1,4\}$，即有

$$AGA = A, \quad \overline{GA}^{\mathrm{T}} = GA,$$

故

$$\begin{aligned}A_m^-A &= A_m^-AGA = (A_m^-A)(GA)\\ &= \overline{(A_m^-A)}^{\mathrm{T}}\overline{GA}^{\mathrm{T}} = \overline{A}^{\mathrm{T}}\overline{A_m^-}^{\mathrm{T}}\overline{A}^{\mathrm{T}}\overline{G}^{\mathrm{T}}\\ &= \overline{AA_m^-A}^{\mathrm{T}}\overline{G}^{\mathrm{T}} = \overline{A}^{\mathrm{T}}\overline{G}^{\mathrm{T}}\\ &= \overline{GA}^{\mathrm{T}} = GA.\end{aligned}$$

下面证明对任意 $Z \in \mathbf{C}^{n\times m}$，式 (7.22) 表示的 G 属于 $A\{1,4\}$. 由上面的结果，只要证 $GA = A_m^-A$ 即可.

$$\begin{aligned}GA &= [A_m^- + Z(I_n - AA_m^-)]A\\ &= A_m^-A + Z(A - AA_m^-A)\\ &= A_m^-A + Z(A - A)\\ &= A_m^-A,\end{aligned}$$

故 $G = A_m^- + Z(I_n - AA_m^-) \in A\{1,4\}$.

再证 $A\{1,4\}$ 中元皆可表为 (7.22) 的形式. 下面的证明中，巧妙地将 0 矩阵表为需要的形式.

设 $G \in A\{1,4\}$，则由前面的证明知 $GA = A_m^-A$，故

$$\begin{aligned}0 &= (G - A_m^-)A = (G - A_m^-)AA_m^-,\\ G &= A_m^- + G - A_m^-\\ &= A_m^- + (G - A_m^-) - (G - A_m^-)AA_m^-\\ &= A_m^- + (G - A_m^-)(I_n - AA_m^-),\end{aligned}$$

令 $Z = G - A_m^-$，则 G 表为 (7.22) 的形式. 证毕.

7.3 广义逆 A_l^-

广义逆 A_l^- 的引入，旨在给出矛盾方程组的最小二乘解.

7.3.1 矛盾方程组的最小二乘解与 A_l^- 的定义

所谓矛盾方程组，即在常规意义下不可解的方程组，这种方程组增广矩阵的秩必大于系数矩阵的秩.

设

$$AX = b \tag{7.23}$$

为一矛盾方程组，其中 $A=(a_{ij})_{m\times n}\in \mathbf{C}^{m\times n}$ 为系数矩阵，$X=(x_1,x_2,\cdots,x_n)^{\mathrm{T}}\in \mathbf{C}^n$ 为未知向量，$b=(b_1,b_2,\cdots,b_m)^{\mathrm{T}}\in \mathbf{C}^m$ 为常数向量. 故必有 $b\notin R(A)$，即对任何 $X\in \mathbf{C}^n$，AX 都不等于 b.

不要认为讨论矛盾方程组没有意义，实际生活中，出现这种方程组的机会比可解方程组还要多. 面对一个矛盾方程组，人们希望找一个尽管不能使方程组的等式成立，但综合考虑等式两边相差最小的 X.

将方程组明确写出，即

$$\begin{cases} a_{11}x_1+a_{12}x_2+\cdots+a_{1n}x_n=b_1, \\ a_{21}x_1+a_{22}x_2+\cdots+a_{2n}x_n=b_2, \\ \qquad\cdots\cdots \\ a_{m1}x_1+a_{m2}x_2+\cdots+a_{mn}x_n=b_m. \end{cases}$$

此方程组各等式左边的 m 个数构成一个 m 维列向量 AX，右边的 m 个数构成 m 维列向量 b，首先想到的是求 X，使两组数对应相减的绝对值之和最小，即使得

$$\begin{aligned}&|a_{11}x_1+a_{12}x_2+\cdots+a_{1n}x_n-b_1|+|a_{21}x_1+a_{22}x_2+\cdots+a_{2n}x_n-b_2| \\ &+\cdots+|a_{m1}x_1+a_{m2}x_2+\cdots+a_{mn}x_n-b_m|\end{aligned}$$

最小，用向量和范数的语言，即使得

$$\|AX-b\|_1$$

最小，其中 $\|\cdot\|_1$ 为 $\mathbf{C}^m$ 上的 1 范数. 但是，在应用分析学方法处理实际问题时，人们最不愿看到绝对值符号，因为该符号对求导是严重的障碍，例如求 $|x|$ 的导数是麻烦的. 因此，在实数范围内，用平方代替绝对值，将对应数值差的绝对值之和，改为对应数值差的平方之和

$$\begin{aligned}&(a_{11}x_1+a_{12}x_2+\cdots+a_{1n}x_n-b_1)^2+(a_{21}x_1+a_{22}x_2+\cdots+a_{2n}x_n-b_2)^2 \\ &+\cdots+(a_{m1}x_1+a_{m2}x_2+\cdots+a_{mn}x_n-b_m)^2\end{aligned}$$

而求其最小值，十分有利于应用分析学的方法处理问题.

注意上式即

$$\|AX-b\|_2^2,$$

如此一来，问题变为求使两个向量差的 2 范数平方最小的 X，而求解这一问题的方法就是最小二乘法.

该方法也可自然推广到矩阵和向量元素为复数的情形，此时，上式成为

$$\begin{aligned}&|a_{11}x_1+a_{12}x_2+\cdots+a_{1n}x_n-b_1|^2+|a_{21}x_1+a_{22}x_2+\cdots+a_{2n}x_n-b_2|^2 \\ &+\cdots+|a_{m1}x_1+a_{m2}x_2+\cdots+a_{mn}x_n-b_m|^2,\end{aligned}$$

注意两者的区别：在实数范围内，$|a|^2 = a^2$，而在复数范围内 $|a|^2$ 与 a^2 可能不相等. 虽然这种推广又使绝对值符号出现，但实际问题中，不出现系数与变量为复数的线性方程组，这种推广在实际应用中并没有带来变化.

下列定理给出了矛盾方程组的最小二乘解与一类广义逆之间的关系，由此可以看出，求可解方程组的解和求矛盾方程组的最小二乘解，这两个看起来意义完全不同的问题，却可以通过广义逆用相同的形式给出答案，显示了广义逆理论的价值.

定理 7.13 设 $A=(a_{ij})_{m\times n}\in \mathbf{C}^{m\times n}$，对任意 $b\in\mathbf{C}^m$，$X=Gb$ 皆为矛盾方程组 $AX=b$ 的最小二乘解的充要条件是 $G\in\mathbf{C}^{n\times m}$ 满足条件 1°:

$$AGA=A,$$

以及 3°:

$$\overline{(AG)}^{\mathrm{T}}=AG.$$

注意：至此，已经给出了关于广义逆的 $1°,2°,3°,4°$ 四个条件，但我们是按 $1°,2°,4°,3°$ 的次序给出的.

证明 必要性. 设 Gb 为矛盾方程组 $AX=b$ 的最小二乘解，则对任意 $X\in\mathbf{C}^n$，$\|AX-b\|\geqslant\|AGb-b\|$.

$$\begin{aligned}
\|AX-b\|^2&=\|AX-b-AGb+AGb\|^2=\|AGb-b+A(X-Gb)\|^2\\
&=\langle AGb-b+A(X-Gb),AGb-b+A(X-Gb)\rangle\\
&=\langle AGb-b,AGb-b\rangle+\langle A(X-Gb),A(X-Gb)\rangle\\
&\quad+2\mathrm{Re}\langle(AG-I)b,A(X-Gb)\rangle\\
&=\|AGb-b\|^2+\|A(X-Gb)\|^2+2\mathrm{Re}[\overline{(AG-I)b}^{\mathrm{T}}A(X-Gb)]\\
&=\|AGb-b\|^2+\|A(X-Gb)\|^2+2\mathrm{Re}[\bar{b}^{\mathrm{T}}\overline{(AG-I)}^{\mathrm{T}}A(X-Gb)],
\end{aligned}$$

$$\begin{aligned}
&\|AX-b\|^2-\|AGb-b\|^2\\
&=\|A(X-Gb)\|^2+2\mathrm{Re}[\bar{b}^{\mathrm{T}}\overline{(AG-I)}^{\mathrm{T}}A(X-Gb)].
\end{aligned}\tag{7.24}$$

由定理 7.7 证明中的相应部分得知，上式大于等于 0，当且仅当对任意 $b\in\mathbf{C}^m, X\in\mathbf{C}^n$，

$$\bar{b}^{\mathrm{T}}\overline{(AG-I)}^{\mathrm{T}}A(X-Gb)=0,$$

由 b,X 的任意性，依次有

$$\begin{aligned}
&\overline{(AG-I)}^{\mathrm{T}}A=0,\\
&(\overline{AG}^{\mathrm{T}}-\bar{I}^{\mathrm{T}})A=0,\\
&(\overline{AG}^{\mathrm{T}}-I)A=0,
\end{aligned}$$

$$\begin{aligned}&\overline{AG}^{\mathrm{T}}A-A=0,\\&\overline{AG}^{\mathrm{T}}A=A,\\&\overline{AG}^{\mathrm{T}}AG=AG,\end{aligned}\tag{7.25}$$

最后一式等式两边同时取共轭转置得

$$\overline{\overline{AG}^{\mathrm{T}}AG}^{\mathrm{T}}=\overline{AG}^{\mathrm{T}}\overline{\overline{AG}^{\mathrm{T}}}^{\mathrm{T}}=\overline{AG}^{\mathrm{T}},$$

即

$$\overline{AG}^{\mathrm{T}}AG=\overline{AG}^{\mathrm{T}},$$

即得 3°:

$$\overline{AG}^{\mathrm{T}}=AG,$$

此式代入 (7.25) 即得 1°:

$$AGA=A.$$

充分性. 设 G 满足 1°, 3°: $AGA=A,\overline{AG}^{\mathrm{T}}=AG$, 则

$$\overline{AG}^{\mathrm{T}}A=AGA=A,$$

故

$$0=\overline{AG}^{\mathrm{T}}A-A=(\overline{AG}^{\mathrm{T}}-I)A=\overline{(AG-I)}^{\mathrm{T}}A,$$

由 (7.24),

$$\begin{aligned}&\|AX-b\|^2-\|AGb-b\|^2\\=&\|A(X-Gb)\|^2+2\mathrm{Re}[\bar{b}^{\mathrm{T}}\overline{(AG-I)}^{\mathrm{T}}A(X-Gb)]\\=&\|A(X-Gb)\|^2\geqslant 0,\end{aligned}$$

即得

$$\|AX-b\|\geqslant\|AGb-b\|.$$

Gb 为 $AX=b$ 的最小二乘解. 证毕.

定义 7.4 设 $A\in\mathbf{C}^{m\times n}$，若矩阵 $G\in\mathbf{C}^{n\times m}$，满足 1°: $AGA=A$, 以及 3°: $\overline{AG}^{\mathrm{T}}=AG$，则称 G 为 A 的一个最小二乘 g 逆，记为 A_l^-.

A 的最小二乘 g 逆 A_l^- 全体组成的集合记为 $A\{1,3\}$.

7.3.2 A_l^- 的存在性与求法

与关于极小范数 g 逆的结果几乎对应，有

定理 7.14 任何非 0 矩阵 $A\in\mathbf{C}^{m\times n}$ 必存在最小二乘 g 逆 A_l^-，且

(1) 若 A 行满秩，则

$$A_l^- = A_R^{-1} = \overline{A}^{\mathrm{T}}(A\overline{A}^{\mathrm{T}})^{-1}$$

为 A 的一个最小二乘 g 逆；

(2) 若 A 列满秩，则

$$A_l^- = A_L^{-1} = (\overline{A}^{\mathrm{T}}A)^{-1}\overline{A}^{\mathrm{T}}$$

为 A 的一个最小二乘 g 逆；

(3) 若 A 既非行满秩也非列满秩，则

$$A_l^- = D_R^{-1}C_L^{-1}$$

为 A 的一个最小二乘 g 逆，其中 $A=CD$ 为 A 的满秩分解，D 行满秩，C 列满秩，$D_R^{-1}=\overline{D}^{\mathrm{T}}(D\overline{D}^{\mathrm{T}})^{-1}$，$C_L^{-1}=(\overline{C}^{\mathrm{T}}C)^{-1}\overline{C}^{\mathrm{T}}$.

证明留作习题.

由此定理得知，定理 7.2 中给出的 $A_R^{-1}=\overline{A}^{\mathrm{T}}(A\overline{A}^{\mathrm{T}})^{-1}$，$A_L^{-1}=(\overline{A}^{\mathrm{T}}A)^{-1}\overline{A}^{\mathrm{T}}$，$D_R^{-1}C_L^{-1}$ 满足 $1^\circ,2^\circ,3^\circ,4^\circ$，这就是说，我们用最初见到的 g 逆的求法得到 g 逆，满足到目前为止所有对各类 g 逆要求的性质.

下列定理给出了最小二乘 g 逆新的求法.

定理 7.15 设 $A\in\mathbf{C}^{m\times n}$ 为非 0 矩阵，则

$$G=(\overline{A}^{\mathrm{T}}A)^{-}\overline{A}^{\mathrm{T}} \tag{7.26}$$

为 A 的一个最小二乘 g 逆.

证明留作习题.

例 7.4 求方程组

$$\begin{cases} x_1+2x_2+3x_3=2, \\ x_1+x_3=0, \\ 2x_1+2x_3=3, \\ 2x_1+4x_2+6x_3=-1 \end{cases}$$

的最小二乘解.

解 方程组的系数矩阵与增广矩阵分别为

$$A=\begin{pmatrix} 1 & 2 & 3 \\ 1 & 0 & 1 \\ 2 & 0 & 2 \\ 2 & 4 & 6 \end{pmatrix},\quad B=\begin{pmatrix} 1 & 2 & 3 & 2 \\ 1 & 0 & 1 & 0 \\ 2 & 0 & 2 & 3 \\ 2 & 4 & 6 & -1 \end{pmatrix}.$$

A 的秩为 2，而 B 的子式

$$\begin{vmatrix} 2 & 3 & 2 \\ 0 & 1 & 0 \\ 0 & 2 & 3 \end{vmatrix} = 2\begin{vmatrix} 1 & 0 \\ 2 & 3 \end{vmatrix} = 6 \neq 0,$$

故 B 的秩不为 2，方程组为矛盾方程组.

由例 7.3 的解得 A 的满秩分解 $A = CD$，由定理 7.14，

$$A_l^- = D_R^{-1}C_L^{-1} = \frac{1}{30}\begin{pmatrix} -1 & 5 & 10 & -2 \\ 2 & -4 & -8 & 4 \\ 1 & 1 & 2 & 2 \end{pmatrix},$$

故方程组的最小二乘解为

$$X = A_l^- b = \frac{1}{30}\begin{pmatrix} -1 & 5 & 10 & -2 \\ 2 & -4 & -8 & 4 \\ 1 & 1 & 2 & 2 \end{pmatrix}\begin{pmatrix} 2 \\ 0 \\ 3 \\ -1 \end{pmatrix} = \frac{1}{5}\begin{pmatrix} 5 \\ 4 \\ 1 \end{pmatrix}.$$

下列定理给出 A_l^- 的一般表达式.

定理 7.16　$G \in A\{1,3\}$(即 G 为非 0 矩阵 $A \in \mathbf{C}^{m\times n}$ 的最小二乘 g 逆) 的一般表达式为

$$G = A_l^- + (I_n - A_l^- A)Z, \tag{7.27}$$

其中 A_l^- 为 A 的任一最小二乘 g 逆，$Z \in \mathbf{C}^{n\times m}$ 为任意矩阵.

证明　可以证明 (习题 7)，$G \in A\{1,3\}$ 的充要条件为对任意 $A_l^- \in A\{1,3\}$，

$$AG = AA_l^-.$$

先证对任意 $Z \in \mathbf{C}^{n\times m}$，式 (7.27) 表示的 G 属于 $A\{1,3\}$.

$$\begin{aligned} AG &= A[A_l^- + (I_n - A_l^- A)Z] \\ &= AA_l^- + (A - AA_l^- A)Z \\ &= AA_l^- + (A - A)Z \\ &= AA_l^-, \end{aligned}$$

故 $G = A_l^- + (I_n - A_l^- A)Z \in A\{1,3\}$.

再证 $A\{1,3\}$ 中元皆可表为 (7.27) 的形式.

设 $G\in A\{1,3\}$，则由前面的证明知 $AG=AA_l^-$，故

$$0=A(G-A_l^-)=A_l^-A(G-A_l^-),$$

$$\begin{aligned}G&=A_l^-+G-A_l^-\\&=A_l^-+(G-A_l^-)-A_l^-A(G-A_l^-)\\&=A_l^-+(I_n-A_l^-A)(G-A_l^-),\end{aligned}$$

令 $Z=(G-A_l^-)$，则 G 表为 (7.27) 的形式. 证毕.

下列定理表明矛盾方程组 $AX=b$ 的最小二乘解与可解方程组 $AX=AA_l^-b$ 常规解的同一性，这个重要的结果建立了两类方程组之间的联系，广义逆之所以可将两种不同意义的解用其模式统一处理，正是依赖这个结果.

定理 7.17 X 为矛盾方程组 $AX=b$ 的最小二乘解，当且仅当 X 为可解方程组

$$AX=AA_l^-b \tag{7.28}$$

的解，其中 A_l^- 为 A 的任一最小二乘 g 逆.

证明 设 X_0 为 $AX=b$ 的一个最小二乘解，故由于 A_l^-b 也是该方程组的一个最小二乘解，故

$$\|AX_0-b\|=\|AA_l^-b-b\|.$$

因为 $A_l^-\in A\{1,3\}$，故

$$\begin{aligned}&\overline{AA_l^-}^{\mathrm{T}}=AA_l^-,\quad AA_l^-A=A,\\&\overline{(AA_l^--I_n)}^{\mathrm{T}}A=(\overline{AA_l^-}^{\mathrm{T}}-I_n)A=(AA_l^--I_n)A=AA_l^-A-A=0,\end{aligned}$$

由

$$\begin{aligned}0&=\|AX_0-b\|^2-\|AA_l^-b-b\|^2\\&=\|A(X_0-A_l^-b)\|^2+2\mathrm{Re}\left[\bar{b}^{\mathrm{T}}\overline{(AA_l^--I_n)}^{\mathrm{T}}A(X_0-A_l^-b)\right]\\&=\|A(X_0-A_l^-b)\|^2,\end{aligned}$$

及范数的性质得

$$A(X_0-A_l^-b)=0,$$

即

$$AX_0=AA_l^-b,$$

故 X_0 为线性方程组 $AX = AA_l^- b$ 的解.

反之，若 X_0 为线性方程组 $AX = AA_l^- b$ 的解，则

$$AX_0 = AA_l^- b,$$
$$A(X_0 - A_l^- b) = 0.$$

故由

$$\begin{aligned}&\|AX_0 - b\|^2 - \|AA_l^- b - b\|^2\\ =&\|A(X_0 - A_l^- b)\|^2 + 2\mathrm{Re}\left[\bar{b}^{\mathrm{T}}\overline{(AA_l^- - I_n)}^{\mathrm{T}} A(X_0 - A_l^- b)\right]\end{aligned}$$

知上式等号右边为 0，故

$$\|AX_0 - b\|^2 - \|AA_l^- b - b\|^2 = 0,$$
$$\|AX_0 - b\| = \|AA_l^- b - b\|,$$

注意到 $A_l^- b$ 为矛盾方程组 $AX = b$ 的最小二乘解，上式表明 X_0 也为 $AX = b$ 的最小二乘解. 证毕.

下列定理给出矛盾方程组最小二乘解的通解.

定理 7.18 矛盾方程组 $AX = b$ 的最小二乘解的通解为

$$X = A_l^- b + (I_n - A_l^- A)Y, \tag{7.29}$$

其中 A_l^- 为 A 的任一最小二乘 g 逆，$Y \in \mathbf{C}^n$ 为任意向量.

证明 先证式 (7.29) 表示的 X 为 $AX = b$ 的最小二乘解.

由定理 7.13，$A_l^- b$ 为 $AX = b$ 的一个最小二乘解，故 $\|AA_l^- b - b\|$ 最小. 因为

$$\begin{aligned}AX &= A[A_l^- b + (I_n - A_l^- A)Y] = AA_l^- b + (A - AA_l^- A)Y\\ &= AA_l^- b + (A - A)Y = AA_l^- b,\end{aligned}$$

$X = A_l^- b + (I_n - A_l^- A)Y$ 也为最小二乘解.

再证 $AX = b$ 的任一最小二乘解必可表为 (7.29) 的形式.

设 X_0 为 $AX = b$ 的一个最小二乘解，由定理 7.17 知 X_0 为 $AX = AA_l^- b$ 的解，即有 $AX_0 = AA_l^- b$，亦即

$$A(X_0 - A_l^- b) = 0,$$

故 $X_0 - A_l^- b$ 为齐次线性方程组 $AX = 0$ 的解，由式 (7.13)，存在 $Y_0 \in \mathbf{C}^n$，使

$$X_0 - A_l^- b = (I_n - A_l^- A)Y_0,$$

故有

$$X_0 = A_l^- b + (I_n - A_l^- A)Y_0,$$

X_0 表为 (7.29) 所示形式. 证毕.

注意：在式 (7.29) 中，有两个可变因素，一个是 A_l^-，另一个是 Y，当方程组的变量个数和方程个数相等且系数矩阵 A 可逆时，$A_l^- = A^{-1}$ 是唯一的，式 (7.29) 中的第 2 项也为 0，矛盾方程组的最小二乘解是唯一的，其他情形，也可能出现唯一最小二乘解的情况. 除了这些特殊的情形外，矛盾方程组的最小二乘解有无穷多个，但是，这些最小二乘解与常数向量 b 的差距，即两者的 2 范数距离却是相等的.

7.4 广义逆 A^+

矛盾方程组的最小二乘解可能有无穷多个. 回顾前面对可解线性方程组的讨论，这种方程组的解也可能有无穷多个，我们曾关注其中 2 范数最小的解，称为极小范数解，并用极小范数 g 逆给出这种解的表示. 现在，自然可以提出问题：在矛盾方程组的可能无穷个最小二乘解中，是否存在 2 范数最小的解，可否用一种 g 逆将这种解表示出来？本节讨论这些问题.

7.4.1 矛盾方程组的极小最小二乘解与 A^+ 的定义

称矛盾方程组 $AX = b$ 的最小二乘解中 2 范数最小的解为该方程组的极小最小二乘解.

定理 7.19 设 $A = (a_{ij})_{m\times n} \in \mathbf{C}^{m\times n}$，对任意 $b \in \mathbf{C}^m$，$X = Gb$ 为矛盾方程组 $AX = b$ 的极小最小二乘解的充要条件是

$$G = A_m^- A A_l^-, \tag{7.30}$$

其中 A_m^-, A_l^- 分别为 A 的任意极小范数 g 逆与最小二乘 g 逆. $AX = b$ 的极小最小二乘解 $X = A_m^- A A_l^- b$ 是唯一的.

证明 由定理 7.17 知，X 为矛盾方程组 $AX = b$ 的最小二乘解，当且仅当 X 为可解方程组

$$AX = AA_l^- b$$

的解，故上述方程组的极小范数解，就是矛盾方程组 $AX = b$ 的最小二乘解中 2 范数最小的，即极小最小二乘解.

由定理 7.8，可解方程组 $AX = AA_l^- b$ 的极小范数解为 $X = A_m^- A A_l^- b$，由定理 7.11，此解唯一. 所以 $X = A_m^- A A_l^- b$ 为矛盾方程组 $AX = b$ 的极小最小二乘解，且此解唯一. 证毕.

$A_m^- A A_l^-$ 称为 A 的 Moore-Penrose 广义逆，是十分重要的广义逆.

定义 7.5 设 $A \in \mathbf{C}^{m\times n}$ 为非 0 矩阵，称矩阵 $A^+ = A_m^- A A_l^-$ 为 A 的 Moore-Penrose 广义逆或极小最小二乘 g 逆，其中 A_m^-, A_l^- 分别为 A 的任意极小范数 g 逆与最小二乘 g 逆.

回顾前面的知识，g 逆按满足 $1^\circ, 2^\circ, 3^\circ, 4^\circ$ 的情况划分类型. G 满足 1°：$AGA = A$，则 G 为 g 逆，记为 $G = A^-$. G 满足 1°：$AGA = A$，2°：$GAG = G$，则 G 为反射 g 逆，记为 $G = A_r^-$. G 满足 1°：$AGA = A$，4°：$\overline{GA}^{\mathrm{T}} = GA$，则 G 为极小范数 g 逆，记为 $G = A_m^-$. G 满足 1°：$AGA = A$，3°：$\overline{AG}^{\mathrm{T}} = AG$，则 G 为最小二乘 g 逆，记为 $G = A_l^-$.

下列定理表明，A^+ 满足全部四个性质，即有如下定理.

定理 7.20 设 $A \in \mathbf{C}^{m\times n}$ 为非 0 矩阵，则 A 的 Moore-Penrose 广义逆 $G = A^+ = A_m^- A A_l^-$ 满足：

1°：$AGA = A$;

2°：$GAG = G$;

3°：$\overline{AG}^{\mathrm{T}} = AG$;

4°：$\overline{GA}^{\mathrm{T}} = GA$.

证明 1°：

$$AGA = AA_m^- AA_l^- A = AA_l^- A = A;$$

2°：

$$GAG = A_m^- AA_l^- AA_m^- AA_l^- = A_m^- AA_m^- AA_l^- = A_m^- AA_l^- = G;$$

3°：

$$\overline{AG}^{\mathrm{T}} = \overline{AA_m^- AA_l^-}^{\mathrm{T}} = \overline{AA_l^-}^{\mathrm{T}} = AA_l^- = AA_m^- AA_l^- = AG;$$

4°：

$$\overline{GA}^{\mathrm{T}} = \overline{A_m^- AA_l^- A}^{\mathrm{T}} = \overline{A_m^- A}^{\mathrm{T}} = A_m^- A = A_m^- AA_l^- A = GA.$$

证毕.

7.4.2 A^+ 的存在唯一性及求法

因为 $A^+ = A_m^- AA_l^-$，而 A_m^-, A_l^- 的存在性也已证明，故 A^+ 的存在性是明显的. 但 A^+ 是不是唯一的呢？

初看起来，A^+ 不是唯一的，因为尽管矛盾方程组 $AX = b$ 的极小最小二乘解 $X = A_m^- AA_l^- b$ 是唯一的，但 A_m^-, A_l^- 不一定唯一，所以 A^+ 可能也不唯一 ($X = A_m^- AA_l^- b$ 唯一，并不能推出 $A_m^- AA_l^-$ 也唯一).

下列定理表明，这种猜测是不对的，$A^+ = A_m^- AA_l^-$ 是唯一的.

定理 7.21 设 $A \in \mathbf{C}^{m\times n}$ 为非 0 矩阵，则 A 的 Moore-Penrose 广义逆 $A^+ = A_m^- A A_l^-$ 是唯一的.

证明 设 G_1, G_2 都是 A 的 Moore-Penrose 广义逆，

$$\begin{aligned}
G_1 &= G_1AG_1 = G_1AG_2AG_1 = (G_1A)(G_2A)G_1 \\
&= \overline{G_1A}^{\mathrm{T}}\overline{G_2A}^{\mathrm{T}}G_1 = \overline{A}^{\mathrm{T}}\overline{G_1}^{\mathrm{T}}\overline{A}^{\mathrm{T}}\overline{G_2}^{\mathrm{T}}G_1 \\
&= \overline{(AG_1A)}^{\mathrm{T}}\overline{G_2}^{\mathrm{T}}G_1 = \overline{A}^{\mathrm{T}}\overline{G_2}^{\mathrm{T}}G_1 = \overline{G_2A}^{\mathrm{T}}G_1 = G_2AG_1 \\
&= G_2AG_2AG_1 = G_2\overline{(AG_2)}^{\mathrm{T}}\overline{(AG_1)}^{\mathrm{T}} \\
&= G_2\overline{G_2}^{\mathrm{T}}\overline{A}^{\mathrm{T}}\overline{G_1}^{\mathrm{T}}\overline{A}^{\mathrm{T}} = G_2\overline{G_2}^{\mathrm{T}}\overline{(AG_1A)}^{\mathrm{T}} = G_2\overline{G_2}^{\mathrm{T}}\overline{A}^{\mathrm{T}} \\
&= G_2\overline{(AG_2)}^{\mathrm{T}} = G_2AG_2 = G_2.
\end{aligned}$$

证毕.

定理 7.22 设 $A \in \mathbf{C}^{m\times n}$ 为非 0 矩阵.

(1) 若 A 行满秩，则

$$A^+ = A_R^{-1} = \overline{A}^{\mathrm{T}}(A\overline{A}^{\mathrm{T}})^{-1}$$

为 A 的 Moore-Penrose 广义逆；

(2) 若 A 列满秩，则

$$A^+ = A_L^{-1} = (\overline{A}^{\mathrm{T}}A)^{-1}\overline{A}^{\mathrm{T}}$$

为 A 的 Moore-Penrose 广义逆；

(3) 若 A 既非行满秩也非列满秩，则

$$A^+ = D_R^{-1}C_L^{-1}$$

为 A 的 Moore-Penrose 广义逆，其中 $A = CD$ 为 A 的满秩分解，D 行满秩，C 列满秩，$D_R^{-1} = \overline{D}^{\mathrm{T}}(D\overline{D}^{\mathrm{T}})^{-1}$，$C_L^{-1} = (\overline{C}^{\mathrm{T}}C)^{-1}\overline{C}^{\mathrm{T}}$.

证明留作习题.

由此定理，定理 7.2 中给出的 $A_R^{-1} = \overline{A}^{\mathrm{T}}(A\overline{A}^{\mathrm{T}})^{-1}$，$A_L^{-1} = (\overline{A}^{\mathrm{T}}A)^{-1}\overline{A}^{\mathrm{T}}$，$D_R^{-1}C_L^{-1}$ 满足 $1^\circ \sim 4^\circ$，这就是说，我们用最初见到的 g 逆的求法得到的 g 逆，满足到目前为止所有对各类 g 逆要求的性质，故实际上如此得到的 g 逆正是 A^+.

根据本章的所有内容，我们可以得到如下定理.

定理 7.23 设 $A \in \mathbf{C}^{m\times n}$ 为非 0 矩阵，A^+ 为通过定理 7.22 中的方法得到的 Moore-Penrose 广义逆，则

(1) 当 $AX = b$ 为可解方程组时，$X = A^+b$ 为其极小范数解，该方程组的通解为

$$X = A^+b + (I_n - A^+A)Y,$$

其中 Y 为任一 $\mathbf{C}^n$ 中元；

(2) 当 $AX=b$ 为矛盾方程组时，$X=A^+b$ 为其极小最小二乘解，该方程组的最小二乘解的通解为

$$X=A^+b+(I_n-A^+A)Y, \tag{7.31}$$

其中 $Y\in\mathbf{C}^n$ 为任意向量.

最后谈一下关于广义逆的认识：

(1) 广义逆理论从数学角度看是良好的，结果对称整齐.

(2) 线性方程组求解使用的消去法，过多依赖于人的观察，难以用机器执行，而广义逆的计算可以完全实现程序化，便于机器完成.

(3) 除了多次出现的三种求广义逆的算法 (如定理 7.22 所示)，目前为止没有出现更有效的算法. 而且，通过这三种算法求得的广义逆，实际上皆为性质最好的 Moore-Penrose 广义逆 A^+，迄今为止，没有发现不是 A^+ 而为其他类型的广义逆的有效算法.

(4) 通过广义逆可以求可解方程组的解包括极小范数解和矛盾方程组的最小二乘解包括极小最小二乘解，但用常规的方法也可解决这些问题，广义逆方法没有不可替代性.

上述 (3), (4) 构成了广义逆发展的障碍，但也提出了有待突破的课题.

习　题　7

1. 证明定理 7.4.
2. 证明定理 7.6.
3. 证明定理 7.9 之 (1)，(2).
4. 设 $A\in\mathbf{C}^{m\times n}$ 为非 0 矩阵，则 $G\in A\{1,4\}$ 的充要条件为

$$GA=A_m^-A.$$

5. 证明定理 7.14.
6. 证明定理 7.15.
7. 证明定理 7.22.
8. 求下列矩阵的 g 逆 A^-：

(1) $\begin{pmatrix}-1&0&10&-1\\2&-4&-8&4\\0&1&0&2\end{pmatrix}$；　(2) $\begin{pmatrix}2\\0\\4\\1\end{pmatrix}$；　(3) $\begin{pmatrix}0&4&5\\3&2&-1\end{pmatrix}$.

9. 利用广义逆求下列方程组的通解：

(1) $\begin{cases} x_1 + 2x_2 - x_3 = 1, \\ -x_2 + 2x_3 = 2; \end{cases}$ (2) $\begin{cases} x_1 + 2x_3 = 1, \\ x_2 = 0, \\ x_1 + 2x_3 = 1, \\ x_1 + 2x_3 = 1; \end{cases}$

(3) $\begin{cases} 2x_1 + x_2 + x_4 = 2, \\ x_1 + x_3 + x_4 = 1, \\ x_1 + x_3 + x_4 = 1; \end{cases}$ (4) $\begin{cases} x_1 - x_2 - x_3 + x_4 = -2, \\ x_1 - x_2 + x_3 - 3x_4 = 4, \\ x_1 - x_2 - 2x_3 + 3x_4 = -5. \end{cases}$

10. 求下列矩阵的极小范数 g 逆 A_m^-：

(1) $\begin{pmatrix} 0 & 1 & 10 & 1 \\ 0 & -2 & -1 & 3 \\ 0 & 0 & 0 & 0 \end{pmatrix}$； (2) $\begin{pmatrix} 2 & 0 & 2 & -1 & 3 \\ 0 & 372 & -1 & 3 & \end{pmatrix}$；

(3) $\begin{pmatrix} 0 & 3 & -1 \\ 0 & 2 & -1 \\ 2 & -1 & -2 \end{pmatrix}$； (4) $\begin{pmatrix} 0 & 0 & -1 & 3 & 0 \\ 0 & 0 & -1 & 4 & 2 \\ 2 & -1 & -1 & 0 & 0 \end{pmatrix}$.

11. 利用广义逆求下列方程组的极小范数解：

(1) $\begin{cases} x_1 + x_2 - 2x_3 = 0, \\ x_1 - x_2 + x_3 = 0; \end{cases}$ (2) $\begin{cases} 4x_1 + 2x_2 - x_3 = 2, \\ 3x_1 - x_2 + 2x_3 = 10, \\ -x_2 + x_3 = 0; \end{cases}$

(3) $\begin{cases} 2x_1 + x_2 - x_3 + x_4 = 1, \\ 3x_1 - 2x_2 + x_3 - 3x_4 = 4, \\ x_1 + 4x_2 - 3x_3 + 5x_4 = -2. \end{cases}$

12. 求下列矩阵的最小二乘 g 逆 A_l^-：

(1) $\begin{pmatrix} 0 & 1 & 10 & 1 \\ 0 & -2 & -1 & 3 \\ 0 & 0 & 0 & 0 \end{pmatrix}$； (2) $\begin{pmatrix} 2 & 0 & 2 & -1 & 3 \\ 0 & 3 & 2 & -1 & 3 \end{pmatrix}$；

(3) $\begin{pmatrix} 0 & 3 & -1 \\ 0 & 2 & -1 \\ 2 & -1 & -2 \end{pmatrix}$； (4) $\begin{pmatrix} 0 & 0 & -1 & 3 & 0 \\ 0 & 0 & -1 & 4 & 2 \\ 2 & -1 & -1 & 0 & 0 \end{pmatrix}$.

13. 利用广义逆求下列方程组的最小二乘解：

(1) $\begin{cases} x_1 + 2x_2 - x_3 = 3, \\ x_1 + 2x_2 - x_3 = 2, \\ -x_1 - x_2 + 2x_3 = 0; \end{cases}$ (2) $\begin{cases} x_1 + 2x_2 - 2x_3 = 2, \\ x_1 - 3x_2 - x_3 = 1, \\ -x_2 + 4x_3 = 3; \end{cases}$

(3) $\begin{cases} x_1 + x_2 - x_3 + 2x_4 = 1, \\ x_1 - x_2 + x_3 - 2x_4 = 0, \\ x_1 + x_2 - 3x_3 - x_4 = 2; \end{cases}$　　(4) $\begin{cases} x_1 - x_2 - x_3 + x_4 = 1, \\ x_1 - x_2 - x_3 - 2x_4 = 0. \end{cases}$

14. 求下列矩阵的 Moore-Penrose 广义逆 A^+：

(1) $\begin{pmatrix} 0 & 1 & 10 & 1 & 2 \end{pmatrix}$；　　(2) $\begin{pmatrix} 2 \\ 0 \\ 6 \\ -3 \\ 0 \end{pmatrix}$；

(3) $\begin{pmatrix} 0 & 0 & -1 \\ 0 & 0 & -1 \\ 4 & -1 & -3 \end{pmatrix}$；　　(4) $\begin{pmatrix} 1 & 0 & -4 & 3 & 0 \\ 1 & 0 & -1 & -1 & 2 \\ 0 & -1 & 3 & 0 & 0 \end{pmatrix}$.

15. 利用 Moore-Penrose 广义逆 A^+ 求下列方程组的极小范数解 (对可解方程组) 或极小最小二乘解 (对矛盾方程组)，并给出通解：

(1) $\begin{cases} x_1 - x_3 = 0, \\ x_1 - x_2 + x_3 = 0, \\ -x_1 + x_2 - 2x_3 = 0; \end{cases}$　　(2) $\{ x_1 + x_2 - x_3 = 1;$

(3) $\begin{cases} x_1 - x_2 - x_3 + x_4 = 1, \\ x_1 - x_2 - x_3 - 2x_4 = 0, \\ 3x_1 + x_2 - 3x_3 - x_4 = -1; \end{cases}$　　(4) $\begin{cases} x_1 - x_2 = x_3 - x_4 = 1, \\ 3x_1 - x_2 = x_3 - 2x_4 = 0. \end{cases}$

参 考 文 献

[1] 黄有度，狄成恩，朱士信. 矩阵论及其应用. 合肥: 中国科技大学出版社, 2002.

[2] 戴华. 矩阵论. 北京: 科学出版社, 2002.

[3] 万哲先. 代数导引. 北京: 科学出版社, 2010.

[4] 方保镕. 矩阵论千题习题详解. 北京: 清华大学出版社, 2015.

[5] 王定江. 线性代数. 北京: 科学出版社, 2015.

[6] 邸继征. 修波 (shearlet) 的理论及应用. 北京: 科学出版社, 2014.

[7] 葛显良. 应用泛函分析. 杭州: 浙江大学出版社, 2006.